最實用

圖解品牌學

企業致勝的關鍵

暢銷修練手冊

第三版

戴國良 博士 著

書泉出版社 印行

自序

「品牌」（brand）對企業經營的重要性日益提升，甚至已到了戰略性關鍵的地位。今天，企業的經營成敗，哪一項不關乎著是否有優良的企業形象品牌或商品形象品牌，而成為一個全球性跨國企業，哪一個不是響噹噹有名的企業品牌或商品品牌？長久以來，英國知名的 Interbrand 品牌鑑價顧問公司，每一年度即對全球性大品牌展開前 500 大品牌鑑價。其中，前 10 大全球品牌的價值，都在幾百億美元以上，非常驚人。

臺商過去的發展，大都以委託代工（OEM）或設計代工（ODM）模式發展事業，所賺取的只是微薄「製造利潤」。但美國、日本大廠則是賺取品牌及行銷利潤，其間的差距可達數 10 倍之鉅。但是，時代已經產生巨大變化，不少臺商已發現長久代工下去，終究不是辦法，因為臺灣的外銷製造廠已紛紛外移到中國大陸及東南亞。好像過著遊牧民族的日子，老外的市場在哪裡，就叫我們到那裡去，他們吃香喝辣，我們卻遠在落後低成本國家設廠為他們賣命，而賺取的卻是 3% ～ 5% 微薄的毛利率，相較於老外 2 倍、3 倍的售價，其獲利水準令人羨慕。因此，有些臺商已幡然覺醒。諸如比較有名的統一、法蘭瓷、王品、康師傅、Asus、Giant、Trend Micro（趨勢科技）、鼎泰豐、瓦城、美利達自行車、Maxxis ……，已經在自有品牌打造方面努力，有大幅進步與可貴成果。這是重要的一個里程碑。

另外，在內銷（內需）行業方面，也有愈來愈多的廠商，集中力量在品牌形象與品牌資產力量的打造上面，付出相當多心力，及做了很多的必要行銷投資，大家都有了更正確的品牌行銷與品牌管理的認知與信念。因此，打造「品牌力」也成為行銷操作的最終目標之一。

其實，廠商行銷拼到最後，依賴的可能只是三種優勢：一是商品力創新優勢；二是服務力品質優勢；三是品牌力累積優勢。其他的優勢，可能大家都會彼此努力拉近，而不相上下。例如：降價、降低成本、做促銷活動、做公關、擴大通路據點、加速展店等，這些活動大家好像都會做，彼此間差異並不大。大家的行銷實力愈來愈接近，而最終決勝負的可能只剩下「品牌」而已。因為，第一品牌只有一個，不會有好多個。

本書特色

本書可說是一本實用的工具參考書，或是一本涵蓋周全的架構參考書，或是一本品牌實戰書，不論如何形容，都有其存在的價值及意涵。總結來說，本書具有以下四點特色：

(一) 圖解式表達，使人一目了然，能夠快速閱讀了解及吸收：所謂「文字不如表，表不如圖」，圖解式是最快、最佳的表達方式。尤其，現在企業界的報告，大都是採用 PowerPoint 的簡報方式表達，亦與圖解書相似。

(二) 一本歷來品牌行銷管理書籍最實用的好書：本書是歷來品牌行銷與管理書籍，結合最實務與最精華理論的一本實用好書。

(三) 本書與時俱進：本書將陳舊的傳統品牌管理教科書全面翻新，並結合近幾年最新的趨勢與議題，而能與時俱進。

(四) 本書能幫助你在未來就業競爭力，比別人更強：本書期盼能建立未來學生們及年輕上班族們，在企業界上班必備的品牌分析與品牌行銷技能，讓你的「就業競爭力」在未來比別人更強。

感謝與感恩

本書能夠順利出版，衷心感謝我的家人，我在世新大學的各位長官、同事與同學們，以及五南圖書出版公司相關人員的鼓勵、指導及協助，再加上廣大的上班族讀者群及同學們的殷切需求之聲，讓我在無數個凜冽的嚴冬中，能夠堅持耐心、毅力與體力而完成撰著。

最後，衷心祝福各位辛苦教學的老師們、各位努力用功向學的同學們及各位認真上進的上班族讀者們，希望你們都會有一個充滿幸福、快樂、成長、進步、滿意、成功與美麗的人生旅程。在你們人生的每一分鐘光陰中，我與你們同在。

人生勉語

在此奉上幾句常陪筆者走過此生的一些座右銘，如下：

1. 要有夢想，天下無難事。
2. 人生是常給，而不是多拿。
3. 謙受益，滿招損。故常保謙虛，避免自滿、自傲。
4. 入山唯恐不深，入山何必太深。
5. 堅持做喜歡的事，才會有好成果。
6. 對事以真，對人以誠，對上以敬，對下以慈，大悲心起。
7. 在變動的年代裡，堅持不變的真心相待。
8. 成功的人生方程式：觀念（想法）× 能力 × 熱忱 × 學習。
9. 命運可以被安排，人生卻要自己左右。
10. 慈悲喜捨見佛心，萬家隨緣觀自在。
11. 反省自己，感謝別人。
12. 人只有在反省中，才會成長。
13. 博學、審問、慎思、明辨，然後力行。
14. 終身學習，必須建立在有目標、有計畫、有紀律與有毅力，才會有成果，而毅力最難。
15. 人生要成功，一定要訂下可及的目標，然後全力以赴，不達目標，絕不休息終止。
16. 挑戰困難的報酬是：每過一關，自己就有更佳的實力。
17. 感恩人的人，恆被人感恩；愛人的人，恆被人愛。
18. 不管歡笑或痛苦，每一天都是值得珍惜與懷念的。

戴國良

mail：taikuo@mail.shu.edu.tw

目次

自序 iii

第 1 章 品牌入門基本觀念 001

1-1 品牌的微笑曲線 002
1-2 全球奧美廣告集團執行長的品牌觀點 004
1-3 各家的品牌觀點 006
1-4 品牌的價值與重要性 I 008
1-5 品牌的價值與重要性 II 010
1-6 品牌的謬誤、挑戰與具備要點 012
1-7 理想品牌與非常品牌調查排行榜 014
1-8 品牌定義、相關名詞與品牌化對象 020
1-9 品牌的功用與對消費者的重要性 022
1-10 品牌特性與要素 024
1-11 消費者心目中的理想品牌五力 026
1-12 強勢品牌，獨享市場利益 028
1-13 品牌與顧客導向 I 030
1-14 品牌與顧客導向 II 032
1-15 品牌資產的意義與內涵 I 034
1-16 品牌資產的意義與內涵 II 036
1-17 品牌知名度與品牌聯想度 038
1-18 品牌忠誠度與知覺品質的意義 040

1-19 品牌元素內涵與品牌命名 042
1-20 品牌識別、標章與標誌 044
1-21 品牌個性與品牌精神 I 046
1-22 品牌個性與品牌精神 II 048
1-23 品牌包裝設計 050
1-24 品牌美學 052
1-25 品牌 Slogan 與廣告歌曲 054
1-26 品牌故事與品牌認同 056
1-27 今周刊針對一般商務人士票選的品牌排行榜 058

第 2 章 品牌 S-T-P 架構體系 065

2-1 發展及思考正確有效的品牌 S-T-P 架構體系 066
2-2 S-T-P 架構案例 068
2-3 為何要有區隔市場及區隔變數？ 070
2-4 產品定位或品牌定位分析 072
2-5 品牌定位成功案例與定位步驟 074
2-6 品牌獨特銷售賣點與如何差異化、獨特化 076

第 3 章 品牌行銷之戰略與趨勢 079

3-1 品牌行銷 4P 組合戰略 080

3-2 服務業行銷致勝十大終極密碼 I 082
3-3 服務業行銷致勝十大終極密碼 II 084
3-4 服務業行銷致勝十大終極密碼 III 086
3-5 反古典行銷學四大行銷趨勢 I 088
3-6 反古典行銷學四大行銷趨勢 II 090

第 4 章
品牌與新產品開發策略 093

4-1 品牌的商品知覺品質 094
4-2 新商品成功開發：日本企業三個案例 096
4-3 新產品、新品牌上市的重要性與成功要因 098
4-4 新產品開發到上市的流程步驟 100

第 5 章
品牌與訂價策略 103

5-1 品牌訂價的基本認識與重要性 104
5-2 品牌經營的損益表必備觀念 106
5-3 影響品牌訂價的因素與價格帶觀念 108
5-4 品牌的加成訂價法 110
5-5 品牌的其他訂價法及新產品訂價法 112
5-6 品牌的毛利率觀念 114

第 6 章
品牌與通路策略 117

6-1 品牌的通路策略基本認識 118

6-2 國內最主要的實體通路與虛擬通路 120

6-3 品牌多元化上架趨勢 122

6-4 品牌直營門市店與網路通路上架 124

6-5 品牌對大型零售商與經銷商的通路策略 126

第 7 章
品牌與推廣策略 129

7-1 360 度全方位整合行銷傳播操作概述 I 130

7-2 360 度全方位整合行銷傳播操作概述 II 132

7-3 360 度全方位整合行銷傳播操作概述 III 134

7-4 品牌成功整合行銷傳播最完整架構內涵模式 136

7-5 整合行銷與媒體傳播五大意義 140

7-6 整合行銷傳播十大關鍵成功要素 142

7-7 品牌代言人行銷操作 I 144

7-8 品牌代言人行銷操作 II 146

7-9 品牌代言人行銷操作 III 148

7-10 品牌與事件行銷活動 150

7-11 事件行銷活動企劃項目 152

7-12 品牌與店頭行銷 154

7-13 品牌與外部專業協助單位關係 156
7-14 品牌與電視媒體、電視廣告 158
7-15 品牌與促銷活動 I 160
7-16 品牌與促銷活動 II 162
7-17 品牌與公關 164
7-18 品牌與新產品上市記者會撰寫要點 166

第 8 章
品牌經理人的工作重點 169

8-1 品牌經理人八大行銷工作重點 I 170
8-2 品牌經理人八大行銷工作重點 II 172
8-3 品牌經理人在新品開發上市過程中的工作重點 I 174
8-4 品牌經理人在新品開發上市過程中的工作重點 II 176
8-5 品牌經理人必須藉助內外部協力單位 178
8-6 優秀品牌經理人的能力、特質及歷練 180

第 9 章
品牌與行銷策略 183

9-1 品牌如何強化顧客忠誠度 I 184
9-2 品牌如何強化顧客忠誠度 II 186
9-3 提升品牌競爭優勢的成功對策組合 I 188
9-4 提升品牌競爭優勢的成功對策組合 II 190

9-5 提升品牌競爭優勢的成功對策組合 III 192
9-6 提升品牌競爭優勢的成功對策組合 IV 194
9-7 品牌對抗不景氣的行銷策略 I 196
9-8 品牌對抗不景氣的行銷策略 II 198
9-9 品牌對抗不景氣的行銷策略 III 200

第 10 章
品牌與經營管理 203

10-1 品牌管理的意義 204
10-2 品牌發展經營的五個面向思考 206
10-3 品牌經營與品牌管理制度三大轉變 208
10-4 品牌管理部門工作方向與涉及組織單位 210
10-5 品牌管理的對象及六大重點事項 212
10-6 品牌經營成功的五大因素及品牌稽核 214
10-7 品牌應做好與顧客的接點及外部投資者關係管理 216
10-8 長期做好品牌經營與管理的六個全方位構面 218
10-9 品牌回春策略 220
10-10 品牌誕生的十二項經營管理準則 222
10-11 品牌管理的八項任務 224
10-12 品牌再生與品牌年輕化之翻身步驟 226
10-13 品牌再生十大要點與方向 228
10-14 品牌再生戰役：以克蘭詩化妝品為例 I 230

10-15 品牌再生戰役：以克蘭詩化妝品為例 II 232

第 11 章 品牌策略概述 235

11-1 品牌策略的本質與思考角度 236
11-2 品牌自我 SWOT 檢測分析 238
11-3 確定品牌策略四大要素 240
11-4 品牌策略的類型 242
11-5 推出多品牌策略原因及注意點 244
11-6 品牌延伸策略之原因、優點、缺點及誤區 246
11-7 推出副品牌策略的原因、意義及特點 248
11-8 零售商推出自有品牌的意義及原因 250
11-9 國內各大零售商推出自有品牌狀況 I 252
11-10 國內各大零售商推出自有品牌狀況 II 254
11-11 日本零售商發展自有品牌概況 256
11-12 品牌策略的形成步驟 I 258
11-13 品牌策略的形成步驟 II 260

第 12 章 打造品牌價值的步驟、法則及鑑價 263

12-1 成功打造品牌價值的四堂必修課 264
12-2 品牌策略思考六大面向與品牌願景 266

12-3 成為 No.1 的十五項品牌法則 I 268

12-4 成為 No.1 的十五項品牌法則 II 270

12-5 建立品牌發展策略之六步驟 272

12-6 建立強勢品牌四步驟 I 274

12-7 建立強勢品牌四步驟 II 276

12-8 透視品牌資產價值的日本企業經營策略 I 278

12-9 透視品牌資產價值的日本企業經營策略 II 280

12-10 透視品牌資產價值的日本企業經營策略 III 282

12-11 品牌如何鑑價？ 284

12-12 臺灣前十大國際品牌鑑價四階段 286

第 13 章 外銷廠商如何做自有品牌行銷海外 289

13-1 外銷廠商如何做自有品牌行銷海外的十三步驟 290

第 14 章 品牌經營成功案例 299

14-1 統一超商 City Café 品牌案例 300

14-2 蘇菲生理用品品牌案例 302

14-3 臺灣萊雅品牌案例 304

14-4 日本精工手錶品牌案例 306

14-5 宏佳騰機車品牌案例 308

14-6 玉山金控品牌案例 310

14-7 信義房屋品牌案例 312

14-8 大金冷氣品牌案例 314

14-9 旁氏品牌年輕化案例 316

14-10 蘭蔻品牌案例 318

14-11 臺灣花王品牌案例 320

14-12 我的美麗日記面膜品牌案例 322

14-13 潘朵拉品牌案例 324

14-14 優衣庫 Uniqlo 品牌案例 326

14-15 凌志 Lexus 汽車品牌案例 328

14-16 三星手機品牌案例 330

14-17 屈臣氏品牌案例 332

14-18 裕隆納智捷品牌案例 334

14-19 點睛品品牌案例 336

14-20 MAZDA（馬自達）汽車品牌案例 338

14-21 結語與結論 (72 個重點)............340

第 15 章
品牌／行銷致勝整體架構圖示 343

第 1 章
品牌入門基本觀念

1-1 品牌的微笑曲線
1-2 全球奧美廣告集團執行長的品牌觀點
1-3 各家的品牌觀點
1-4 品牌的價值與重要性 I
1-5 品牌的價值與重要性 II
1-6 品牌的謬誤、挑戰與具備要點
1-7 理想品牌與非常品牌調查排行榜
1-8 品牌定義、相關名詞與品牌化對象
1-9 品牌的功用與對消費者的重要性
1-10 品牌特性與要素
1-11 消費者心目中的理想品牌五力
1-12 強勢品牌，獨享市場利益
1-13 品牌與顧客導向 I
1-14 品牌與顧客導向 II
1-15 品牌資產的意義與內涵 I
1-16 品牌資產的意義與內涵 II
1-17 品牌知名度與品牌聯想度
1-18 品牌忠誠度與知覺品質的意義
1-19 品牌元素內涵與品牌命名
1-20 品牌識別、標章與標誌
1-21 品牌個性與品牌精神 I
1-22 品牌個性與品牌精神 II
1-23 品牌包裝設計
1-24 品牌美學
1-25 品牌 Slogan 與廣告歌曲
1-26 品牌故事與品牌認同
1-27 今周刊針對一般商務人士票選的品牌排行榜

1-1 品牌的微笑曲線

宏碁集團創辦人施振榮，過去曾經首度提出有名的「品牌微笑曲線」（Smile Curve），如右圖所示。

施振榮指出企業價值的創造，如同一個人的微笑臉，左右有兩個高點，左端是研發及設計的高價值產生，右端則是品牌與通路的高價值，而底端最低附加價值的，則是生產與製造。

換言之，廠商應該著重努力在研發與品牌打造的二大重點工作上，才能為企業創造出更強大的競爭力與核心價值。至於生產製造就相對不那麼重要了，因為它的附加價值性是很低的。

一、臺灣缺乏國際品牌的原因

臺灣為何缺乏自己的國際知名品牌？我們可從下列四個問題來思考：

(一) 市場太小：臺灣的 2,300 萬人消費市場太小了，因此，不易成為世界性品牌。

(二) 重製造、輕行銷：臺灣過去重製造、輕行銷。

(三) 經濟發展不夠久：臺灣經濟發展歷史不夠長久。

(四) 政府鼓勵不足：過去政府鼓勵不足，現在已有改善，致力使「製造的臺灣」成為「品牌的臺灣」（Made in Taiwan → Brand in Taiwan）。

二、品牌與代工的獲利比

根據《*Businessweek*》在 2009 年度，曾做過一份全球前 100 大企業，在當年度共創造獲利額 2,280 億美元。但這些公司在亞太地區的代工廠商獲利僅 40 億美元，兩者獲利比率為 57：1，相當懸殊。顯示，品牌代工業在獲利效益上的失衡現象。

臺灣廠商以製造見長，全球超過一半的電腦由臺商生產，但我們卻排不上前 5 大品牌，賺的仍是代工錢。

一般而言，市面上的產品是遵循「三三三」市場法則，比如一樣產品在市場上賣 100 元，通路、品牌、製造商的價格各約 33 元。簡單的說，代工廠商 33 元賣給品牌商，品牌商再用 66 元賣給通路商，通路商用 100 元賣給消費者，其中以製造商得到的附加價值最低。

例如：臺商每年生產上億雙的鞋子，產量最大的寶成、豐泰，都是為人代工，讓 NIKE、Reebok 在戰場上捉對廝殺。根據國際權威的 Interbrand 公司估算，NIKE 的品牌價值約有 2,600 億元，而寶成經營績效頗出色，但每年只能安分地賺 30 億元到 40 億元的血汗錢，可見成功的品牌確實可以產生巨額利潤。

宏碁創辦人——施振榮的「微笑曲線」

（高）附加價值

- R&D（研發）
- 工業設計

- Google
- 液晶電視機
- 名牌精品
- 高級轎車（雙B／Lexus）
- 精密醫療設備
- 自行車
- 智慧型手機
- 平板電腦

（高）附加價值

- 品牌（高品牌知名度、形象度、好感度）
- 通路（有通路就有市場）

（大通路／大市場）（美國／中國／歐洲／日本／東南亞）
（通路為王）
（零售價為3倍出廠價）
（1,000美元→3,000美元）

高

附加價值、利潤

品牌的臺灣
Brand in Taiwan

製造的臺灣
Made in Taiwan

（低）附加價值

- 製造（低價值）

（臺灣NB代工毛利率3%～8%而已）
（臺灣NB代工大國、手機代工大國、LCD TV代工大國、iPhone、iPad、Monitor……代工大國）
（Dell、HP、Nokia、MOTO、SONY、TOSHIBA、Apple、Panasonic……的產品，大部分都是臺灣代工）

低

研發　　製造　　品牌／通路

價值創造活動

臺灣未來走向

製造的臺灣 Made in Taiwan（MIT） → 品牌的臺灣 Brand in Taiwan（BIT）

企業高附加價值三大來源

1-2 全球奧美廣告集團執行長的品牌觀點

全球奧美集團執行長夏蘭澤女士（Shelly Lazarus）對品牌經營提出兩個具體觀點，一是建立品牌不單是做好廣告；二是抓住與顧客的接觸點。

一、夏蘭澤女士的品牌經營觀點分享

(一) 建立品牌不單是做好廣告而已：夏蘭澤認為，對於廣告與傳播公司的角色在建立品牌，而非單純的「做廣告」的認知，正逐漸成形。挑戰在於，能幫助客戶建立品牌的方法實在太多，突然間，你要關照的面向變得更廣。將近四十年前，當她剛投入廣告業時，任何品牌只需要三支電視廣告和兩個平面廣告。當時你也相信，這一定奏效，因為當時可供選擇的媒體非常稀少。做好廣告，然後你的工作就大功告成。如今，我們開始學習如何從多種媒介中獲取價值。當媒體持續演化，她認為下一個五年、十年，我們將會更清楚知道，如何善加利用我們擁有的機會以及如何建立一個品牌。

(二) 抓住與顧客的接觸點：夏蘭澤舉例說，你希望你是一家形象溫暖、細心服務的航空公司，但假如我到了機場，卻沒有被好好對待，即便是全世界最棒的廣告都救不了你，因為消費者的經驗可凌駕廣告的力量。坦白說，假如廣告提升了顧客的期待，但現實經驗卻無法滿足期待，你的麻煩就大了。你可能在短短的幾分鐘內毀了整個公司。那是另一個陷阱：避免誇大你立下的承諾。夏蘭澤覺得 360 度品牌管家只是另一個關照每一個接觸點的方式，是為客戶詮釋經驗，幫助客戶了解如何讓品牌的呈現更加一致。

二、從夏蘭澤的品牌經營觀點看其品牌思維

夏蘭澤女士對品牌經營的思維可整理如下：一是品牌打造（brand-building）與做廣告不一樣。二是必須以消費者的經驗（體驗）角度，去檢視你的品牌。三是每一個與消費者接觸點的第一個「關鍵時刻」（moment of truth, MOT）都非常重要，必須有高品質與高素質的服務人員去執行。

例如：去專櫃買化妝品、到名牌精品店、到高級餐廳、到高級汽車經銷商、到美容院、到 SPA 會館、到資訊 3C 店、到手機店等服務人員的接觸經驗如何？

三、問題思考

(一) 綜合印象是什麼？是每一次購買、每一個服務人員、每一篇文字報導、每一次別人說的話、每一次問別人意見、每一次電視新聞報導、每一次使用後感受等的綜合印象。

(二) 哪些人應負起綜合印象的責任：公司內部應該是哪些人？哪些部門？哪些制度？哪些工作？應負起這些綜合印象的累積及打造工作？請你深入思考。

何謂「品牌」？顧客所有經驗的總和

1. 功能強大
2. 好用、耐用
3. 品質佳
4. 服務好
5. 外面口碑佳
6. 價格合理
7. 方便買到
8. 送貨快
9. 看到好廣告
10. 看到好的報紙報導
11. 性價比高
12. 心裡有尊榮感、虛榮心
13. 穿起來好看，有快樂感
14. 有保固期
15. 可以分期付款
16. 與時代同進步感覺
17. 其他……

全球奧美集團執行長夏蘭澤女士的品牌經營分享

1. 品牌打造與做廣告不一樣

品牌是一個人感受一個品牌的所有經驗，這包括產品包裝、通路便利性、媒體廣告，打電話到客服中心的經驗……之總和。如果有不好的經驗或不太滿意出現時，就會對這家公司、這家店、這個品牌打了折扣，或傳出壞口碑或下次不再來了。

2. 必須以消費者角度，去檢視你的品牌

要主動考察、訪視、感受消費者接觸這個品牌的每一個可能點，去體驗品牌如何傳遞，品牌哪個方面不足。

3. 每一個與消費者接觸點的第一個「關鍵時刻」都非常重要

品牌是持續的旅程

「品牌是持續的旅程，莫忘初衷，長期投資品牌，才能永續經營，才能永保競爭力。」

知識維他命

奧美廣告創始人對品牌的觀點

奧美廣告創始人大衛．奧格威對品牌的觀點如下：品牌是個錯綜複雜的象徵，是品牌屬性、名稱、包裝、價格、聲譽、廣告等無形的總和，同時也因消費者使用而有印象。例如：7-Eleven很便利（綜合印象）；LV、Chanel名牌包包很耐用，設計也很好；家樂福量販店的東西很齊全，可以一次購足；新光三越一樓化妝品專櫃很豐富；星巴克咖啡氣氛不錯；屈臣氏藥妝、日用品很多；中正紀念堂文化中心是高級藝文者表演場所；威秀電影院是看電影的好地方。

1-3 各家的品牌觀點

每個品牌背後都有屬於它的品牌故事，而說故事的人是從何觀點切入呢？

一、臺灣奧美廣告對品牌成功的觀點

臺灣奧美廣告集團董事長白崇亮——欲攻市占率（市場占有率，market share），先攻心占率（mind share）。白崇亮認為「心占率是一場品牌戰爭，從消費者情感出發，去建構特定、細膩的思維，並且實踐的過程。」

二、國外對品牌的觀點

（一）桂格創辦人對品牌的觀點：桂格創辦人 John Stuart 曾說過：「如果企業要分產的話，我寧可取品牌、商標或是商譽，其他的廠房、大樓、產品，我都可以送給您。」因為廠房、大樓、產品都可以在很短時間內，建造起來或委外代工做起來，但是要塑造一個全球知名的、好形象的品牌或企業商譽，卻必須花很久時間及很多心力，才能打造出來的，而且不能複製第二個同樣品牌。因此，品牌與人的生命一般的緊密。換言之，無形資產比有形資產更重要，更不易買到。

（二）史蒂芬．金小說家的品牌觀點：許多公司都了解，品牌不僅只是公司的商標、產品、象徵或是名稱。對產品與品牌之間的差異，小說家史蒂芬．金（Stephen King）曾提出一個很實用的論點：「產品是來自工廠，而消費者購買品牌。產品可以複製（duplicate），品牌卻是獨一無二的。產品很快就過時了，但精心策劃的成功品牌，卻永垂不朽。」例如：可口可樂、迪士尼、雀巢、時代華納、豐田、三菱、新力（SONY）、賓士、奇異（GE）、HP、P&G，Gucci、LV 等都是七、八十年以上，甚至百年以上的知名品牌及好品牌，歷久不衰，無法被人複製的。

問題思考

不能被複製的優勢，才是永遠的競爭優勢，而品牌就是永遠競爭優勢，請務必記住！

（三）P&G 公司品牌成功觀點：全球第一大日用品 P&G 公司（寶僑公司）前任執行長雷富禮，對 P&G 品牌的成功觀點如下：「一個成功的品牌，即是對消費者永遠不變的承諾（commitment）及約定。公司一定要堅守此種約定的價值才行，並且從不怠慢的努力縮短與消費者的距離，以及要不斷地讓消費者感到驚喜。」P&G 訂定每年 4 月 23 日為「消費者老闆日」（Consumer Boss Day），以各種活動儀式舉辦，不斷提醒全球 P&G 員工這一條根本行銷理念。

（四）Lippincott Mercer 資深董事對品牌的意涵：Lippincott Mercer 設計暨品牌策略顧問公司資深董事理查德．威爾克指出品牌的意涵：「所謂品牌，不是只有名稱、logo，品牌形象應該是一個產品、服務，加上所有對外溝通，給消費大眾的觀感及經驗的總和，包括產品、價位、促銷、公關、領導人、企業社會責任、財務營運成果等諸多表現。」

知名品牌價格差距大

皮包方面

1個3萬～
30萬元

LV

1個500元～
3,000元

不知名

價格相差 10 倍～ 100 倍

車輛方面

每部200萬～
600萬元

賓士

每部60萬～
90萬元

裕隆

價格相差 3 倍～ 6 倍

品牌與代工的價值比較

鴻海為美國 Apple 公司代工生產 iPhone 智慧型手機。

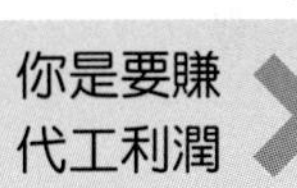

假設：每 100 元價格

只賺：5% （賺5元） （OEM）	大賺：50% （賺50元） （品牌行銷）
只賺微薄生產利潤	賺大量品牌利潤

請問

你是要賺代工利潤 ✕

或

你是要賺品牌利潤 ✓

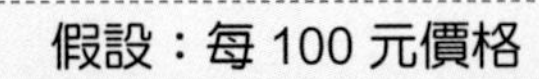

先攻心占率的問題思考

臺灣奧美廣告集團董事長白崇亮對品牌成功的觀點，認為欲攻市占率，先攻心占率。但心占率是什麼？以下問題思考之。

請你想一想，下列哪一項產品的品牌名稱是你經常使用或放在心裡，馬上可以想出來、叫出來的？例如：洗髮精？沐浴乳？洗衣精？機車？汽車？ MP3 ？液晶電視？新聞頻道？報紙？雜誌？口香糖？化妝品？面膜？茶飲料？泡麵？大醫院？女鞋？女裝？珠寶鑽石？精品？量販店？主題遊樂區？家具店？西餐廳？速食餐廳？便利商店？百貨公司？美妝店？咖啡連鎖？

1-4 品牌的價值與重要性 I

一、品牌是「無形」資產、創造企業價值

Interbrand 品牌顧問公司認為，品牌是無形資產的關鍵項目，可以創造企業價值。而成功企業也認同品牌價值確實是企業的長線支撐力。無形資產已成為公司價值的主要來源，而品牌則是無形資產中的重要項目。

企業的資產區分為有形資產與無形資產兩種。有形資產，如廠房、設備、材料、零組件，只要花錢就可以買得到；但無形資產，如品牌、商譽、智慧財產權、專利權，則是花錢也買不到的。

根據美國商業週刊報導，全球股票市值有 1/3 來自品牌。強勢品牌能為公司創造無限價值。

問題思考

品牌是很有價值的，可換算成錢的價值，故值得用心、細心、花錢、有計畫的、有系統的、有效用的去努力與長期的打造它、鞏固它、提升它。因此，是公司全員的責任。

二、品牌價值是企業支撐力

明基、宏碁、華碩、巨大等大企業一致認為，品牌價值是長線支撐力。

(一) 從代工到自創品牌：「如果不想每十年搬一次工廠，就只能專心發展自有品牌。」明基董事長李焜耀這句話，一語道破臺灣企業面臨轉型的迫切性。過去臺商以代工模式，打造全球最完整的 PC 供應鏈。但隨著代工毛利壓縮，被迫選擇「逐低價而居」，生產線從臺灣移師到中國甚至印度。為了擺脫像這樣「遊牧民族」的困境，創造更高的產品附加價值、發展品牌，是許多臺商努力的目標。

(二) 微利時代：微利時代，臺灣企業面臨轉型壓力，品牌價值快速崛起，宏碁的 acer 筆記型電腦及巨大的 Giant 自行車堪稱臺灣品牌代表；品牌不但可增加「市占率」與「溢價支付」效果，也帶動股價走揚，是臺股未來重要題材。

(三) 品牌建立，有助於「市占率」與「溢價支付」效果：事實上，擁有品牌知名度不但能有較高的市占率，對消費者而言，也願意花較多錢，購買知名品牌的產品。像這樣溢價支付的效果，等於是將品牌抽象概念，化為公司的實質獲利。根據北大商業評論顯示，2013 年中國消費者對各種筆記型電腦品牌的溢價支付意願（在相同功能之下，願意因品牌因素付出的價格比率），排名第一的聯想，溢價率達 17.1%；華碩排第七，溢價率達 12.4%；與第一名差距五個百分點。若臺商能維持推升品牌溢價，可因此創造不少利潤。

品牌與代工的獲利比是57：1

根據《*Businessweek*》在2011年度，曾做過一份全球前100大企業，在當年度共創造獲利額2,280億元。但這些公司在亞太地區的代工廠商獲利僅40億美元，二者獲利比率為57：1，相當懸殊。顯示，品牌與代工業在獲利效益上的失衡現象。

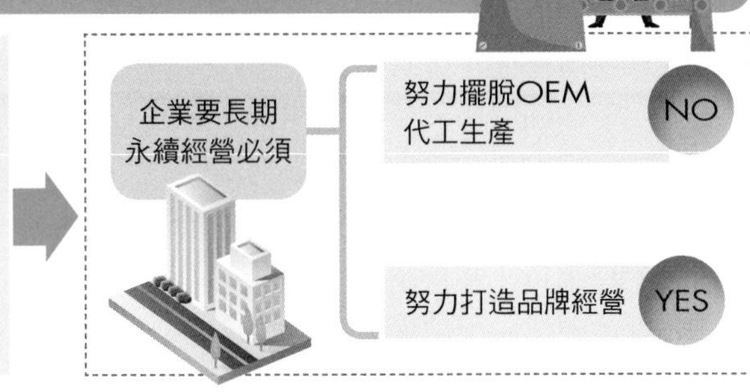

消費者溢價支付的原因

消費者為什麼願意支付較高價錢買知名品牌？
或是他們比較喜歡買知名品牌？
Why？

因為

(1)帶來安心、保障
(2)帶來品質保證、信賴
(3)帶來好用、耐用
(4)帶來好看、心情快樂
(5)帶來心理尊榮感、虛榮心
(6)帶來有名的感覺
(7)帶來價值感、時尚感、感動感
(8)帶來頂級服務享受
(9)帶來……

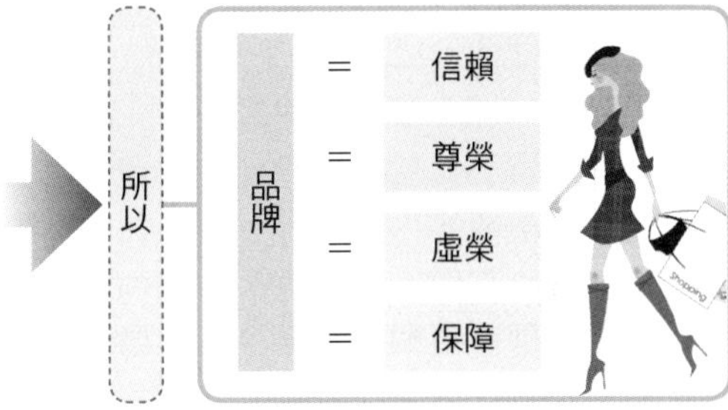

品牌價值是企業支撐力的問題思考

問題思考之一：從代工到自創品牌

從 OEM（委託製造代工）→ ODM（委託設計代工）→ OBM（自創品牌）這是一條艱辛、路途遙遠、要投入大成本，面對風險的生死抉擇。但韓國三星、LG 及現代汽車均已成功走出來了，臺灣大廠亦應有此機會。

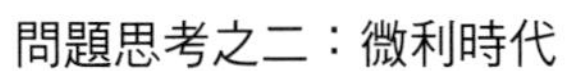

問題思考之二：微利時代

既然是微利時代，大家拼價格、拼促銷活動，利潤愈拼愈低，最後能存活下來的，只剩下有品牌的大廠。因為，品牌大廠具備製造成本低及品牌溢價之雙重優勢。

問題思考之三：品牌建立，有助於「市占率」與「溢價支付」效果

消費者為什麼對有品牌的產品，願意支付多一些溢付價格？因為品質好、維修少、耐用、好看、好用、好吃、具榮耀感、功能強、服務佳、附加價值多、物超所值、符合身分地位等。

1-5 品牌的價值與重要性 II

企業品牌價值，取決於兩大客觀評價，一是獲得終端用戶（一般消費者或企業客戶）的認同度；二是專業評價（鑑價）機構，如專業公信雜誌或調查數據。

一、品牌大廠享有較高投資價值

美國高盛證券的研究顯示，品牌科技大廠多半享有比較高的投資價值，使得品牌廠商在進行企業併購時，併購的價格都會比被併購的資產價值，略微高出一些。這部分差額就是所謂的「商譽」，也就是「品牌價值」所在。

二、強勢品牌創造市場價值

許多調查顯示，強勢品牌可以創造出許多市場價值，一是可以讓消費者很快採取購買行動。二是足以支撐行銷人員訂定較高的價格，使產品或服務差異化，創造進入及競爭的障礙。三是帶領顧客關係走向長期及忠誠。四是提供一個平臺，讓新產品源源不絕的推出。五是有助於提升員工忠誠，吸引好人才加入，招來更多合作夥伴企業。六是強調品牌帶動價格及銷量上升，並能夠提升股東價值。

三、品牌是一項「策略性資產」

全球經濟已從工業經濟時代，邁向知識經濟時代，品牌已被許多成功的企業視為是一項重要的「策略性資產」（strategic asset），是一項創造企業競爭優勢與長期獲利基礎的智慧資產。如何建立與維持顧客心中的理想品牌，讓品牌擁有很高的品牌價值和權益，是企業應該認真思考和用心投入的課題。理想品牌的建立與維持是一項「耗時」、「花錢」的工作，要有良好的「規劃」和踏實的履行。

四、品牌等於消費者「心理位置」

品牌是消費者心中的獨特地位，被放在消費者的心理位置。

(一) 品牌絕非只是一個商標、廣告或促銷活動：品牌是消費者（顧客）根據他們所認知的心理和功能上所產生的收穫、所有印象內化後的總和，並放在他們「心理位置」中所產生獨特的地位。必須是所有從上至下的員工、顧客及所有利益關係人（通路代理商、經銷商、供應商）都要努力的，其中包括產品和服務的品質表現、公司財務績效表現、顧客忠誠度、滿意度及對品牌整體評價的感覺。

(二) 當消費者取得產品或服務，會將特定名稱與他們認知的利益連在一起，而這個名稱就變成了品牌。當名稱與利益結合在一起的程度愈來愈強時，品牌就會產生所謂的權益（equity），一個沒有資產或沒有權益的品牌，是不能稱為品牌的。（註：在會計的資產負債表上，有資產、負債及股東權益三大項目。而且，資產＝負債＋股東權益。因此，資產及權益都是正面有利的東西。）

品牌價值的四層構成要素

4. 企業承諾的完整價值（commitment value）

3. 個性的、人格的價值（personality value）

2. 心理的、感受的價值（psychology value）

1. 機能性（功能性）的價值（functional value）

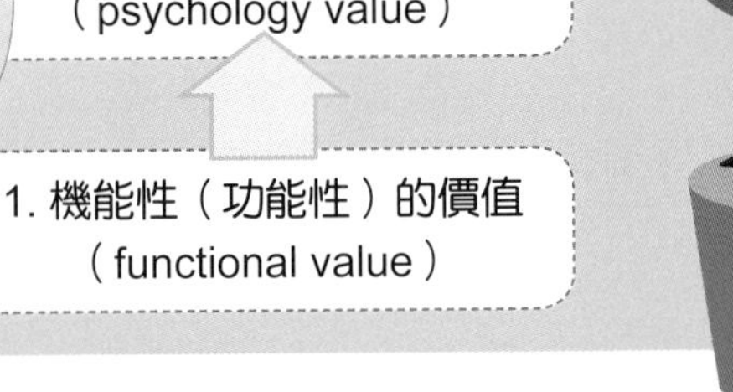

為何要重視品牌？

「品牌」對廠商的功用（好處、效益）

知名品牌

① 可以擁有較高訂價能力
② 可以有較高利潤賺取
③ 可以有穩定的營收額
④ 顧客忠誠度、再購率會較高
⑤ 企業可以長期、永續經營
⑥ 企業享有較佳的競爭優勢

所以

廠商要全力「打造品牌」
成為「知名品牌」
累積「品牌資產」
創造「品牌價值」

1-6 品牌的謬誤、挑戰與具備要點

企業發展品牌時，最常發生哪些錯誤觀念、面臨哪些挑戰，以及如何因應？

一、品牌五大謬誤

（一）負責品牌發展的單位是「廣告代理商」或「行銷部同仁」：事實上，應是全公司、全體部門、全部體系、全體員工，均需投入。即使是一位總機小姐、一位門市小姐、一位專櫃小姐、一位客服中心服務小姐等，均包括在內。

（二）品牌只要頻打廣告即可：認為品牌只不過是一個註冊商標、標語、廣告、促銷或是公關活動，只要頻打廣告，就能打響品牌知名度。錯了，那只是表面的、浮面的、一時的、視覺的、非內心的、宣傳的感覺而已。

（三）品牌是用錢堆出來的：有錢才能大打廣告，才有資格建立品牌，沒有錢，是不能建立品牌的。建立品牌，當然要花錢，也要花廣告，但是為何 Starbucks（星巴克）不打廣告亦能成名？錢一定要花在刀口上，一定要有計畫、有創意、有效益、有邏輯的花出去，才會有效益出來。

（四）品牌是行銷部門的事：錯了，當製造部及品管部沒有把產品的功能及品質做得比競爭對手更好時，顧客就會遠離而去。當顧客到餐廳現場感受不到頂級服務或覺得口味不好吃時，下次也不會再光顧了。此時，品牌也不會有了。

（五）品牌價值無法計算：認為沒有辦法算出品牌價值，因為無法在會計科目上詳細算出來。現在已有專業評量與計算品牌價值的專業公司、公式、內涵及算法。例如：英國的 Interbrand 公司最有名。

二、品牌經營應具備的要點

品牌經營應具備下列五要點：一是絕對不要因成功而自滿，必須隨時具有危機意識，不斷地自我檢討和改進。二是絕對不要忽視市場變化，必須密切注意消費趨勢的改變，及早採取因應措施。三是對於競爭者的行動應提高警覺，不能讓競爭者有機可趁，也必須採取壓制或圍堵策略，以防止競爭者坐大，帶來更大威脅。四是品牌的建立不是一蹴可幾，必須經過長期不斷的累積，同時建立品牌也不只是靠廣告而已，必須採取各種不同行銷手段，才能發揮功效。五是必須不斷追求創新，不只是產品創新，還有行銷手法和創意的創新，才能維持領先地位。

三、建立品牌最大的挑戰

Lippincott Mercer 設計暨品牌策略顧問公司資深合夥人理查德・威爾克認為，建立品牌最大的挑戰有二：一是 CEO 的決心最重要，他必須有意願及興趣，因為品牌工程是長時期的規劃及投資，而非僅是行銷部門的工作。二是要拉近理想與現實的差距，必須確定品牌程序、品牌承諾能被有效溝通，以及實力不到不能先做；太慢做，則可能失去先機。

品牌五大謬誤

1 品牌發展是廣告公司的事！

2 品牌只是一個 logo、一個廣告！

3 品牌是要花很多錢的！

4 品牌是行銷部門的事！

品牌管理不就是管理商標、廣告、促銷活動嗎？交由行銷部門或廣告人員負責就好了，何必勞師動眾要全員動起來？我們專注自己部門的工作都忙得沒時間，哪有心力再投入品牌管理工作。

錯！錯！錯！

5 品牌價值是無法評估的！

品牌經營成功五大要點

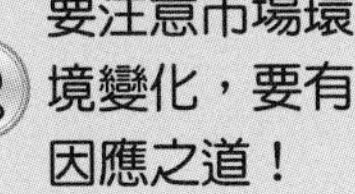

③ 要對競爭對手提高警覺！

② 要注意市場環境變化，要有因應之道！

④ 品牌是要長期努力累積的！

① 不要自滿，要不斷檢討求進步！

⑤ 品牌經營要追求各方面的持續創新！

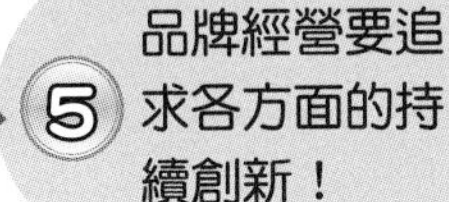

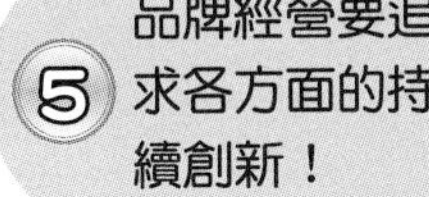

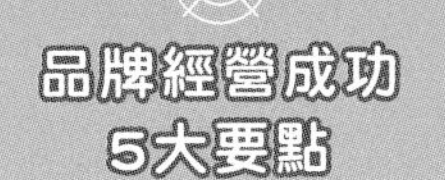

品牌經營成功
5大要點

1-7 理想品牌與非常品牌調查排行榜

《管理雜誌》2015年 臺灣消費者心目中理想品牌調查排行榜

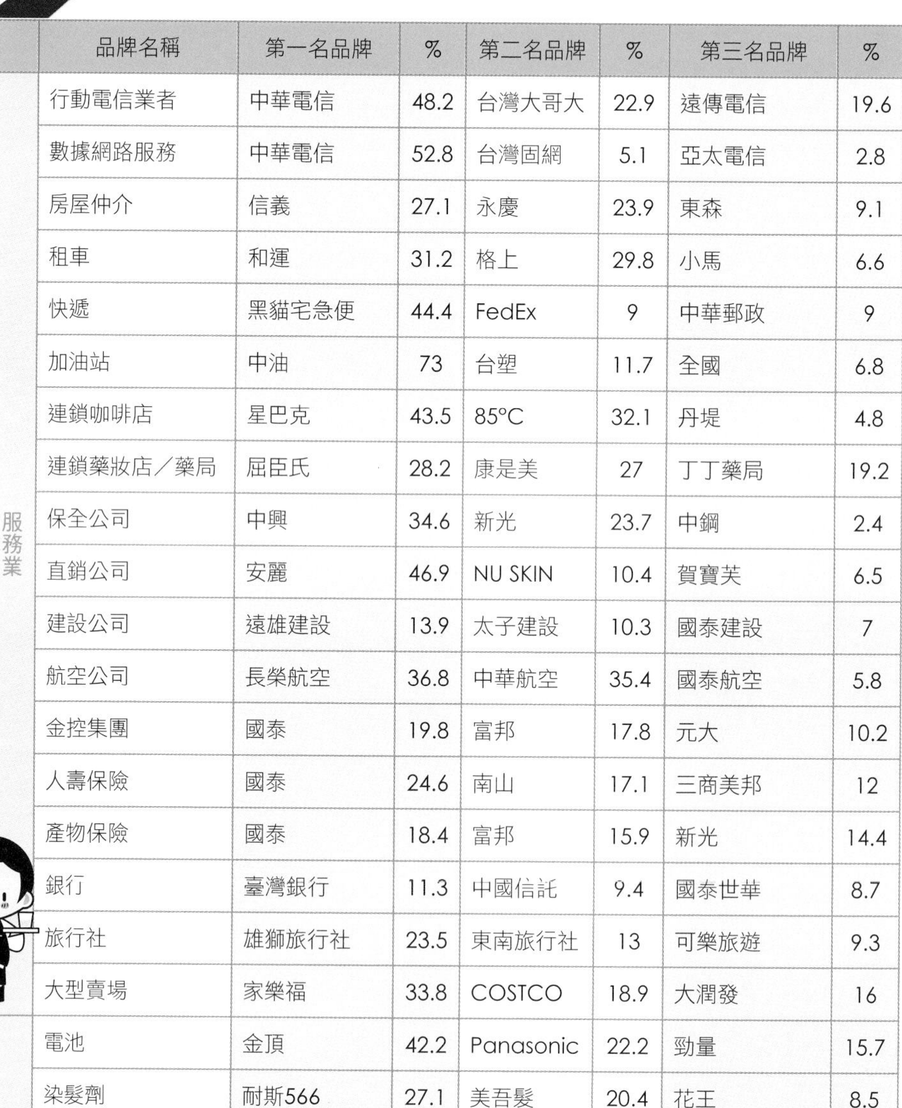

	品牌名稱	第一名品牌	%	第二名品牌	%	第三名品牌	%
服務業	行動電信業者	中華電信	48.2	台灣大哥大	22.9	遠傳電信	19.6
服務業	數據網路服務	中華電信	52.8	台灣固網	5.1	亞太電信	2.8
服務業	房屋仲介	信義	27.1	永慶	23.9	東森	9.1
服務業	租車	和運	31.2	格上	29.8	小馬	6.6
服務業	快遞	黑貓宅急便	44.4	FedEx	9	中華郵政	9
服務業	加油站	中油	73	台塑	11.7	全國	6.8
服務業	連鎖咖啡店	星巴克	43.5	85°C	32.1	丹堤	4.8
服務業	連鎖藥妝店／藥局	屈臣氏	28.2	康是美	27	丁丁藥局	19.2
服務業	保全公司	中興	34.6	新光	23.7	中鋼	2.4
服務業	直銷公司	安麗	46.9	NU SKIN	10.4	賀寶芙	6.5
服務業	建設公司	遠雄建設	13.9	太子建設	10.3	國泰建設	7
服務業	航空公司	長榮航空	36.8	中華航空	35.4	國泰航空	5.8
服務業	金控集團	國泰	19.8	富邦	17.8	元大	10.2
服務業	人壽保險	國泰	24.6	南山	17.1	三商美邦	12
服務業	產物保險	國泰	18.4	富邦	15.9	新光	14.4
服務業	銀行	臺灣銀行	11.3	中國信託	9.4	國泰世華	8.7
服務業	旅行社	雄獅旅行社	23.5	東南旅行社	13	可樂旅遊	9.3
服務業	大型賣場	家樂福	33.8	COSTCO	18.9	大潤發	16
	電池	金頂	42.2	Panasonic	22.2	勁量	15.7
	染髮劑	耐斯566	27.1	美吾髮	20.4	花王	8.5

	品牌名稱	第一名品牌	%	第二名品牌	%	第三名品牌	%
日常用品	洗髮精	花王	12.9	耐斯566	12.7	飛柔	10.4
	沐浴乳	澎澎	25.9	多芬	20.7	麗仕	7.6
	一般刮鬍刀	吉列	25	舒適	17.8	飛利浦	8.4
	電動刮鬍刀	飛利浦	21.5	Panasonic	12.9	百靈	12.3
	男性洗面乳	蜜妮	11.9	露得清	9.1	UNO	7
	女性洗面乳	蜜妮	18.4	露得清	6.4	資生堂	5.7
	女性內衣	華歌爾	27	黛安芬	17.5	曼黛瑪璉	9.5
	衛生棉	好自在	22	靠得住	20.2	蘇菲	19.9
3C產品	電視機（液晶）	SONY	22.3	LG	17.4	Panasonic	15.3
	冷氣／空調	日立HITACHI	37.9	大金	22.5	Panasonic	7.5
	洗衣機	Panasonic	19.9	LG	14.6	三洋SANLUX	13.8
	冰箱	Panasonic	21.1	日立HITACHI	17.2	LG	15.6
	電子鍋（電鍋）	大同	61.5	象印	12.9	Panasonic	3.9
	空氣清淨機	Panasonic	11	日立HITACHI	8.5	3M	7.1
	微波爐	Panasonic	18.3	大同	13.3	Sampo	12.4
	桌上型電腦	華碩	38	acer	25.5	Apple	11.5
	個人電腦（筆記型、平板）	華碩	29	Apple	26.6	acer	13.7
	顯示器	華碩	14.6	奇美	10.5	acer	9.9
	電子辭典	快譯通	25.2	無敵	24.2	哈電族	9.1
	數位相機	SONY	40.7	Canon	23.6	Nikon	13.7
	攝影機	SONY	45.9	Canon	13.7	Nikon	8.4
	手機	hTC	29.9	Apple	21.8	三星Samsung	16.4
	GPS（衛星導航）硬體	MIO	14.7	GARMIN	13.9	TOMTOM	1.7

	品牌名稱	第一名品牌	%	第二名品牌	%	第三名品牌	%
	多功能事務機	HP	20.2	EPSON	15.8	Canon	7.8
	投影機	EPSON	12.3	HP	8.4	BenQ	6.4
家居用品	連鎖家具	IKEA	39.8	B & Q	15.4	詩肯柚木	9.5
	衛浴設備	和成HCG	38.2	TOTO	25.9	凱撒	5.1
	熱水器	櫻花	50	林內	19	莊頭北	11.2
	瓦斯爐	櫻花	52.2	林內	26.4	豪山	5.2
	抽油煙機	櫻花	57.6	林內	19.8	豪山	5.6
	淨水器	安麗	18.9	3M	14.9	千山	9.5
飲料	果菜汁／果汁	波蜜	45.3	美粒果	9.4	統一	7
	鮮奶	林鳳營	33.1	光泉	22.1	統一	13.6
	優酪乳	統一	21	林鳳營	20	光泉	18.8
	碳酸氣泡飲料	可口可樂	28.7	黑松	25.8	蘋果西打	7.4
	運動飲料	舒跑	53.1	寶礦力	15.2	黑松	14.6
	罐裝咖啡	伯朗	45.5	貝納頌	12.4	韋恩	6.6
	即溶咖啡	雀巢	23.1	伯朗	16.3	西雅圖極品	9.5
	茶飲料	茶裏王	27.9	御茶園	11.9	統一	4.2
	包裝水	多喝水	23.7	悅氏	21.6	泰山純水	9.2
食品	速食麵	統一麵系列	34.2	維力	17.2	康師傅	9
	成人奶粉	克寧	27.7	桂格	23.7	安怡	12.4
	嬰幼兒奶粉	亞培	18.8	惠氏	14	桂格	9.5
	喉糖	京都念慈菴	28.5	樺達硬喉糖	23	利口樂潤喉糖	5.7
	冰淇淋	小美	24.8	Häagen-Dazs	23.5	杜老爺	14.3
	喜餅	郭元益	22.4	伊莎貝爾	14.8	禮坊	7.5

	品牌名稱	第一名品牌	%	第二名品牌	%	第三名品牌	%
	包裝米	三好米	35.7	池上米	16.8	中興米	12.6
	醬油	金蘭	24	統一四季	15.2	味全	12.4
	雞精	白蘭氏	50.8	桂格	8.3	統一	7.3
清潔用品	洗衣粉／精	白蘭	24.2	一匙靈	19.7	白鴿	11.1
	洗碗精	泡舒	22.7	白熊	15.6	橘子工坊	11
	牙膏	黑人	46	高露潔	15.8	白人	11.5
	面紙	舒潔	46.1	五月花	21.7	春風	13.2
	衛生紙	舒潔	43.6	五月花	23.5	春風	12.8
交通工具	機車	山葉	30.7	三陽	30	光陽	28
	自行車	捷安特	57.3	美利達	17	功學社	3
	輪胎	米其林	28.9	瑪吉斯	15.4	固特異	7.2
	房車	TOYOTA	21.5	BMW	13.4	BENZ	9.6
	休旅車	TOYOTA	17.5	BMW	15.5	Honda	7.6
休閒時尚用品	運動鞋	NIKE	48.2	愛迪達 adidas	20.1	Puma	8.9
	休閒服	NIKE	22.8	愛迪達 adidas	10.9	NET	9.5
	男鞋	La New	18.2	阿瘦	17.2	NIKE	14
	女鞋	阿瘦	20.3	La New	10	NIKE	7.5
	男錶	勞力士	15.6	精工錶 SEIKO	11.2	卡西歐 CASIO	6.8
	女錶	精工錶SEIKO	10.7	勞力士	7.4	卡西歐 CASIO	7
醫療保健	按摩椅	OSIM	32	高島	13.7	富士	7.6
	血壓計	OMRON	25.9	Panasonic	5.6	OSIM	5.5
	體脂計	OMRON	20.7	Tanita	5.4	OSIM	4
	拋棄式隱形眼鏡	嬌生	27.1	帝康	10.3	博士倫	9
	隱形眼鏡藥水	博士倫	27.6	愛爾康	12.2	視康	5.7

	品牌名稱	第一名品牌	%	第二名品牌	%	第三名品牌	%
	維他命	善存	23.5	萊萃美	12.5	安麗	7.9
	感冒藥	普拿疼	28.5	斯斯	23.4	友露安	10.1
	嬰兒紙尿片／褲	幫寶適	30.3	好奇	9.8	妙而舒	8.5
其他	報紙	蘋果日報	31.2	自由時報	25.4	聯合報	15.5
	電視台	三立	15.4	TVBS	12.8	中天	7.2

資料來源：《管理雜誌》市調小組

《讀者文摘》「非常品牌」排行榜

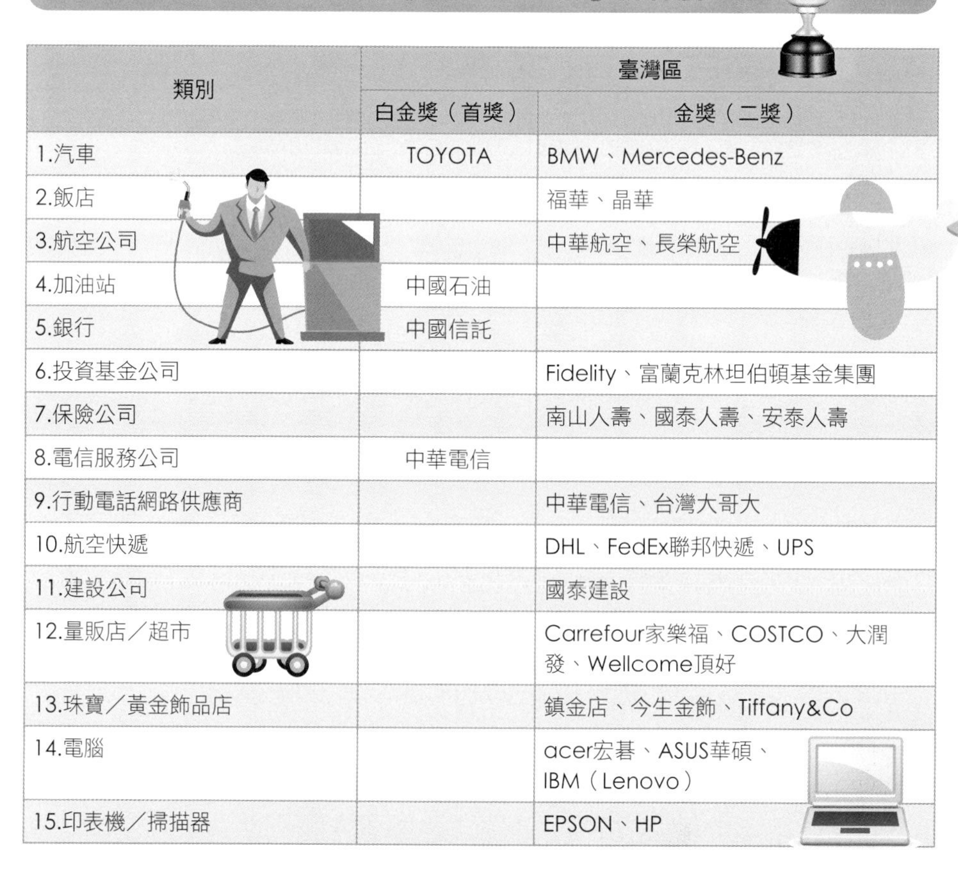

類別	臺灣區	
	白金獎（首獎）	金獎（二獎）
1.汽車	TOYOTA	BMW、Mercedes-Benz
2.飯店		福華、晶華
3.航空公司		中華航空、長榮航空
4.加油站	中國石油	
5.銀行	中國信託	
6.投資基金公司		Fidelity、富蘭克林坦伯頓基金集團
7.保險公司		南山人壽、國泰人壽、安泰人壽
8.電信服務公司	中華電信	
9.行動電話網路供應商		中華電信、台灣大哥大
10.航空快遞		DHL、FedEx聯邦快遞、UPS
11.建設公司		國泰建設
12.量販店／超市		Carrefour家樂福、COSTCO、大潤發、Wellcome頂好
13.珠寶／黃金飾品店		鎮金店、今生金飾、Tiffany&Co
14.電腦		acer宏碁、ASUS華碩、IBM（Lenovo）
15.印表機／掃描器		EPSON、HP

類別	臺灣區	
	白金獎（首獎）	金獎（二獎）
16.辦公室設備一傳真機／影印機		Canon、Fuji、Xerox全錄、HP、Panasonic
17.行動電話	中華電信	台灣大哥大
18.液晶電漿電視		Panasonic、SONY新力牌
19.相機／數位相機		Canon、Nikon、SONY新力牌
20.攝錄放影機	SONY新力牌	Panasonic
21.手錶		Rolex勞力士、SEIKO、SWATCH
22.筆		萬寶龍
23.油漆		ICI Dulux得利塗料、虹牌油漆
24.洗衣機		Panasonic、三洋
25.冰箱	Panasonic	
26.冷氣	HITACHI日立	Panasonic、東元
27.濾水器／壺		Amway安麗、Panasonic
28.水／礦泉水		統一、味丹多喝水、悅氏
29.汽水		Coca-Cola可口可樂、黑松
30.茶類		天仁、統一
31.果汁		光泉、統一、味全
32.牛奶		光泉、統一、味全
33.穀類食品（如麥片、玉米片）		Kellogg's家樂氏、Quaker Oats桂格燕麥片
34.餅乾	義美	
35.食用油		得意的一天、統一
36.調味料		龜甲萬、金蘭、台鹽、味全
37.米		中興米、三好米
38.啤酒	台灣啤酒	Heineken海尼根
39.干邑／威士忌／其他酒類	Johnnie Walker約翰走路	Hennessy軒尼詩、金門高粱
40.維他命／健康食品	Centrum善存	Amway Nutrilite安麗紐崔萊、Brand's白蘭氏
41.染髮用品		L'OREAL巴黎萊雅、MAYWUFY美吾髮
42.護膚保養品		資生堂、SK-II

1-8 品牌定義、相關名詞與品牌化對象

關於品牌定義有以下看法，但可確認的是品牌不只是品牌這樣簡單的思維。

一、品牌定義

(一) 行銷學者 Philip Kotler（菲利普・柯特勒）對品牌的定義：「品牌就是一個名字、名詞、符號或設計，或是上述的總和，其目的是要使自己的產品或服務有別於競爭者。」

(二)《藍燈書屋英文大字典》對品牌名稱的定義：「具有高知名度品牌名稱的產品或服務。」但是品牌名稱不一定是品牌，因為品牌的定義為：「有一些或多種異於他牌特色。」

(三) 經營化妝品的 Revlon（露華濃）創始人 Charles Revson（查爾思・雷弗森）對品牌的定義：「在工廠，我們生產的是化妝品；在店裡，我們販賣的是美麗與青春的希望。品牌的終極目標是要建立偏愛，而加速消費者使用的決心。」

(四) Unilever（聯合利華）董事長 Michael Perry（邁可・貝瑞）對品牌的詮釋：「品牌者擁有品牌」、「品牌是消費者如何感受一個產品」、「品牌代表消費者在其生活中對產品與服務的感受，而滋生的信任、相關性與意義的總和」、「我們建立品牌的形象，就如同鳥兒築巢一樣，從我們隨手擷取的稻草雜物建造而成」。

(五) Farquhar（1990）之見：品牌則是「一個能使產品超過其功能而增加價值的名稱、符號、設計或標記。」此定義很明顯地已經展露出品牌所具有的附加功能，品牌不再只是用來作為差異化的工具，它已經超脫了以往的藩籬，其所擁有的附加功能成為了形成品牌權益的基礎。

二、品牌相關名詞的釐清

(一) 產品（product）：一個有形的、物質化的東西。

(二) 品牌（brand）：是抽象的，是消費者對這個產品、這家公司、這個服務一切感受的總和，也是一種喜愛、忠誠、親密、認同、心甘情願與偏愛的一種關係。

(三) 品名（brand name）：例如：Citibank、Nokia、TOYOTA。

(四) 品標（brand mark）：是一種標誌字型、字體、圖形、符號設計等，例如：Playboy 的兔子、Disney 的米老鼠、麥當勞的金色拱門等。

(五) 商標（trade mark）：經註冊的品牌，於法有據的品牌，可被法令保護。

(六) 品牌形象（brand image）：即指 1. 是由品味、風格、成就、地位「令人感覺很好」等因素所組合而成的本質；2. 是由行銷及廣告人員所創造出來的概念及結果，以及 3. 可以驅動品牌資產的形成及累積，然後形成價值。

品牌元素的意義及功能

意義（內容項目）

1. 品名 brand name
2. 標語 slogan
3. 標誌（商標）trade mark
4. 設計 design
5. 個性 character
6. 象徵 symbol
7. 包裝 package
8. 音樂 music
9. 型式 type
10. 簽名 sign

包括標準字形、圖案、象徵、設計或是以上的綜合體。

品牌的三大功能

1. 製造出處表示的功能

代表這個產品或服務，是誰製造的或提供的。

2. 品質與功能保證

品牌即是代表消費者期待買到後的一種功能與品質保證。

3. 情報傳達功能

商品與服務的情報傳達，以喚起消費者的欲望及需求。

可以品牌化的對象有哪些？

項目	品牌的對象	品牌化案例（都可以成為品牌）
(一)商品	1.消費財	• 汽車、家電、食品、飲料、精品、日用品等
	2.生產財	• 機械設備、零組件等
(二)服務	1.零售流通業者	• 百貨公司、量販店、超市、便利商店、購物中心
	2.其他服務業	• 信用卡、書店、房仲店、餐飲、銀行、媒體等
(三)組織與人	1.組織	• 企業、大學、公共機關、非營利團體（慈濟、佛光、中台禪寺）
	2.人	• 藝人、政治家、運動選手（世界性足球、棒球、賽車、籃球）
(四)場所	1.產地	• 義大利（流行時裝）、精品（法國）、人蔘（韓國）、牛肉（美國／澳洲）
	2.其他	• 觀光地、活動舉辦地等（大長今／冬季戀歌成為南韓觀光勝地）

1-9 品牌的功用與對消費者的重要性

品牌建立，除了企業用來創造自家產品或服務的價值之外，對消費者來說，也具有一定重要性，尤其在食安問題頻傳之際，品牌至少可以幫助消費者降低風險。

一、品牌的功用

(一)對消費者：品牌對消費者來說具有下列功能，即1.對商品製造廠的來源識別；2.責任歸屬的明確化；3.搜尋時間及成本的節省；4.風險的降低；5.品質的象徵，以及6.形象、生活型態、自我實現欲望的投射。

(二)對通路業者：品牌對通路業者來說具有下列功能，即1.與其他商品的明確區分；2.流通業者自身的區別、差別化；3.交易商品的品質維持；4.顧客支持的獲得（顧客習慣性購買），以及5.營收及獲利的確保（僅有品牌的商品，其銷售量及毛利額均會比較高些）。

(三)對製造業者：品牌對製造業者來說，具有下列功能，即1.對商品差異化與定位的明確化；2.高忠誠度顧客的獲得；3.商標權等法律手段的保護；4.對競爭優勢的產生；5.有助營收擴大及較長期性的安定；6.超額價格（高訂價）的可能實現；7.價格的安定性，較不會陷於低價追逐，以及8.獲利率穩定且高一些。

二、品牌對消費者的重要性（或利益）

品牌在消費者心目中能產生什麼影響力呢？或者說品牌能為消費者帶來哪些益處？以下說明之。

(一)辨認產品的來源：品牌可以幫助消費者快速辨別產品的品質、特質。

(二)生產的責任課題：品牌代表生產者對消費者的一種負責到底的責任。

(三)風險降低者：品牌可以幫助消費者降低以下風險，即1.功能風險（品質與功能較有保障）；2.實體風險（實體與宣傳的相一致）；3.財務風險（不會損失金錢；壞了，再花一次錢）；4.社會風險；5.心理風險（心理認知失調的風險），以及6.時間風險（浪費時間的成本，假如不好用，很快壞掉等狀況出現）。

(四)選擇成本降低者：品牌可以幫助消費者降低選擇產品時所需耗費的成本（包括時間、精神）。

(五)生產者的承諾、契約與約定：品牌所代表的就是對消費者的一種承諾、約定。

(六)圖案的象徵：品牌圖案就是一種特殊意義的象徵。

(七)品質的符號：品質是由視覺感受、心理預期及信任感所組合而來。

品牌構成的三個價值

1. 基本價值	2. 資訊情報價值	3. 周邊價值
• 對商品持有的基本價值	• 對商品資訊情報的來源及呈現	• 延伸出來與附加的價值

品牌的價值

低價值

高價值

例如：

項目	1.基本價值	2.資訊情報價值	3.周邊價值
(一)汽車	省燃料費、行駛馬力強、肅靜等功能	設計與電視廣告內容等	售後服務及經銷店優質對待等
(二)清潔日用品	洗淨力強等功能	包裝、外型、廣告內容等	使用便利性、環境性考量等
(三)高級皮件	高級素材、精緻工藝、耐久功能等	設計、生活型態（life style）、流行趨勢等	專門店、賣場、企業頂級形象、銷售員的信賴、價格不降、穩定及售後服務態度良好等

品牌對消費者的功用

1. 品牌是信賴心的來源
2. 品牌是品質的保證
3. 品牌可以降低風險
4. 品牌比較安全
5. 品牌可節省搜尋成本
6. 品牌是一分錢、一分貨

1-10 品牌特性與要素

要成為一個具有影響力的品牌，應具備下列三種特性；而品牌之所以能成功，也有其應具備的要素與利益。

一、品牌特性

(一)獨特性：每個品牌都是獨一無二的，具有鮮明的個性及差異性，是別人不易模仿或取代的，並在消費者心中搶占一席之地。例如：三立與民視八點檔本土閩南語戲劇、哈利波特小說等都具有相當的獨特性。

(二)單純性：品牌愈單純，就愈有焦點、愈有力量。過於複雜或不當擴張及延伸時，品牌印象就會混淆、模糊及失焦。例如：LV、Gucci、Chanel、Cartier、Prada、Fendi、Coach等名牌精品的戶外、報紙、店面、雜誌等廣告，永遠都是以簡單的幾個字呈現出來，不會有很複雜的背景或畫面。

(三)一貫性：品牌的概念、主張及作法呈現，必須「一以貫之」，不可輕易改變。

二、成功品牌應具備之要素及利益

(一)產品(或服務)本身具備的功能，必須符合及滿足市場需求的功能：這是基本要素，也是顧客導向的本質。例如：美白、抗老、保濕是保養的基本需求。再如，蘋果的 iPod shuffle → iPod mini → iPod nano → iPod video → iPod touch 等演進，也是滿足市場需求的最新趨勢，此即從數位音樂隨身聽到可以看到畫面影像的 iPod 演變。

(二)品牌獨特的價值，能夠增加產品的附加價值：例如：TOD'S 名牌皮鞋的皮革、LV 或 Gucci 名牌包包的皮革及製作過程，均甚為嚴選及精緻，與眾不同。

(三)品牌利益必須名實相符：品牌提供的各種利益，必須與實際宣傳的內容，名實相符、表裡一致，並形成整體的個性或風格，才會有好口碑。

(四)品牌所提供的價值，必須是符合消費者利益：即消費者認知的心理與功能兩種不同的利益。

三、案例：LVMH 如何打造明星品牌

LV 公司究竟是如何做到以下四點？請思考之。

(一)真正高品質的保證：至少禁得起十年、二十年以上時間的考驗，對每一個製造細節品質的堅持。

(二)時尚感、流行感：再不擁有，你就落伍了。

(三)一直處於優質形象：維繫高形象、優質品牌形象。

(四)良性循環的經營：成長與獲利，然後再投資設備與廣告，形成良性循環。

LVMH精品集團的產品線與品牌名稱

（一）流行及皮草類

1.LV（Louis Vuitton，路易威登）
2.Celine（思琳）
3.Loewe（羅威）
4.Givenchy（紀梵希）
5.Dior（迪奧）
6.Fendi（芬迪）
7.Pucci（普吉）
來自義大利世界頂級知名精品

（二）香水及化妝品類

1.CD香水（克莉絲汀香水）
2.Guerlain（嬌蘭）
3.Kenzo香水（高田賢三）

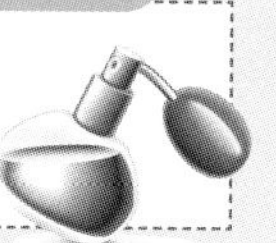

（三）手錶及珠寶類

1.TAG HEUER（豪雅錶）
2.Dior

（四）酒類

Hennessy（軒尼詩）

（五）精品零售類

DFS免稅商店

品牌三大特性

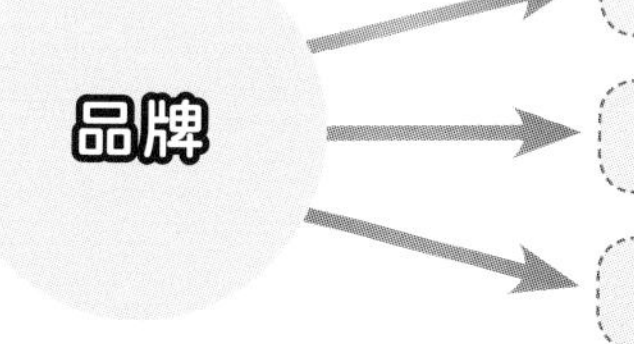

像海尼根啤酒、SK-II化妝保養品、賓士轎車、Airwaves口香糖、三立與民視八點檔本土閩南語戲劇、哈利波特小說等，都具有相當的獨特性。

品牌核心及重點——One voice

Kevin Lane Keller：一個好的品牌核心主題，應兼顧三個重點，一是強而有力的訊息；二是消費者喜歡的訊息；三是獨特的訊息。三種訊息要以同一個聲調發聲，才能充分反映出品牌的定位與個性。但要如何維持「One voice」（一種聲音）呢？

例如：1. 家樂福：「天天都便宜」、「天天都新鮮」。
2. 華碩電腦：「華碩品質，堅若磐石」。
3. 星巴克：「品味咖啡／品味人生」。
4. 國泰人壽：「最老牌、最不會倒的壽險公司」。
5. SK-II：「美麗人生」。
6. 7-Eleven：「便利的好鄰居」、「always open」、「有7-Eleven真好」。

1-11 消費者心目中的理想品牌五力

從消費者心目中的理想品牌五力顯示，品牌忠誠度愈高，銷售力愈高。

一、品牌知名度（brand awareness）

整體來說，知名度在臺灣是非常重要的。很多國外企業選擇臺灣作為測試市場（test market），是因為臺灣的市場不大不小，且擁有 2,300 萬人口，人口密度高，人口規模剛剛好，不會太分散。再加上是 23,000 美元個人所得的海島型國家，如果在這個市場測試成功了，就可將經驗發展至全世界；萬一失敗了，也不會有太大的影響。

從臺灣自己的角度來說，臺灣市場很重視品牌，所以品牌知名度是一個最基本的（basic）要件，除非是廉價的 Robanton（路邊攤）與 Yesmile（夜市買的），就不用靠知名度，否則沒知名度的產品，在臺灣幾乎不可能成為暢銷的商品。

二、品牌銷售力（brand sales）

品牌的第一關考驗，就是銷售力，它是 Firstcut。任何品牌，都必須通過第一關，因為消費者必須產生第一次的購買行為，才有可能形成後面的重複購買，所以第一關的考驗是銷售力，過這一關以後才有戲可唱。也唯有銷售成功，才有獲利可言。通常在百貨公司一樓專櫃者，都必須達到一定業績目標要求。

三、品牌忠誠度（brand loyalty）

品牌的忠誠度是要長期經營的，因為它關係品牌的成效。如果一個品牌有銷售力，卻沒有忠誠度的話，那麼它的行銷成本會非常高，因為若消費者只購買一次，那麼企業所需付出的成本就會比較大。因為通常低頻率的顧客，其獲利來源貢獻度是很低的。

大家都知道，投資在新顧客，使他產生第一次購買行為的成本，是投資現有顧客重複購買成本的 5 到 8 倍。這也是最近非常重視會員經營與會員行銷的原因。

四、廣告有效度

廣告有效度運用在拓展新客戶上，仍是一項非常有效的指標。現在臺灣各種品牌間的競爭非常激烈，隨時都有新產品不斷推出。無論是新產品推出或想要拓展新市場，廣告就是一個爆炸點，可以在短時間內引爆新客戶，然後再去用銷售力（短期），或忠誠度（長期）支撐這個品牌。

五、品牌推薦力

品牌推薦力是一個新的品牌指標，有推薦力表示顧客不但對自己品牌忠誠，還會推薦給他的人脈圈。這是一個品牌的後續考驗力，是比品牌忠誠度還要更高層次的指標，就是所謂的口碑行銷，也是行銷手法中常用的「會員介紹會員」（member get member, MGM）。

品牌五力關係圖

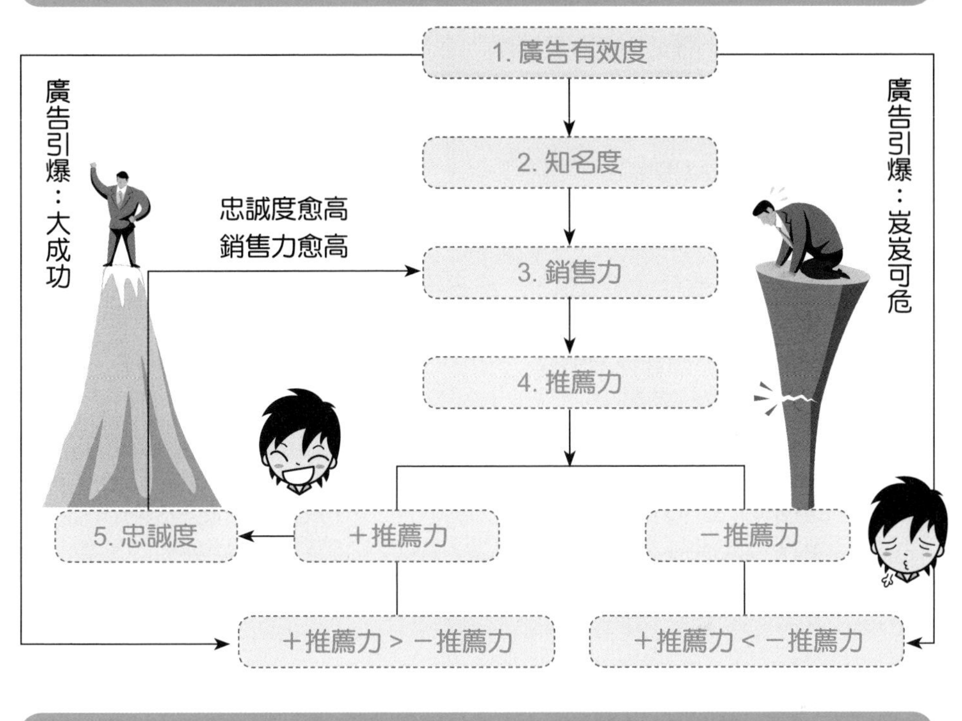

品牌五力

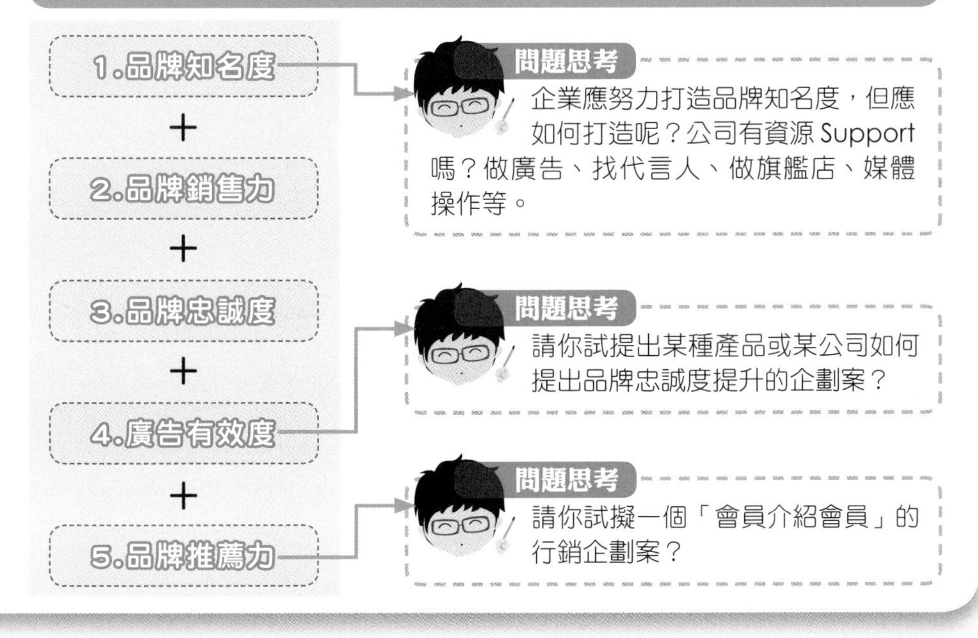

1-12 強勢品牌，獨享市場利益

品牌強勢之後，對企業會有何好處？除了我們熟知的擁有長期而高的市占率外，還有什麼更大的誘因？而對消費者來說，購買強勢品牌的產品或服務背後的動機又是如何？以下說明之。

一、強勢品牌，獨享市場哪些利益？

(一)長期且持久的高市場占有率：因為全球或當地知名品牌的優良形象已經塑造而成，擁有固定一批忠實的顧客群。

(二)享有較高價位或極高價位：絕對不會在同類商品中，有低價位或促銷的狀況出現。

(三)品牌能夠不斷延伸產品線：例如：Chanel有皮包、圍巾、鞋子、服飾、香水，也有化妝保養品系列。

(四)較易永續經營：能夠延伸到新的客層市場。

(五)能夠拓展新的全球地區：例如：LV精品、Chanel精品、TOYOTA汽車、BENZ／BMW汽車、SAMSUNG(三星)手機、Panasonic、Starbucks、ASUS、SONY、Cartier鑽錶及鑽石項鍊、P&G日用品、麥當勞、肯德基、花旗銀行、LINE、NISSAN汽車、迪士尼樂園、雀巢咖啡、可口可樂、Google、Facebook等二十多家企業之產品或服務的全球化經營。

二、為何要不斷提升品牌的附加價值？

(一)消費者觀點：人的欲望及需求不斷地被提升，消費者的價值觀及生活型態也隨著時代改變，因而企業也要不斷提升品牌的附加價值。

(二)競爭者觀點：競爭品牌對手不斷推陳出新，不斷改善、改變與進步，必須保持競爭意識，不進則退。

小博士的話

宏碁施振榮董事長：創新，才能擴大品牌效益

智融集團董事長施振榮提出相同的見解，強調「企業必須靠創新來提升競爭力」，創新技術、產品、系統、服務或生意模式，都有助於品牌之建立與維持，同時要藉由持續不斷、形象一致的創新，才能發揮強化作用，進而擴大品牌效益。

問題思考

請你想一想，有哪些知名品牌是不斷創新於上述各種領域，而保持品牌效益的不斷擴大？

強勢品牌的5大好處

強勢品牌的5大好處

1. 長期有高的市占率

2. 較易有高的訂價能力

3. 能夠不斷延伸新產品線

4. 較易永續經營

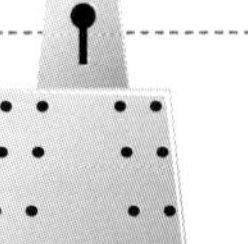

5. 較易拓展全球版圖

好業績的邏輯觀念

要先有

1. 高品牌知名度
2. 好的品牌形象與口碑
3. 高的品牌喜愛度
4. 高的品牌忠誠度

才會有：好業績、好獲利

所以，要做好經營工作

企業不斷提升品牌附加價值的原因

1.消費者觀點

滿足消費者不斷提升的欲望及需求

2.競爭者觀點

保持競爭實力，避免不進則退

1-13 品牌與顧客導向 I

行銷觀念在現代企業已經被廣泛與普遍應用，我們可由下列「顧客導向」觀念得到一個結論，即「企業如果在市場上被淘汰出局，並不是被你的對手淘汰的，一定是被你的顧客所拋棄，因此，心中一定要有顧客導向的信念。」

一、「顧客導向」的觀念

所謂「顧客導向」包括下列觀念：一是發掘消費者需求並滿足他們。二是製造你能銷售的東西，而非銷售你能製造的東西。三是關愛顧客而非產品。四是盡全力讓顧客感覺他所花的錢，是有代價的、正確的，以及滿足的。五是顧客是我們活力的來源與生存的全部理由。六是要贏得顧客對我們的尊敬、信賴與喜歡。

二、徐重仁的基本行銷哲學

統一超商前任總經理徐重仁的基本行銷哲學：「只要有顧客不滿足、不滿意的地方，就有新商機的存在。」「所以，要不斷的發掘及探索出顧客對統一 7-Eleven 不滿足與不滿意的地方在哪裡。」

三、臺灣及日本 7-Eleven 對顧客導向之真正落實者

臺灣及日本 7-Eleven 兩位成功領導人對顧客導向的最新共同看法與行銷理念計有二十二項，本文先介紹十五項，其餘請見右圖，即 1. 只要還有消費者不滿意的地方，就還有商機存在；2. 昨日顧客的需求，不代表是明日顧客的需要，因為昨天的顧客與明天的顧客不同；3. 經營事業要捨去過去成功經驗，不斷追求明天的創新；4. 消費者不是因不景氣才不花錢，而是因不景氣，所以要把錢花在刀口上；5. 要感動顧客，利益才會隨之而來；6. 要競爭者加入，正好是展現差異化的最佳時機；7. 業界同仁不是我們的競爭對手，我們最大的競爭對手，是顧客瞬息萬變的需求；8. 成功行銷的關鍵，在於如何掌握每天來店顧客的心，而且是滿足「明天的顧客」，並非滿足「昨天的顧客」；9. 必須大膽藉由「假設與驗證」的行動，去解讀「明天顧客」的心理（依據洞察所得到的「預估情報」進行假設，再用各店內的 POS 電腦自動分析系統加以驗證）；10. 7-Eleven 以引起顧客的「共鳴」為志向；11. 不抱持追根究柢的精神進行分析，數據便不能稱之為數據；12. 不斷提出為什麼（Why）？真是這樣嗎？如何證明？如何解決問題？我們應該為顧客做些什麼？顧客究竟所求為何；13. 行銷知識並不只是多蒐集一些情報資訊，而是能針對自己的想法進行假設與驗證，並藉由實踐所得來的智慧；14. 重點不是去年做了些什麼？而是今年應該做些什麼？如何設定假設、如何更改計畫，以及 15. 顧客不斷地尋找新的商品，我們則要不斷地進行假設，以符合顧客需求，一切都以顧客為主體，進行考量。

顧客導向的意涵

堅定顧客導向的信念（市場導向）

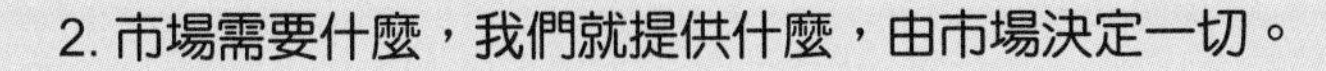

1. 顧客需要什麼，我們就提供什麼，由顧客決定一切。
2. 市場需要什麼，我們就提供什麼，由市場決定一切。
3. 只要有顧客不滿足的地方，就有商機的存在，因此要隨時發現顧客不滿意的地方是什麼。

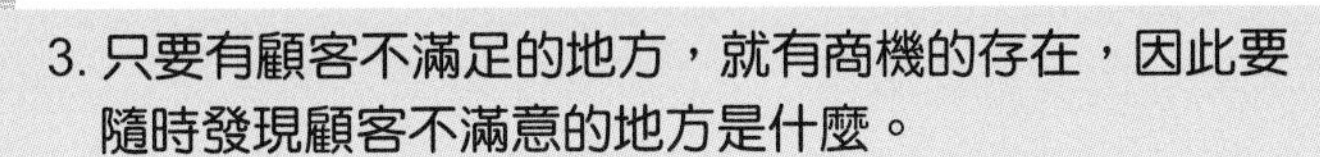

4. 我們應不斷研發及設想，如何滿足顧客現在及未來潛在性的需求。
5. 要不斷為顧客創造物超所值及不斷創造差異化的價值。
6. 顧客就是我們的老闆，也是我們的上帝。

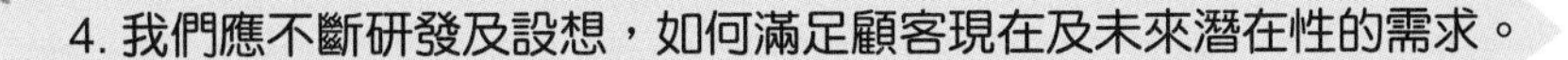

案例1：美國Apple（蘋果）公司成功實踐顧客導向

iPod（數位隨身聽）→ iPhone（智慧型手機）→ iPad（平板電腦）→ Apple watch（智慧手錶）

案例2：臺灣統一超商7-Eleven真正成功實踐顧客導向

1.City Café	2.鮮食便當	3.ATM提款機	4.ibon
5.icash＋悠遊卡	6.服務費代繳	7.網購品取拿點	8.洗衣便
9.ibon mobile	10.飯糰、三明治、麵食	11.關東煮	
12.冷凍食品	13.iseLect自創品牌	14.Open小將	
15.公仔、玩偶集點	16.賣蔬菜、水果	17.設立餐桌餐椅	

知識維他命

臺灣及日本 7-Eleven 對顧客導向之真正落實者

臺灣及日本 7-Eleven 兩位成功領導人對顧客導向的最新共同看法與行銷理念，除了左文所述之外，尚且包括下列七項：1 各種行銷會議，是在進行發現問題與解決問題的循環；2. 商品開發、資訊情報系統與人，必須是三位一體；3. 經營的本質是破壞與創新，經營者的主要任務，就是要不斷否定過去的成功經驗，並去創新變革；4. 先破壞，再創新，這就是 7-Eleven 的創業精神；5. 日本 7-Eleven 每天平均與 1,000 萬人次做生意，這 1,000 萬人次的行動與心理，就是觀察自己實踐的結果；6. 必須歷經假設、驗證的嘗試錯誤中，累積經驗，以及 7. 必須將零售據點的「數據主義」發揮到極點，利用科學的統計數據資料，以尋找問題所在及解決方案。

1-14 品牌與顧客導向 II

一、顧客導向之完美實踐

如何實踐、做好顧客導向？四大方向如下：

(一)定期進行顧客滿意度調查：了解顧客滿意度是上升、持平或下降。

(二)不斷創新產品及創新服務：從創新中了解顧客是否接受並滿足這些產品與服務。

(三)定期召集第一線門市店長、專櫃櫃長及業務人員開會討論與精進：從開會中共同集思廣益，可以為顧客做更好、更多的服務與產品研發需求。

(四)參考國外先進國家及先進公司的優良作法：借鏡學習、加速自己進步。

二、實踐顧客導向的負責單位

(一)主要負責：行銷部（行銷企劃部、品牌部）。

(二)協助單位：業務部、門市部、研發部、商品開發部、採購部、服務部、管理部、財會部、人資部、資訊部等分工合作、同心協力。

三、顧客導向從哪裡著手

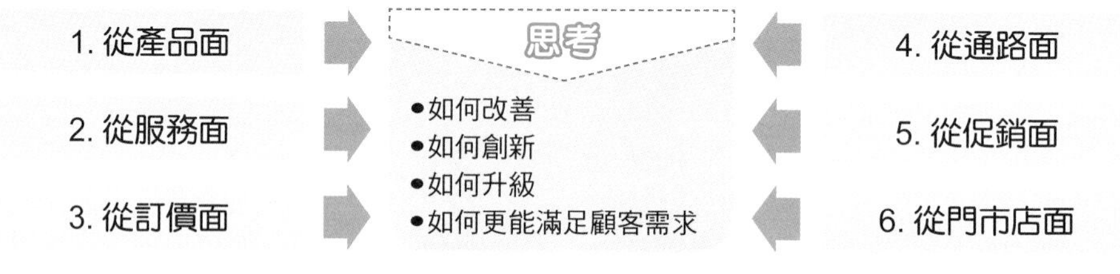

四、7-Eleven 顧客導向與行銷哲學

(一)7-Eleven 的行銷哲學：

1. 顧客不滿足
2. 顧客不滿意

就有：新商機存在

思考：新商機

1. 如何讓顧客更滿足？
2. 如何讓顧客更滿意？
3. 要超越顧客的期待！

(二)搶攻女性顧客：只要她們有需求，品項充足不輸超市、賣場。

1. 銷售產品包括有包裝蔬菜、納豆、調味料、冷凍食品、微波食品、洗潔精、甜食、鮮食便當、洗髮精、麵包、輕食品、美容保養品、關東煮等。

2. 主力搶攻最有消費力的女性顧客群。

(三)7-Eleven 來店顧客人數增加的二大原因：

1. 能夠洞察消費者潛在需求，並開發出他們所需要的產品及服務。

2. 能夠擴大、延伸到不同的區隔顧客群，包括上班族、學生、家庭主婦、銀髮族。

(四) 社長井阪隆一：日本 7-Eleven 店數全球第一名的成功原因如下：

1. 能夠充分掌握環境的變化與市場的趨勢，並加以快速因應。

2. 商品開發人才與組織團隊強大。

3. 能夠了解顧客、滿足顧客，顧客就是一切。

(五) 永無止境：追求顧客滿足與滿意，永遠沒有「止境」！

五、性價比與 CP 值

廠商要創造消費者心中高的「性價比」或高的「CP 值」，而創造高的性價比或 CP 值的計算方式如下：

(一) 產品性價比：$\frac{\text{性能}}{\text{價格}} > 1$

(二) 產品 CP 值：$\frac{\text{performance}}{\text{cost}} > 1$　　EX：$\frac{\$2{,}000\text{ 元}}{\$1{,}000\text{ 元}} = 2 > 1$

(三) CP 值：實務上，當消費後的成果帶來大於 1 的感受，則是所謂物超所值度，也有人以 consumer-performance 表示消費者所獲得的價值感與物超所值感之程度。

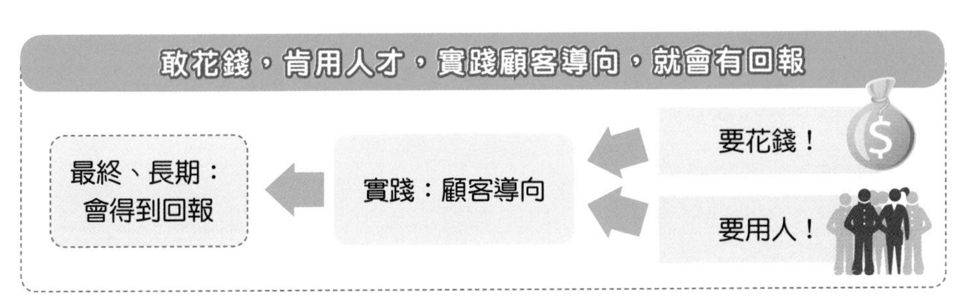

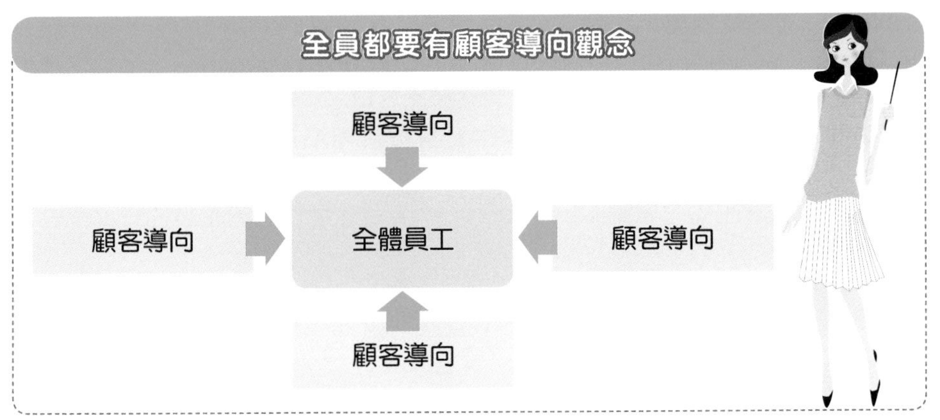

1-15 品牌資產的意義與內涵 I

品牌資產（或品牌權益）（brand asset 或 brand equity）的意義究竟是什麼？以下說明之。

一、資產是什麼？權益是什麼？

資產負債表中，資產＝負債＋股東權益，故資產與股東權益均是對公司有正面意義與正數的意涵。

企業經營就是要不斷創造及累積更多、更大的資產及股東權益的價值出來。因品牌資產或品牌權益，就是指品牌價值，要努力提高它。

二、顧客基礎的品牌權益

Kevin Keller 教授認為「顧客基礎的品牌權益」（customer-base brand equity, CBBE）：「品牌價值的大小是由顧客或購買者來決定，而不是由企業本身自行去認定，顧客或購買者認為某個品牌有價值，這個品牌才有價值。」此即 Kevin Keller 教授所指的「顧客基礎的品牌權益」的觀念。因此，品牌價值的大小要從顧客或購買者的角度去探討，此才是顧客導向的落實。

從「顧客基礎的品牌權益」觀點來看，品牌的價值要從建立品牌知名度開始，當大多數的購買者都不知道某品牌的存在時，這個品牌的價值是很小的；當這個品牌擁有高的知名度時，品牌價值就提高了。但品牌只有高知名度是不夠的，品牌還要有高接受度、高偏好度和高忠誠度，才能成為一個強勢的品牌或理想品牌。如右頁下圖所示，當品牌隨著知名度的建立以及接受度、偏好度和忠誠度的不斷提高時，品牌價值就不斷提升，品牌權益也愈來愈大。

三、品牌資產（或權益）的意義

David A. Aaker（大衛・艾格）教授更認為，明星品牌權益是一組與品牌、名稱和符號有關的資產，這組資產可能增加產品（或服務）所帶來的權益。品牌權益內容為何，就 David A. Aaker 在《管理品牌權益》（*Managing Brand Equity*）一書中所提出，其內容包括品牌忠誠度（brand loyalty）、品牌知名度（brand awareness）、知覺到的品質（perceived quality）、品牌聯想度（brand associations），以及其他專有資產五項。

其中品牌聯想度方面，就是當你看到這個產品時，會想到 NIKE、想到 Starbucks、想到 McDonald's、想到 Coca-Cola、想到雀巢（Nestle）、想到 SK-II、想到資生堂、想到 IKEA、想到……；就是跟他們的產品性質及特色有關聯。

品牌資產的概念

品質度、質感度

(3)知覺的品質

(2)名品的認知（知名度）

(4)品牌的聯想（聯想度）

特許權、商標權、顧客資料庫等

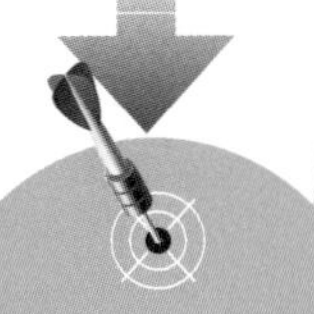

(1)品牌忠誠度

1. 品牌權益

(5)其他的資產權益

2. 對顧客的意義（價值）	3. 對廠商的意義（價值）
(1) 顧客購買及消費決定的確信	(1) 帶來行銷活動的效率及有效性
(2) 使用時的滿足感	(2) 帶來品牌忠誠度　(3) 價格與利潤
(3) 顧客情報的解釋及處理	(4) 品牌的擴張　(5) 競爭優勢

品牌權益五因素互動關係

5. 帶來品牌忠誠度

2. 帶來品牌知名度 → 4. 帶來品牌聯想度 ← 3. 其他專屬的品牌資產

消費

1. 顧客所感受到的品質結果（品質度／質感度）

品牌價值（或品牌權益）的高低

顧客對品牌的知覺和態度	品牌價值（或品牌權益）
沒有知名度（不認識你）	低
高知名度（認識你）（了解你）（知道你）	↓
高接受度（接受你）	↓
高偏好度（喜愛你）（喜歡你）	↓
高忠誠度（忠心於你）（心甘願於你）（口碑行銷於你）	高

問題思考

企業應如何不斷提升四個度：知名度、接受度、喜愛度及忠誠度？

1-16 品牌資產的意義與內涵 II

一、國外學者對「品牌權益」之定義

1 Peter Farquhar (1989)

品牌賦予產品的附加價值，此價值反映在廠商、交易與消費者。

2 David A. Aaker (1991)

與一個品牌的名稱或符號相連結的資產或負債，可以增加或減少該產品或服務所提供給顧客的價值。

3 John Brodsky (1991)

針對於一個新品牌所做的多年行銷努力所享受到的銷售量與利潤的影響。

4 Srivastava and Shocker (1991)

品牌權益包含品牌強度與品牌價值。品牌強度是指品牌在其顧客、通路成員與所屬公司上所表現的聯想與行為的集合，此集合能使該品牌比無品牌時獲取更多的銷售量與利潤，亦能使其較競爭者具備強勢、持久與差異化的優勢。品牌價值則是指針對品牌強度的管理與運用所產生的財務結果，此結果乃經由戰術性或策略性的行動，以提供當期與未來的利潤及較低風險而得。

5 J. Walker Smith (1991)

經由成功的方案或行動，而帶給產品或服務的可衡量財務價值。

6 Market Facts

品牌權益是指針對某人而言，是否持續購買該產品的意願。

7 Brand Equity Board

擁有權益的品牌，對消費者提供了一個可擁有、值得信賴、獨特且與其相關的承諾。

資料來源：Keller, Lane Kevin (1998). *Strategic Brand Management: Building, Measuring, and Managing Brand Equity*. New Jersey: Prentice-Hall, Inc., p. 43.

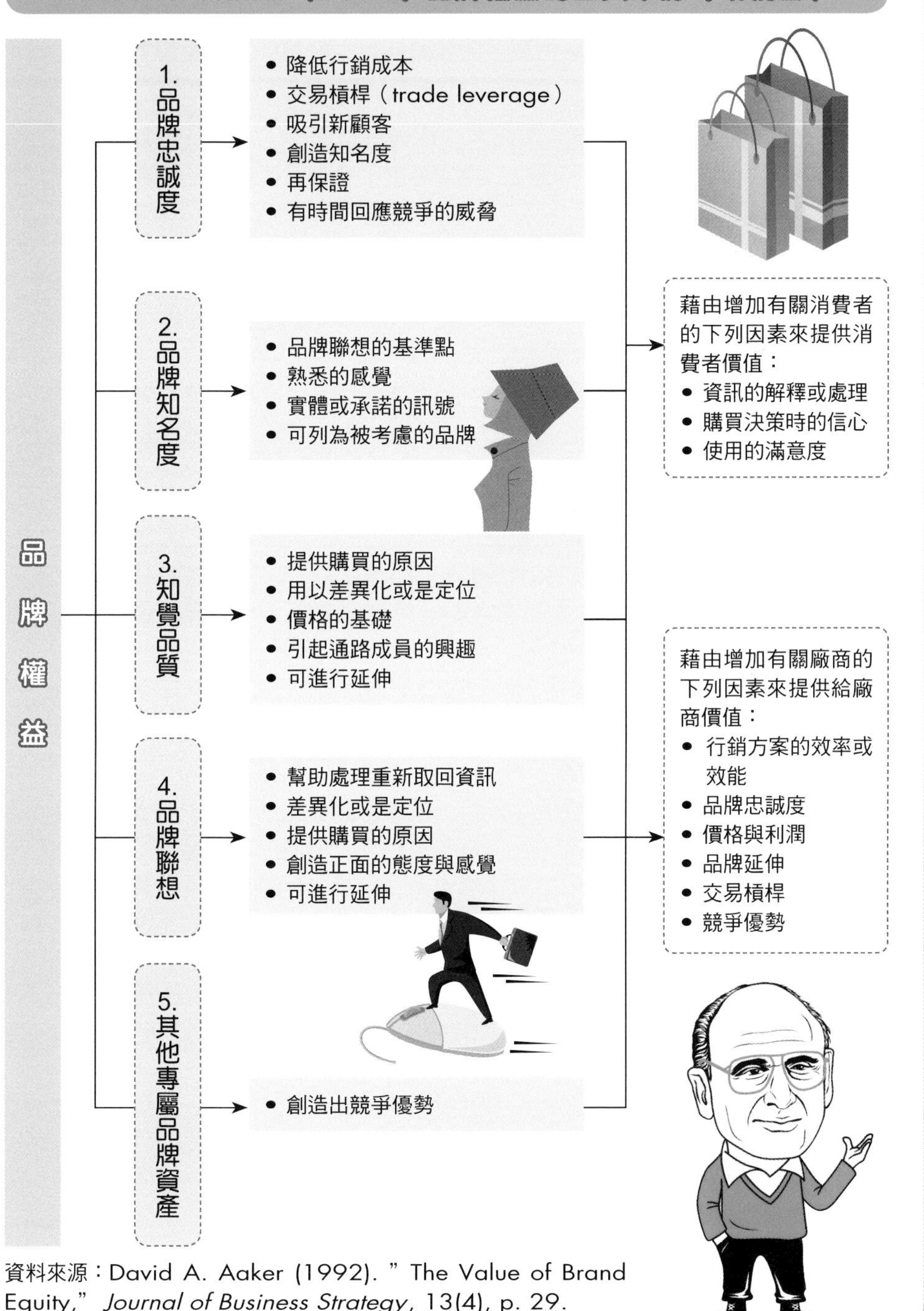

資料來源：David A. Aaker (1992). " The Value of Brand Equity," *Journal of Business Strategy*, 13(4), p. 29.

1-17 品牌知名度與品牌聯想度

品牌聯想度就等於品牌心占率，因此如何建立好品牌，便是企業當務之急。

一、如何建立品牌知名度

(一) 高的營業額：要讓品牌知名度達到一定水準，首先一定要讓營業額表現不錯。如果營業額很低，要建立品牌知名度，是非常困難的。因為營業額能有助宣傳及報導；例如：acer 在全球電腦銷售即將邁入前三大品牌的榮耀業績。

(二) 必須運用視覺及傳播強化品牌品名，以及增強品牌元素：其中包括撥款打造一個獨特性強、易於記憶又響亮的標語，以及建置一系列品牌元素，如商標、標記、特色及包裝。例如：植物の優、油切の茶、茶裏王、康師傅、Lexus、伯朗咖啡、馬自達汽車等。

(三) 運用一致性，且具有廣大範疇的溝通管道以提升品牌知名度：包括運用 1. 廣告（例如：電視廣告、戶外大型廣告、報紙廣告、網路廣告等）；2. 代言人（例如：LG 家電用李英愛、DHC 用韓國 Rain、東森購物用裴勇俊、SK-II 用大 S、植物の優用林志玲等）；3. 促銷；4. 贊助（例如：ING 贊助臺北國際馬拉松比賽）；5. 公共關係報導，以及 6. 旗艦店等。

(四) 運用非傳統的方法來打造品牌：如事件行銷、舉辦活動、參與競賽活動（例如：李安〈少年 Pi 的奇幻漂流〉電影獲得國際大獎）等方式，以吸引大眾注意。

(五) 運用品牌延伸：藉由品牌應用在不同品類的產品，或是不間斷推出新產品，有助品牌知名度的提升。

二、品牌聯想的意義

品牌聯想是指人們透過記憶的反射，所連結到與品牌相關的所有事物，也就是品牌在消費者心中的能見度。當消費者想到某一個品牌時，他們所能聯想到的內容，而這些內容就是所謂的品牌聯想。品牌聯想可以幫助處理消費者腦海中的資訊，創造正面的態度與感覺。而當品牌聯想太少、太弱、模糊不清或說不出來時，就表示此品牌缺乏明顯的特色，可能是失敗的品牌。

根據消費者心理學家發現，消費者知識常是用人們的記憶結構中，對資訊蒐集及理解的多寡來界定。雖然記憶結構有許多理論加以探討，但是聯想網路（associative network）卻是學者喜愛引用的理論之一。

就聯想網路理論基礎而言，記憶是由點（概念）和線（代表點和點之間的連結）所構成。比如說，麥當勞在消費者心目中的連結網路，就是以麥當勞的金色拱門、麥當勞叔叔作為許多概念的連結，這些概念包括歡樂、乾淨、快速、兒童，只要想到速食漢堡，就會聯想到麥當勞。

品牌知名度金字塔

資料來源：David A. Aaker (1991). *Managing Brand Equity*. New York: The Free Press, p. 62.

- 心靈最上層（top of mind）
- 品牌回憶（brand recall）
- 品牌辨識（brand recognition）
- 毫無知曉（unawareness）

品牌知名度的重要性

沒有品牌知名度

1. 就不會有很好的銷售業績
2. 訂價也不可能很高，只能低訂價
3. 通路也不容易全面普及上架
4. 消費者信賴度不足

導致此產品或此公司不易獲利賺錢

所以：品牌行銷操作的第一個目標 → 就是要：打造、打響品牌知名度 brand awareness

品牌知名度產生的五種來源

1. 產品好、服務好、價格便宜或合宜度 → 實際體驗過此產品，消費者滿意度高
2. 各種媒體廣告強打
3. 直營店、加盟店、零售店招牌、POP 廣告
4. 新聞公關報導

（2～4 → 看過這個品牌名字）

5. 透過口碑行銷傳播 → 聽別人介紹過

高知名度品牌產生

品牌聯想度 

品牌聯想對累積的品牌形象提供五種價值（利益點）
1.幫助消費者搜尋及處理資訊。 2.差異化品牌的訴求。
3.給予消費者購買的理由。 4.成為品牌延伸的基礎。
5.可以提供品牌的附加價值。

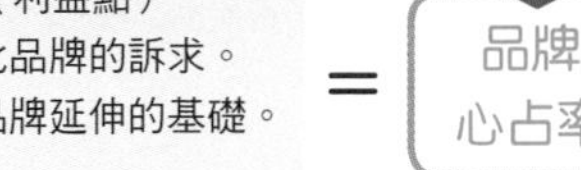

＝ 品牌心占率

1-18 品牌忠誠度與知覺品質的意義

品牌忠誠度是品牌權益的核心部分，主要用來衡量消費者重複性購買的多寡以及其喜好；而知覺品質則是一種消費者所獲得的知覺利益，與付出的知覺成本兩部分抵換的評價結果。

一、品牌忠誠度的意義

品牌忠誠度（brand loyalty）是品牌權益的核心部分，是用來衡量消費者重複性購買的多寡，以及是否偏好特定品牌，而拒絕購買其他替代品的程度，同時亦可反映出消費者購買同一公司、品牌及產品品項的可能性。品牌忠誠度亦是顧客與產品或品牌間相互關係的準則，會影響獲利程度，獲利不只取決於消費者願意買多少，也取決於他願意花多少錢來購買。如果一個品牌能夠在市場競爭廣泛獲得消費者的信賴和愛戴，並持續占有市場，則相對會成為強勢品牌及首選品牌。

具品牌忠誠度的品牌，可以降低成本、吸引新顧客（會員介紹會員），有時間反映競爭者的威脅。

影響品牌忠誠度的因素，包括顧客與產品、品牌及公司三方面，有些因素可以由企業控制，比如運用價格、促銷活動、服務，贏得品牌忠誠度；但是有些因素則不能由企業控制，完全取決於消費者的態度，比如購買習慣、先入為主的意識型態。

品牌忠誠度的建立與維持，並非一蹴可幾，建立品牌只是一個開始，還必須要持續對話，了解他們真正的需要，並且長期不斷地滿足他們的需求，讓他們感到物超所值、感到滿意、感到驚喜及感動。

二、知覺品質的意涵

所謂知覺品質是指消費者購物前的預期與購物使用後兩者之間的差異，也就是一種消費者所獲得的知覺利益，與付出的知覺成本兩部分抵換的評價結果。通常知覺利益大於付出成本，則蒐集意圖就會降低，而持續購買意願就愈高。若從整體面而言，是指消費者對於品牌整體品質的認知水準，或相較其他品牌而言，消費者對於產品的主觀滿意程度。所以知覺品質所能夠提供的價值，包括可以提供消費者購買的原因，並可以創造出差異化產品及服務、訂出購買價格的基準，且可以吸引通路成員的利益，甚至作為品牌延伸的可能性。

所謂知覺成本包含了「知覺貨幣價格」與「知覺非貨幣價格」兩部分，知覺貨幣價格是指實際支付的金錢；知覺非貨幣價格是指時間、努力、精神、溝通等。

知覺品質的形成是由產品品質的「內在要素」、「外加屬性」、「抽象屬性」組合而成，透過品質知覺又會形成「品牌態度」、「知覺價值」及「品牌形象」。

品牌忠誠度的金字塔

價值導向（value）

價格導向（price）

5. 絕對的支持層

4. 積極的支持層

3. 習慣的支持層

2. 消極的支持層

對品牌有一些認知，偶爾購買。

1. 無關心層

對品牌與否不重視，價格便宜就好。

大

收益性的貢獻度

小

品牌忠誠度是什麼？

品牌忠誠度 ＝

持續性的再購率、重購率！

習慣性購買此品牌，很難更換品牌！

鞏固、維繫一個忠誠老顧客的成本 1倍

vs.

爭取到一個新顧客的成本 5倍

所以

必然要鞏固住老顧客與忠誠顧客

品牌忠誠度所帶來的好處

1. 可以穩固公司每月的固定業績額
2. 可以節省行銷推廣支出成本
3. 吸引新的顧客上門（具口碑效果）
4. 提供廠商一個策略反擊的緩衝時間
5. 可獲得零售流通業者的較大支持

如何鞏固、提高、維繫品牌忠誠度？

1.每年投資打廣告，提醒（reminding）效果。

2.在店頭（零售商）定期舉辦促銷活動（EX：買二送一、全面半價）。

3.不斷推陳出新、創新產品，推出新產品與新品牌。

4.定期革新包裝、設計、色彩、瓶身。

5.避免負面、不好的新聞出現。

6.確保高品質的穩定性。

7.推出紅利積點或會員優惠活動（會員卡、紅利積點卡）。

8.做好公益行銷活動。

9.持續領先品牌的形象地位。

1-19 品牌元素內涵與品牌命名

品牌命名是品牌成功的基礎內涵中之多種元素的其中之一，也是首要之一，因為其具有日後搶占消費者心目中「重要位子」的關鍵因素。

一、品牌內涵的元素

品牌內涵的元素計有下列十四種，包括品名（brand name）、標章（標誌，logo）、個性（personality）、包裝設計（package design）、標語（slogan）、廣告歌曲（jingles）、品牌風格（style）、品牌精神（spirit）、品牌品質（quality）、品牌差異化（differential）、品牌優越性（superiority）、品牌定位（positioning）、品牌美學（beauty）、品牌故事（story）。

二、品名

(一) 品牌命名（品名，brand name）的原則

包括 1. 發音簡單易記；2. 很熟悉且具有意義；3. 與眾不同、獨特及很特別；4. 具有想像力；5. 可信度；6. 長久性；7. 易識別，以及 8. 保護性。

(二) Keller 教授對品牌命名原則的看法

包括 1. 簡單；2. 容易發音；3. 熟悉的；4. 具有意義的；5. 有差異化的；6. 特別的，以及 7. 不平凡的。

(三) 財星雜誌對 500 家廠商調查品牌命名原則

包括 1. 產品利益的描述；2. 容易記憶的；3. 符合公司形象或產品形象；4. 可取得商標；5. 可廣告促銷；6. 具獨特性；7. 名字長度合宜；8. 容易發展；9. 現代感；10. 容易理解，以及 11. 具說服力。

(四) 品牌（品名）測試方法（brand name test method）

在實務上，對於一項品牌之定名是頗費時間與傷腦筋的，它可透過各種方式及人員來進行測試哪一種品牌名稱可能是最理想的，這些方法有下列四種，然後根據這四種測試方法，整合、分析並決定用哪一個品牌名稱是最理想的。

1. **偏好測試**（preference test）：哪一個名稱最受人喜愛。
2. **記憶測試**（memory test）：哪一個名稱最讓人記憶深刻。
3. **學習測試**（learning test）：哪一個名稱最好發音。
4. **聯想測試**（association test）：在聽到或看到此品牌後，會讓人聯想或恢復什麼記憶與幻想。

品牌元素——品牌成功的基礎內涵

品牌十四種元素

1. 品牌名稱（命名）
2. 品牌故事
3. 品牌標誌（logo）
4. 標語 slogan（廣告語）
5. 品牌風格（style）
6. 品牌精神
7. 品牌設計與美學（design）
8. 品牌的品質
9. 品牌音樂（jingles）

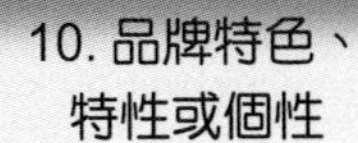

11. 品牌包裝

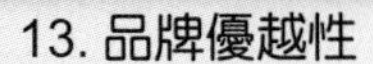

品牌命名原則

① 簡單、易記
② 容易發音
③ 熟悉的
④ 具有意義的
⑤ 有差異化的
⑥ 特別的
⑦ 不平凡的

品牌品質

2.高品質

3.穩定品質

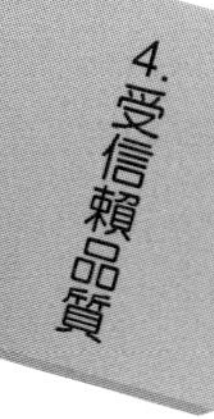

5.手工打造品質

1-20 品牌識別、標章與標誌

品牌要能被消費者看到或聽到的前提，就是企業是否能創造出鮮明的自我形象的標章。

一、標章

標章，是企業區分該企業與其他企業不同之處的方式，其中又分為兩大類，一類以文字表示的文字符號，一般稱之為商標（logo），如 Coca-Cola（可口可樂）、Dunhill（登喜路）；另一類以圖案表示的圖案符號，一般稱之為標誌（Symbol），如 NIKE（耐吉）的勾勾圖案、奧林匹克的五個環圈。

若以具象及非具象來分，又可分為「以具象產品為範圍的商品商標」及「以非具象服務為範圍的服務標章」。

受到法律保護的商標和標誌所應用的範圍非常廣泛，可以應用在產品、名片、宣傳物件、媒體廣告、員工制服、硬體設備，甚至消費者日常生活之中。

商標和標誌最大的利益點，就是透過聯想能夠改變消費者對這家企業的覺知力，消費者可以很容易透過產品的辨認，記得該企業的價值，就像品牌名稱一樣，可以透過行銷活動來強化消費者對該企業的認同。

二、品牌識別

(一) 要有能吸引消費者的品牌符號與標識：例如：麥當勞的 M 型拱門、NIKE 的一條勾、BENZ 轎車的三角金架、約翰走路（Johnnie Walker）的 Keep walking、TOYOTA 的三角橢圓形、肯德基的桑德斯上校、紫色的 BenQ、綠色的 acer、藍色的 IBM、綠色的 ASUS。

(二) 善用品牌符號有四種表現：抽象符號、人物、圖形及色彩。

(三) 能傳達品牌性格的品牌人物：例如：綠巨人、麥當勞叔叔、萬寶路牛仔、康師傅廚師。

(四) 善用虛擬人物：例如：Hello Kitty、唐老鴨、米老鼠、史奴比、小熊維尼、蝙蝠俠、蜘蛛人、史瑞克等。

(五) 能凸顯形象、差異的品牌口號：

例如：1. NIKE → just do it.

2. 中國信託→ We are family.

3. 全家便利商店→全家就是你家。

4.ASUS →華碩品質，堅若磐石。

(六) 有音樂性的口號形式——品牌短歌：例如：7-Eleven 的「有 7-Eleven 真好」、always open。

品牌標誌（logo）

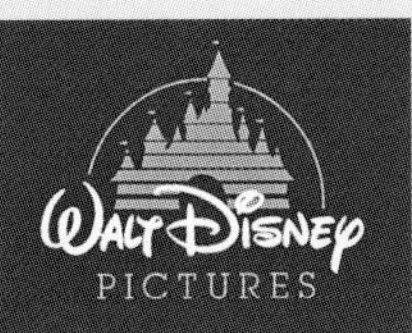

品牌定位

定位清楚　定位專一　定位明確　定位認同

acer

Dior

1-21 品牌個性與品牌精神 I

品牌個性（personality）代表的是一種特有的品牌符號，可以近似人類，也可以具有真實生活的特性。和其他品牌元素一樣，特質具有多元化面貌，有些面貌可以模仿，有些面貌是一種真實活動的象徵。

一、品牌之個性／人格

品牌個性可以提供為數可觀的品牌利益，因為他們具有色彩及豐富的形象，能夠引起消費者的注意。換句話說，個性能夠創造品牌知名度，同時也能夠幫助傳達產品最主要的利益給最主要的相關利益人。

具有強烈品牌個性的品牌，包括萬寶路牛仔、麥當勞叔叔、肯德基桑德斯上校，另外 Pillsbury's Jolly（匹茲柏瑞．傑利）出品的 Green Giant（綠巨人）玉米罐頭，亦是個中代表。

而品牌個性可包括純真、刺激、責任、教養、強壯、未來、完美、奮鬥八大元素。

二、品牌人格形塑三大方向

原來品牌只是一種靜態的符號、名稱、文字、數字或概念，經過人格化策略的洗禮，品牌被塑造為具有擬人化的明顯特徵，進而此擬人化的品牌人格物質與特徵，以及消費者對產品或品牌的內心知覺緊緊相連，變得具有特殊意義。

品牌人格形塑可區分為品牌擬人化、品牌性別、品牌色彩等三大部分，市場上不乏明顯例子。

(一) 品牌擬人化：和人一樣，品牌具有特定的個性，品牌擬人化是將品牌賦予擬似人格的某一種個性與特徵，進而贏得消費者的回應與認同。例如：

1. 伯朗咖啡給人年輕、活力、陽剛、堅忍的形象。
2. 左岸咖啡獨享人文、文藝、溫馨、歐洲風味的形象。
3. 畢德麥雅咖啡被認為是專業、精緻、頂級、堅持的代名詞。
4. 韋恩咖啡在酷、粗獷、自由奔放、與眾不同等形象獨享一片天。
5. 歐香咖啡給人浪漫、感性、典雅、品味的印象。

(二) 品牌性別：性別是品牌人格的另一重要部分。行銷經理人形塑品牌人格，會刻意將品牌形塑成男性、女性或中性，以便有效搶占消費者的記憶空間。例如：伯朗咖啡被賦予男性角色，歐香咖啡充分表現女性個性；賓士、捷豹（Jaguar）、BMW 等品牌傳達了十足的男性性格特徵。

(三) 品牌色彩：行銷經理人不僅將品牌賦予人格特質，也會刻意將品牌人格特質與某一種色彩連結在一起，一方面容易形塑品牌的獨特性，另一方面有助於消費者記憶與連想。研究顯示，顏色具有特定的行銷意涵。

品牌特色、風格與精神

ZARA

- 1. 展現獨有的特色
- 2. 展現獨有的個性
- 3. 展現獨有的風格
- 4. 展現獨有的精神
- 5. 展現與別人的不一樣

品牌八大個性元素

1. 純真
2. 刺激
3. 責任
4. 教養
5. 完美
6. 強壯
7. 未來
8. 奮鬥

品牌人格形塑三大方向

1. 品牌擬人化 ＋ 2. 品牌性別 ＋ 3. 品牌色彩

研究顯示，顏色具有特定的行銷意涵。例如：

(1) 可口可樂的紅色代表興奮、刺激、熱情。

(2) 百事可樂的藍色代表尊敬、權力、高雅，和蘇打水有著微妙的聯想；綠色代表自然、歡樂、輕鬆、健康，讓黑松品牌加分不少。

1-22 品牌個性與品牌精神 II

品牌一如人之個性，可以風情千種，端賴企業智者如何形塑以創造商機。

三、運用品牌性格，創造品牌價值

(一) 以產品的功能利益，創造出品牌性格：例如：康師傅（中國方便麵）：「味好、料多又大碗」、「嚴選好料，上等工藝」、「就是這個味兒」。再如，國泰人壽的標幟是一棵百年老榕樹，給人一種四平八穩、可靠有保障之感。

(二) 以表達消費者自我，創造品牌性格：例如：女性擁有 LV、Dior、Chanel、Prada、Hermés、Fendi、Gucci、Coach、Tiffany、Cartier 等名牌精品的欲望。再如，萬寶龍（Mont Blanc）名牌鋼筆、原子筆、皮夾、筆記本、皮帶等，表現出專業、典雅、成就的人格特質。

(三) 以和消費者發展關係，創造品牌性格：品牌性格五大特質面向如下：

1. **真誠**（sincerity）：可口可樂、美體小鋪、柯達。

2. **能力**（competence）：包括可靠、聰明、成功、負責。例如：PC-cillin 趨勢科技網路防毒系統。

3. **興奮**（excitement）：大膽、朝氣、富想像力、跟上時代。例如：保時捷、法拉利跑車。

4. **典雅**（sophistication）：上流社會、有魅力、有點羅曼蒂克味道。例如：Lexus、BENZ、BMW。

5. **堅實**（ruggedness）：堅韌、強壯、戶外特性。例如：林義傑、伍佰、張惠妹、哈雷機車、Levi's 牛仔褲。

四、創造品牌個性與魅力的五個方式

(一) 採取人物造型，讓消費者留下深刻印象：例如：麥當勞叔叔的小丑造型、迪士尼的卡通人物米老鼠與唐老鴨、日本凱蒂貓（Hello Kitty）、奇哥兔裝的彼得兔（Peter Rabbit）。

(二) 利用心理特性：對名牌精品、名牌汽車、名牌服飾等追求時尚及尊榮的心理，塑造品牌個性。例如：雙 B 汽車、LV 皮包、名筆萬寶龍（Mont Blanc）等。

(三) 使用代言人：聘請明星、名人、意見領袖代言產品，讓品牌更引人注目。

(四) 符合品牌定位：品牌個性透過正確的定位，能夠讓消費者更易了解，讓品牌差異化更明顯。例如：李維（Levi's）牛仔褲定位為：「擁有傳統歷史的牛仔褲」，讓人感受是堅強、耐久、具性格的。

(五) 建立良好形象：從各種管道、各種呈現方式及各種經營與行銷作為中，累積品牌的良好形象。

創造品牌個性與魅力五個方式

品牌個性與魅力

1. 採取人物造型，留下深刻印象
2. 利用心理特性
3. 使用代言人
4. 符合品牌定位
5. 建立良好形象

例如：康寶濃湯（Campell's soup），定位為「方便夠味」，它的個性是具有像媽媽一樣的親切體驗。
再如，UPS定位為「無遠弗屆的便捷」，它的個性是可以有效率及可信賴的。

運用品牌性格，創造品牌價值

1. 以產品功能利益
2. 表達消費者自我
3. 和消費者發展關係

創造品牌性格

(1) 真誠　(2) 能力　(3) 興奮　(4) 典雅　(5) 堅實

1-23 品牌包裝設計

消費者每天都被數以千計的產品包裝所影響，甚至有點麻木，只要有一個具有特色的包裝出現在他們眼前，就能夠抓住他們的注意，所以包裝設計（packing design）也是品牌元素當中非常重要的一環。

一、包裝設計在於有效正確

在商標保護下，包裝、容器、產品，甚至連聲音、顏色、式樣都可以成為獨一無二的品牌形象。而在包裝設計上，所要考慮的不是設計符號多麼漂亮、多麼美觀、多有創意，而是要在乎是不是能夠有效、正確地傳達品牌給消費者承諾或是主張。

二、包裝設計應重視之處

(一) 包裝設計必須跟上潮流：包裝設計必須要隨著時代潮流變化，因為它必須追得上時代變動，同時也須保存視覺意義，並傳遞正面的企業形象。

(二) 視覺設計非常重要：包裝設計非常重視視覺設計，一旦消費者對產品有強烈的欲望時，就會對產品有相當高的期望，設計師相信消費者有他們的顏色字彙，比如牛奶就必須使用白色圖騰、蘇打水則使用藍色包裝。

以下是幾個知名品牌所使用的包裝顏色：

1. 紅色：可口可樂、高露潔牙膏。
2. 橘色：香吉士。
3. 藍色：IBM、Citibank。

三、包裝從何角度設計

為了達成品牌目標，以及滿足企業及消費者的欲求，包裝設計必須要從美學及功能兩方面著手。美學方面所要考量的是規格、形狀、材質、顏色、繪圖等。就功能性而言，結構設計不但重要，而且十分複雜。比如近年來食物包裝材料有很大的革命，不再只是一個罐頭食物，不僅易打開、易攜帶，還具有擠壓功能；有些特殊的包裝，還會延長食品保存期限，尤其是冷凍調理食品的部分。

四、包裝設計必須完成的目標

對企業及消費者而言，包裝設計必須要完成以下四個目標：

1. 能夠辨認品牌。
2. 能夠傳達描述性及說服性的資訊。
3. 確保儲藏時效。
4. 便利產品的使用。

品牌設計
1.精緻
2.頂級
3.耐用
4.好用
5.美感
6.獨特
7.流行
8.時尚
Design
NESCAFÉ
GOLD
純萃。喝
茶裏王
HIGH
QUALITY
MILK
Cartier

Enjoy!
Coca-Cola

1-24 品牌美學

企業產品品牌已從追求「消費功能」到追求「消費感受」的走向。例如：LV 產品，全球一年銷售 40 億美元，名牌精品消費，已非奢華，而是大眾化。

一、探索美學經濟的品牌力量

很多奢華品牌能夠如此受到消費者的青睞，這是否代表其在品牌、設計的水準，美學風格的突破，乃至勾起人心激情與渴望的策略手法上，確實在消費者心中創造了新的標準。

二、美感經驗，創造消費需求

(一) 每個女人都想擁有美的名牌精品：在臺灣遇到十個女人中，或許有四個人擁有 LV、Gucci 或 Chanel 產品，這是奢華精品大眾化趨勢，大家渴望購買有設計風格，又能保值的產品。

(二) 星巴克咖啡美學：星巴克充分運用「咖啡美學」，把咖啡豆的生長、烘培、沖煮，透過圖像呈現在店面空間，除視覺之外，刻意營造的咖啡「香味」，讓顧客一進門就享受撲鼻美感。

(三) 誠品書店美學：塑造文化、藝術、知識與學問殿堂的最佳購物場所。

(四) IKEA 宜家家居、品東西家具、無印良品：都是充分運用美學空間的高手。臺灣無印良品前營運部經理王炳蘊發現，很多人到無印良品「只是來逛，來享受氛圍」；IKEA 訴諸的不是單一沙發的美，而是完整的居家空間布置，每一家店都有居家布置設計師，負責營造情境。

三、品牌美學——Fendi 精品旗艦店的設計風格

(一) 羅馬古典風格旗艦店：Fendi 2006 年在全球開了四家 200 坪表現公司形象巨型店，共同特色是以羅馬風格或概念為統一的公司形象，因此地板用古羅馬時代所用的火岩石，牆面大理石則用洞石，顯示歲月侵蝕的痕跡，天花板懸吊下來的則是充分表現歲月與內含特殊切割及紋路的波浪石。這四家巨型店是由世界頂級建築師 Peter Marino 設計。

(二) 傳達品牌精神與意涵：品牌需要透過空間的設計、規劃與展現，傳達品牌的精神，使品牌具有宗教性、美術館性及表演性的內涵。Fendi 透過古羅馬風格在 200 坪大空間，由世界級大師設計規劃，這種種的展現就是要讓消費者以朝聖、膜拜的心情感受品牌精神，進而達到宗教信仰般的忠誠與狂熱；而透過美術館似的高級陳列，使消費者自豪的符號價值更加確認。最後，透過音樂、燈光、設計、材質選擇及裝飾，提供消費者愉悅的舞臺體驗。

探索美學經濟的品牌力量

從追求「消費功能」

到追求「消費感受」

例如：LV產品，全球一年銷售40億美元，名牌精品消費，已非奢華，而是大眾化。

品牌美學——LV 全球店的特色

LV全球店融合周遭環境的作法如下：
1.在法國香榭大道開設古堡風格的店。
2.在日本時尚前衛六本木大丘的LV都是樓梯，連人形都放在樓梯上。
3.香港銅鑼灣LV店則有三層樓的電子螢幕。

這一切的作為，無非是再次加強品牌空間塑造所提供的美學體驗及要傳達的意象與訊息。

臺灣美感經驗，創造消費需求

1. 每個女人都想擁有美的名牌精品

2. 星巴克咖啡美學

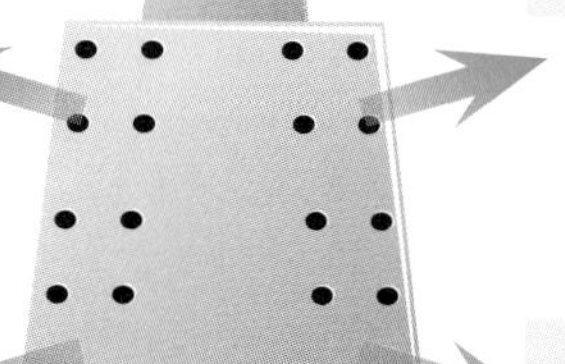

3. 誠品書店美學

4.IKEA 宜家家居、品東西家具、無印良品

1-25 品牌 Slogan 與廣告歌曲

一個深得人心的品牌 Slogan（廣告金句、標語）與廣告歌曲，可讓消費者印象深刻。

一、標語

標語（slogan）就是鏗鏘有力的短句，具有能夠描述及說服利害關係人對品牌認知的溝通功能。通常標語都出現在廣告之中，但也會用在包裝，或是其他的行銷活動。和其他的品牌元素一樣，標語對於品牌權益而言，具有非常高的效率，最大的效用在於用一句短語，幫助消費者了解品牌是多麼地與眾不同。

例如：

- 7-Eleven：有 7- Eleven 真好、always open。
- 中信銀信用卡：We are family.
- Lexus 汽車：專注完美、近乎苛求。
- FedEx：使命必達。
- NIKE：Just do it.
- 海尼根：就是要海尼根。
- 華碩電腦：華碩品質，堅若磐石。
- Panasonic：Ideas for life.
- 福特汽車：活得精采。
- 麥當勞：I'm lovin' it.
- 日立：Inspire the next.
- Nokia：科技始終來自於人性。
- 中華電信：為了您，我們總是走在最前面；keep in touch.

二、廣告歌曲

廣告歌曲（Jingles）是因具有音樂性的資訊，經常會環繞著品牌，不論該廣告歌曲是輕音樂、合唱曲、單曲或結尾語等均屬之。

三、案例——可口可樂的品牌 Slogan

- It's fun time——芬達
- 順從渴望——雪碧
- Always Coca-Cola——可口可樂
- 擋不住的感覺——可口可樂
- 歡唱快樂——可口可樂

標語（slogan）

7-11
有 7-11 真好、always open

華碩電腦
華碩品質，堅若磐石

FedEx
使命必達

中信銀信用卡
We are family.

中華電信
keep in touch

NIKE
Just do it

Nokia
科技始終來自於人性

Lexus汽車
專注完美、近乎苛求

全聯
實在真便宜

海尼根
就是要海尼根

全家
全家就是你家

htc
quietly brilliant

BenQ

ASUS

FamilyMart

1-26 品牌故事與品牌認同

可口可樂與 NIKE 為何能分別在其所處市場獨占鰲頭，當然有其獨到之處。

一、可口可樂的品牌故事

1886 年，美國喬治亞州的亞特蘭大市，有個名叫約翰 ・ 潘伯頓（Dr. John S. Pemberton）的藥劑師，有一天在自家後院東弄西搞，將碳酸水、糖及其他原料混合在一個三腳壺裡，沒想到，清涼、舒暢的「可口可樂」就奇蹟般出現了！潘伯頓相信這種產品可能真有商業價值，因此把它送到傑柯藥局（Jacob's pharmacy）販售，開始了「可口可樂」這個美國飲料的傳奇。

而潘伯頓的事業合夥人兼會計師法蘭克 ・ 羅賓森（Frank M. Robinson），認為兩個 C 字母在廣告上可以有不錯的表現，所以就創造了 Coca-Cola 這個名字。但是讓「可口可樂」得以大展鋒頭的，卻是從艾薩 ・ 坎得勒（Mr. Asa G. Candler）這個具有行銷頭腦的企業家開始。

1892 年，他以美金 2,300 元取得「可口可樂」的配方和所有權，不僅推出許多促銷活動，更贈送像日曆、時鐘、明信片、剪紙等大量贈品，使「可口可樂」的商標迅速為人所知。當時所推出的托盤、雕花鏡和畫工精細的海報，今天都成了「可口可樂」收藏者的最愛。坎得勒認為：「瓶身不僅要外形獨樹一格，在黑暗中也能輕易辨識，就算摔破成片，也能一眼認出。」所以「可口可樂」公司就請當時的印第安那魯特玻璃公司，運用來自大英百科全書上一幅可可豆的圖案，創造出全球世人熟知的「可口可樂」曲線瓶！

二、NIKE 的品牌認同

（一）基本認同：一個品牌的本性。

（二）產品類別：運動和健身用品。

（三）顧客特性：頂尖運動員，以及所有愛好運動者。

（四）產品特性：利用高科技開發的運動鞋，具有優異的功能。

（五）延伸認同：由於品牌定位及宣傳策略的調整而改變。

（六）品牌性格：刺激、活力、有主張、有個性、夠創意，同時帶有攻擊性，健康強身並追求卓越表現。

（七）關係基礎：買 NIKE 產品的人或相關印象，都是一些肌肉結實、外型粗獷，在服飾和鞋子方面要求很高的人。

（八）附屬品牌：喬登氣墊鞋。

（九）商標：倒勾符號。

（十）廣告標語：Just do it ！

（十一）企業聯想：NIKE 是有創意的公司，並對運動及運動員很支持。

（十二）代言人：頂尖運動球員，例如：老虎伍茲、NBA 明星球員喬登、網球名將阿格西等。

品牌故事

EX：SK-II 品牌故事

SK-II 的名字來源取自「神祕之鑰」（secret & key）的二個開頭字母，所以簡稱「SK」，而代表的意義為「使肌膚美麗無瑕的神祕之鑰」（secret key to keep beautiful）。直到 Pitera 正式成為專利發明後，更改為「SK-II」，象徵第二代結合了先前 SK 的科技與 Pitera 成分，而 Pitera 也成為了 SK-II 的奇蹟。

NIKE的品牌認同——Just do it!

1988 年 NIKE 採 Just do it 作為廣告標語，是這個品牌對全人類的呼籲，人要採取行動，同時暗示著無論是什麼樣的目標，每個人都應該奮力一試，同時拒絕他們不要的事物，即做耐吉正在做的事。

做好「品牌元素」規劃與執行

1. 品牌生命力的核心基礎

2. 品牌喜愛與信賴的根本力量

3. 品牌軟實力的呈現

品牌勝出關鍵

① 好的品牌元素 ＋ ② 好的品牌行銷

兩者都要做好

品牌就能打造、勝出

1-27 今周刊針對一般商務人士票選的品牌排行榜

一、3C 及家電類排行

（一）智慧型手機

名次	1	2	3	4	5
品牌	蘋果 iPhone	宏達電 hTC	索尼 SONY	三星 SAMSUNG	諾基亞 NOKIA
比率(%)	35.2	27.4	12.9	11.9	2.0

（二）數位相機

名次	1	2	3	4	5
品牌	佳能Canon	尼康Nikon	索尼SONY	徠卡Leica	富士Fujifilm
比率(%)	30.9	20.5	17.6	5.2	3.6

（三）筆記型電腦

名次	1	2	3	4	5
品牌	華碩 ASUS	蘋果 Apple	宏碁 acer	索尼SONY ／VAIO	東芝 TOSHIBA
比率(%)	30.9	18.5	13.3	12.7	5.5

（四）綜合家電

名次	1	2	3	4	5
品牌	日立 HITACHI	臺松 Panasonic	東芝 TOSHIBA	大同 TATUNG	飛利浦 PHILIPS
比率(%)	32.7	15.7	7.1	5.2	4.7

（五）影音產品

名次	1	2	3	4	5
品牌	索尼SONY	先鋒Pioneer	山水SANSUI	BOSE	飛利浦PHILIPS
比率(%)	37.5	8.0	4.9	4.7	4.2

註：對「影音產品」品牌沒有概念比率3.7%

（六）冷氣

名次	1	2	3	4	5
品牌	日立 HITACHI	大金 DAIKIN	東元 TECO	臺松 Panasonic	聲寶 SAMPO
比率(%)	45.0	29.3	4.2	3.9	2.3

註：對「冷氣」品牌沒有概念比率2.3%

(七) 冰箱

名次	1	2	3	4	5	6
品牌	日立 HITACHI	臺松 Panasonic	惠而浦 Whirlpool	東元 TECO	東芝 TOSHIBA	樂金 LG
比率(%)	33.1	15.5	6.3	5.8	5.7	5.7

二、服飾、精品、配件類排行

(一) 女裝

名次	1	2	3	4	5
品牌	CHANEL	BURBERRY	PRADA	GUCCI	ZARA
比率(%)	10.4	9.3	8.4	6.9	4.6

(二) 男裝

名次	1	2	3	4	5
品牌	GIORGIO ARMANI	嘉裕西服	HUGO BOSS	G2000	BURBERRY
比率(%)	16.9	12.9	8.4	6.2	5.0

註：對「男裝」品牌沒有概念比率12.2%

(三) 運動休閒

名次	1	2	3	4	5
品牌	NIKE	adidas	Timberland	PUMA	Polo Ralph Lauren
比率(%)	31.7	12.5	7.3	5.0	4.7

(四) 行李箱

名次	1	2	3	4	5
品牌	HERMÉS	RIMOWA	LOUIS VUITTON	新秀麗 Samsonite	美國旅行者 American Tourister
比率(%)	15.7	14.9	13.9	13.7	10.7

(五) 珠寶飾品

名次	1	2	3	4	5
品牌	Tiffany & Co.	Cartier	京華鑽石 EMPEROR DIAMOND	喬治傑生 GEORG JENSEN	今生金飾
比率(%)	19.1	8.9	6.7	6.1	6.0

(六) 名筆

名次	1	2	3	4	5
品牌	萬寶龍 MONT BLANC	卡地亞 Cartier	CROSS	PARKER	西華 SHEAFFER
比率(%)	64.1	5.7	3.9	3.5	2.5

(七) 皮件

名次	1	2	3	4	5
品牌	LOUIS VUITTON	萬寶龍 MONT BLANC	范倫鐵諾 VALENTINO	GUCCI	HERMÉS
比率(%)	15.2	14.1	7.6	7.0	6.4

(八) 手錶

名次	1	2	3	4	5
品牌	勞力士 ROLEX	精工錶 SEIKO	歐米茄 OMEGA	卡地亞 Cartier	星辰錶 CITIZEN
比率(%)	17.3	10.4	9.5	5.9	5.3

三、飯店、航空、酒、旅行社類

(一) 連鎖飯店

名次	1	2	3	4	5
品牌	喜來登大飯店 Sheraton	麗晶酒店 Regent	君悅大飯店 Hyatt	長榮酒店	W Hotel
比率(%)	8.8	8.1	7.3	6.7	6.4

(二) 航空公司

名次	1	2	3	4	5
品牌	長榮航空	新加坡航空	中華航空	國泰航空	日本航空
比率(%)	32.4	15.9	15.3	8.5	4.3

(三) 租車

名次	1	2	3	4	5
品牌	和運	格上	中租迪和	HERTZ	艾維士
比率(%)	37.8	33.3	7.3	4.7	2.9

（四）旅行社

名次	1	2	3	4	5
品牌	雄獅	易遊網	東南	鳳凰	燦星國際
比率(%)	35.7	12.2	10.1	8.1	4.5

（五）啤酒

名次	1	2	3	4	5
品牌	台灣啤酒	海尼根 Heineken	麒麟啤酒 KIRIN	青島啤酒	可樂娜 Corona
比率(%)	43.5	22.1	5.9	3.7	3.2

（六）白蘭地

名次	1	2	3	4	5
品牌	軒尼詩 Hennessy	人頭馬 Remy Martin	拿破崙 Courvoisier	馬爹利 Martell	卡慕 CAMUS
比率(%)	41.0	16.9	14.3	5.6	1.7

（七）日本酒

名次	1	2	3	4	5
品牌	月桂冠	白鶴	大關	上善如水	菊正宗
比率(%)	36.5	6.3	4.5	3.4	3.1

（八）威士忌

名次	1	2	3	4	5
品牌	約翰走路 Johnnie Walker	皇家禮炮 ROYAL SALUTE	麥卡倫 MACALLAN	三得利 SUNTORY	格蘭利威 THE GLENLIVET
比率(%)	21.1	11.9	8.1	5.5	4.6

四、銀行、壽險、電信、汽車、房仲類排行

（一）銀行

名次	1	2	3	4	5
品牌	中國信託	玉山銀行	國泰世華	臺灣銀行	台北富邦
比率(%)	14.5	9.6	8.4	7.8	7.0

（二）壽險公司

名次	1	2	3	4	5
品牌	南山人壽	國泰人壽	富邦人壽	三商美邦人壽	紐約人壽
比率(%)	19.3	18.3	13.3	6.1	5.0

(三)電信業者

名次	1	2	3	4	5
品牌	中華電信	台灣大哥大	遠傳電信	威寶電信	亞太電信
比率(%)	60.5	18.3	11.0	2.1	1.5

(四)汽車

名次	1	2	3	4	5
品牌	豐田 TOYOTA	寶馬 BMW	凌志 LEXUS	賓士 Mercedes-Benz	奧迪 Audi
比率(%)	12.7	11.1	10.6	10.4	7.5

(五)券商

名次	1	2	3	4	5
品牌	元大寶來證券	富邦證券	群益金鼎證券	凱基證券	日盛證券
比率(%)	28.6	7.1	6.5	6.5	6.3

(六)房仲業者

名次	1	2	3	4	5
品牌	信義房屋	永慶房屋	住商不動產	台灣房屋	有巢氏房屋
比率(%)	39.1	20.1	4.5	3.7	3.1

(七)傳銷

名次	1	2	3	4	5
品牌	安麗 Amway	雅芳 AVON	如新 NU SKIN	賀寶芙 HERBALIFE	美樂家 Melaleuca
比率(%)	33.3	9.1	7.2	6.9	6.6

(八)自行車

名次	1	2	3	4	5
品牌	捷安特 GIANT	美利達 MERIDA	功學社 KHS	Birdy	DAHON
比率(%)	67.7	11.0	4.1	1.8	1.6

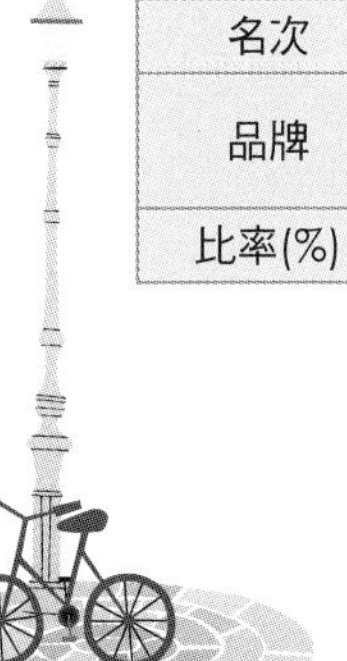

五、彩妝、健康器材、保健食品、直銷類排行

(一)保全

名次	1	2	3	4	5
品牌	中興保全	新光保全	中鋼保全	東京都保全	長榮保全
比率(%)	50.5	18.0	3.8	3.7	2.7

(二)保健食品

名次	1	2	3	4	5
品牌	白蘭氏	紐崔萊 NUTRILITE/安麗	萊萃美 Nature Made	善存 Centrum	葡萄王生技
比率(%)	13.5	10.3	7.8	7.0	6.7

(三)健康器材

名次	1	2	3	4	5
品牌	喬山 JOHNSON	OSIM	高島 TAKASIMA	強生 Chanson	富士 FUJI
比率(%)	25.2	20.1	14.1	11.1	6.7

(四)健檢中心

名次	1	2	3	4	5
品牌	台大醫院	長庚醫院	美兆健康管理檢查中心	哈佛健診	國泰健康管理中心
比率(%)	12.8	12.2	9.5	8.0	7.8

(五)彩妝保養品

名次	1	2	3	4	5
品牌	資生堂 SHISEIDO	SK-II	雅詩蘭黛 ESTÉE LAUDER	蘭蔻 LANCÔME	歐舒丹 L'OCCITANE
比率(%)	10.1	6.9	6.1	6.1	4.5

(六)傳銷

名次	1	2	3	4	5
品牌	安麗 Amway	雅芳 AVON	如新 NU SKIN	賀寶芙 HERBALIFE	美樂家 Melaleuca
比率(%)	33.3	9.1	7.2	6.9	6.6

Date ______/______/______

第 2 章
品牌 S-T-P 架構體系

2-1 發展及思考正確有效的品牌 S-T-P 架構體系

2-2 S-T-P 架構案例

2-3 為何要有區隔市場及區隔變數？

2-4 產品定位或品牌定位分析

2-5 品牌定位成功案例與定位步驟

2-6 品牌獨特銷售賣點與如何差異化、獨特化

2-1 發展及思考正確有效的品牌 S-T-P 架構體系

身為行銷人，首要工作，就是要先確認自家公司的產品是賣給什麼人？什麼對象？並探究為什麼是這些對象？這是市場區隔化的行銷思考。

一、市場區隔化的行銷思考

行銷人要如何進行市場區隔（分眾市場）的思考呢？茲將市場區隔的背景成因分析如下：

（一）市場競爭及難以捉摸的消費者：因為市場激烈競爭、競爭者眾多，同時消費大眾也有多元不同的偏愛與需求。

（二）無法滿足所有消費者：任何一種產品或服務，不可能滿足所有市場與消費者。

（三）市場分眾化：因此，每一個大市場，須切割、區隔成幾個分眾的市場才行。

（四）不同產品定位：然後，用不同的產品定位與行銷組合策略，做好區隔市場與消費者的滿意服務。

二、什麼是 S-T-P 架構分析？

（一）要經營哪一塊區隔市場：

S：segmentation（區隔化）、segment market

即：區隔市場、市場區隔。

（二）要鎖定什麼目標客層：

T：target market、target audience（TA）

即：鎖定目標客層、鎖定目標消費族群。

（三）要把公司、產品或品牌定位在哪？

P：positioning

即：公司定位、產品定位、品牌定位。

（四）S-T-P 三者環環相扣：

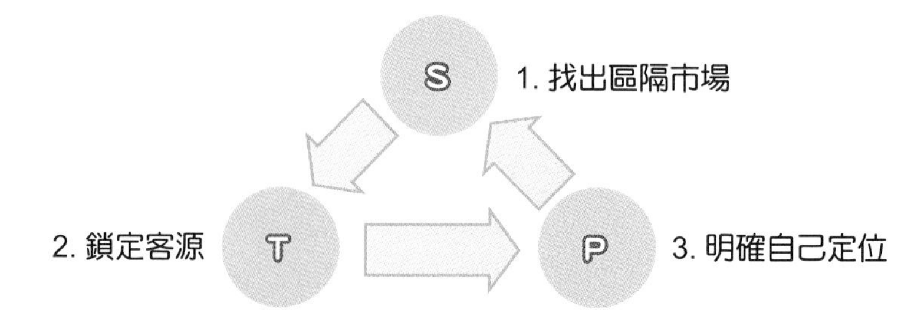

（五）分眾市場已成主流：分眾市場時代來臨，大眾市場已不再，同時小眾市場亦出現，市場就出現了區隔。

明確品牌

品牌 Brand

1.S	2.T	3.P
區隔市場 主攻哪個市場	鎖定目標客層、目標消費族群	產品（品牌）定位何在
segmentation	target audience	positioning

為什麼要做S-T-P架構分析？

1. 因應從大眾市場走向分眾市場
2. 有助於研訂行銷 4P 操作內容
3. 有助於競爭優勢的建立
4. 建立自己的行銷特色以與競爭對手有所區隔
5. 達到精準行銷的目的

大眾市場為何不在了？

大眾市場

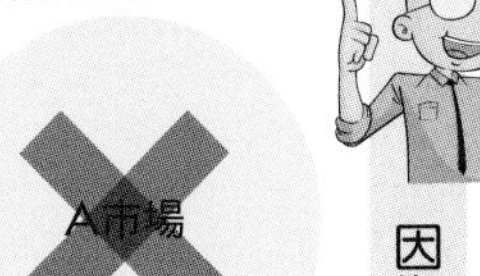

分眾市場

因為每個消費者的

1. 所得水準
2. 工作性質
3. 個人偏愛
4. 個人價值觀
5. 年齡層
6. 學歷別
7. 家庭結構
8. 個人習慣性
9. 個人口味
10. 個人個性、特質

都不一樣

所以分眾市場出現了！

2-2 S-T-P 架構案例

一、白蘭氏雞精的 S-T-P 架構分析

(一) 區隔市場（segmentation）：

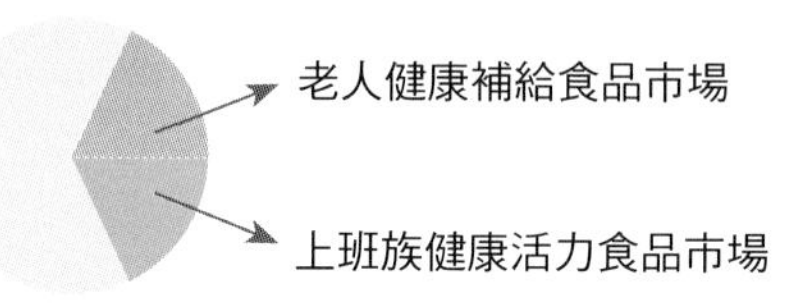

(二) 鎖定目標客層（target audience）：

1. 老年人，60 歲以上，住院老人及非住院老人。
2. 上班族，25~40 歲，男性，對精神活力重視的人。

(三) 產品定位（product positioning）：包括 1. 把健康事，就交給白蘭氏；2. 健康補給營養品的第一品牌，以及 3. 高品質健康補給營養品。

二、統一超商 City Café 咖啡的 S-T-P 架構分析

(一) 區隔市場：

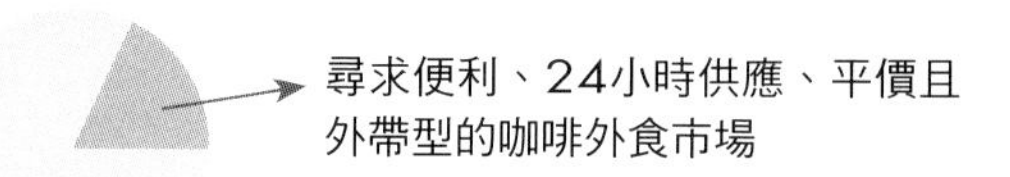

(二) 鎖定目標客層：鎖定白領上班族、女性為主，男性為輔，25~40 歲，一般所得者，喜愛每天喝一杯咖啡。

(三) 產品定位：包括 1. 整個城市都是我的咖啡館；2. 平價、便利、外帶型的優質咖啡；3. 便利超商優質好喝的咖啡，以及 4. 現代、流行、外帶的優質超商咖啡。

三、全聯福利中心的 S-T-P 架構分析

(一) 區隔市場：

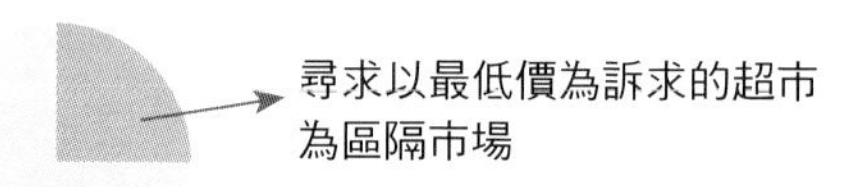

(二) 鎖定目標客層：全客層、家庭主婦、上班族、男性、女性兼之，且對低價格產品敏感者。

(三) 產品定位：包括 1. 實在，真便宜；2. 全國最低價的社區型超市，以及 3. 低價超市的第一品牌。

明確、有效區隔市場

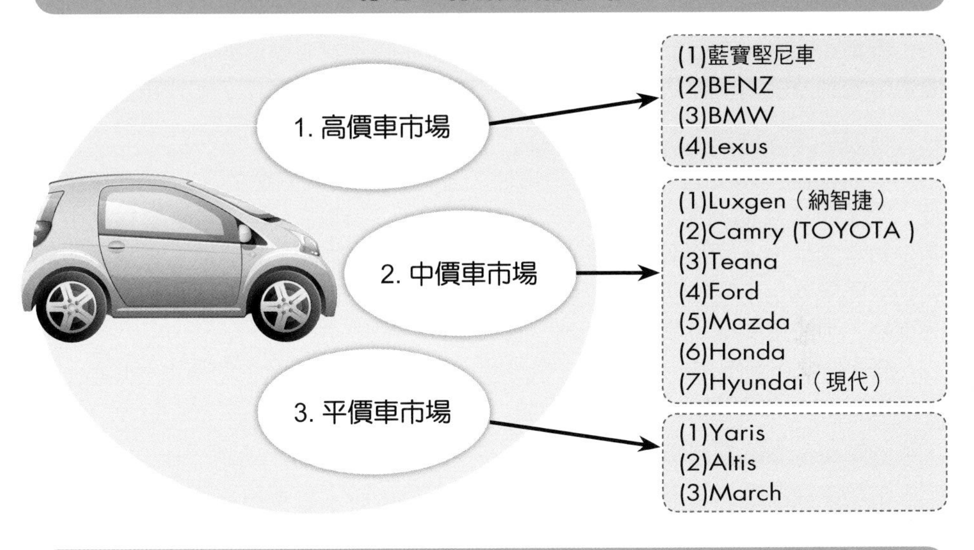

1. 高價車市場
   - (1)藍寶堅尼車
   - (2)BENZ
   - (3)BMW
   - (4)Lexus
2. 中價車市場
   - (1)Luxgen（納智捷）
   - (2)Camry (TOYOTA)
   - (3)Teana
   - (4)Ford
   - (5)Mazda
   - (6)Honda
   - (7)Hyundai（現代）
3. 平價車市場
   - (1)Yaris
   - (2)Altis
   - (3)March

市場區隔案例——M型化大飯店與旅館

平價旅館

- 捷絲旅
- 台北美侖
- 老爺會館
- 福泰桔子

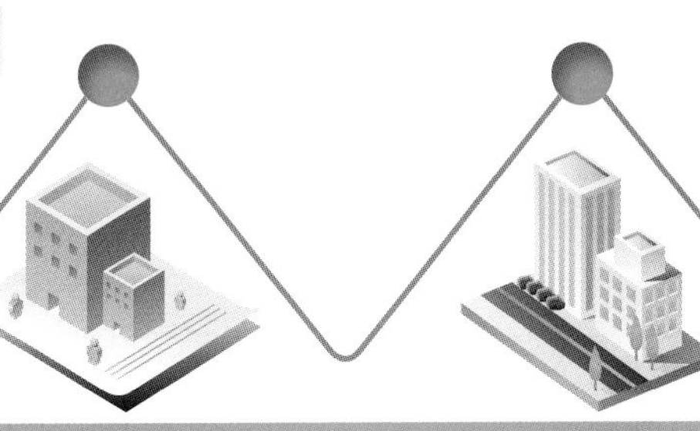

高級大飯店

- W大飯店（美國紐約）
- 加賀屋（日式溫泉大飯店）
- 君品酒店
- 涵碧樓（日月潭）

價位區隔市場——以王品餐飲集團為例

價位	品牌與價格	目標客群
1. 高價位	王品牛排、夏慕尼鐵板燒　1,200元以上	老闆、科技新貴、名媛貴婦、高階主管
2. 中價位	陶板屋 500元以上	上班族、中產階級
3. 低價位	品田牧場 200元 小火鍋　200元 曼咖啡　60~80元	年輕族群、學生

2-3 為何要有區隔市場及區隔變數？

行銷（marketing）的最終目的，就是要把商品或服務性商品賣出去，而且要賣得暢銷及長銷。但是，賣東西或賣服務，要賣給哪些對象？哪些市場呢？

一、何謂「區隔市場」與「目標客層」？

一般來說，很少公司能以全體市場及全體消費者為對象的。以筆者記憶所及，除了連鎖性便利商店（如統一 7-Eleven）、家樂福大賣場、全聯福利中心等少數零售地方，可以看到從小孩到 70 歲老年人購買外，其他地方幾乎不可能見到全客層或全市場的狀況出現。看來做生意先要選定市場，區隔出公司所要做的市場，同時也要確定想做的目標客層或是目標消費者。

總之，公司要很用心、很主動積極、很有頭腦智慧，以及很創新地為你的「區隔市場」及「目標客層」而服務，然後從他們身上獲利賺錢。

二、區隔變數有哪些？

市場應被區隔化，顧客客層（customer Target）也會被區隔化，如此我們才能夠在整體大市場中，打贏「區隔戰」。因此，區隔變數有哪些？一般如下：

（一）人口統計變數：依照性別、年齡層、教育程度、所得水準、職業別、家庭結構、宗教、國際等為區隔變數。例如：TOYOTA 高級車 Lexus（凌志）市場，是豐田的高價車區隔市場，而其目標客層，可能是 40 歲以上年齡層、高所得水準、高級主管職業別、男性居多，以及學歷偏高等特色為主的消費者。

（二）行為變數：依照消費者所出現的各種不同行為變數而加以區分。例如：行為保守、謹慎、內向型的，或是開放、豪邁、外向、奔放、運動陽光，或是喜好與人聊天、喜歡做出某種行為而與眾不同的。例如：某消費者喜歡週末假日外出全家旅遊，其購車偏好可能就會選擇休旅車，而不會是一般房車。喜歡外出旅遊的嗜好，就是他的行為變數。

（三）心理變數：有人喜歡尊榮、名氣、愛炫耀，因此成為 LV、Dior、Prada、Gucci、Hermés 等名牌的追逐者及愛購者。另外，也有一群人是平凡生活、平凡個性、平凡價值觀與平凡心理的顧客層，其消費行為就與上述人不同，在建立區隔化市場及目標客群時，會有顯著的不一性。

（四）地理變數：在偏遠遼闊國家，也常因為地理區域太大而自然形成不同的區隔市場及目標客層。例如：美國東部紐約、美國西部洛杉磯、美國南部亞特蘭大或東北部芝加哥；或是中國大陸的東北、華北、東南、西南、西北、長江三角洲或珠江三角洲等地方，都有不同的市場區隔化及其不同的產品需求。

（五）M 型社會下的價格變數：由於 M 型化社會來臨，價格成為兩極化，因此，高價及平價的區隔市場也漸成形，變為主流。

TA的分類變數

1.性別	2.年齡層	3.學歷別	4.所得別	5.職業別（行業別）
6.家庭別	7.職等別（低、中、高階）		8.興趣別	9.個性別
10.價值觀別	11.心理別		12.價格別	13.其他變數

如何鎖定目標客層及消費族群（TA）？

1.學生TA	2.輕熟女TA	3.熟女TA	4.年輕上班族TA	5.中年上班族TA
6.銀髮族TA	7.單身女性TA	8.高所得TA	9.中低所得TA	10.家庭主婦TA
11.科技新貴TA	12.名媛貴婦TA	13.老闆級TA	14.少淑女TA	15.家庭使用TA
16.運動TA	17.藝文TA	18.宅男宅女TA	19.旅遊TA	20.兒童TA

汽車高價市場（BENZ、BMW、Lexus）

汽車高價市場

- 大企業老闆
- 中小企業老闆
- 科技新貴
- 高階主管（總經理）
- 名媛貴婦

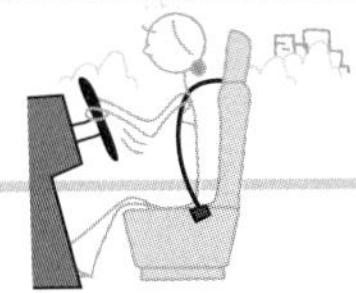

知識維他命

為何要有市場區隔？

市場行銷為何要有市場區隔呢？一個企業難道不能吃下或設定全體目標市場嗎？是的，我們可以這樣講，除了極少數集團化企業或靠併購化企業之外，的確是很少有企業能夠以整體市場為行銷的對象。

這主要有下列六點原因：一是一般中小企業或中型企業的確沒有那麼多的資源（人力、財力、物力）去爭戰全體市場，這是很現實的問題。二是經營企業的老闆都知道，要在某個市場勝出，唯有集中資源，集中打擊力量，集中產、銷、研發資源，去爭奪某一個區隔化的市場，才會有贏的機會。三是就廣大消費群而言，他們需求的也有所不同，包括年齡層、所得水準、職業別、學歷、性別、家庭、已未婚、個人價值觀、消費觀等，也是極具不同的，因此也是要區隔成不同的目標客層。四是任何人都知道，攻擊戰比守成戰難上好幾倍，企業只要用心守住既有市場，也就夠了。五是散彈打鳥，什麼市場都去做，成功的機率並不高，除非你是跨國型的有品牌大企業，或是國內型市占率極高的龍頭企業。六是新加入市場的競爭者，他們要贏的機會也只有一個，就是見縫插針，搶占一個冷門及不為人重視的利基市場，才有贏的機會。

2-4 產品定位或品牌定位分析

行銷實務上的第一件事情是要時刻去發現「商機」（market opportunity），但隨著商機而來的具體事情，就是 S-T-P 架構（Segmentation，市場區隔化；Target，目標市場或目標客層；以及 Positioning，產品定位或品牌定位或服務性產品定位），這兩者是互為一體的兩面。那麼，「定位」的涵義是什麼，說明如下：

一、「定位」涵義

簡單來說，就是：「你站在哪裡？你的位置與空間在哪裡？哪裡才是你應該在的位置？在那個位置上，消費者對你有何印象？有何知覺？有何認知？有何評價？有何口碑？他們又記住了你是什麼？聯想到你是什麼？以及他們一有這方面的需求，就會聯想到你。」

因此，定位是行銷人員重要的思維與抉擇任務，一定要做到：「正確選擇它、占住它，形成特色，讓目標受眾牢牢記住它是什麼。」

二、定位不清楚或定位錯誤的弊害

實體產品或服務性產品，若定位不清楚或發生錯誤，會很明顯的呈現負面結果，此乃毋庸再言。其將致使：

1. 產品上市失敗、服務業上市失敗、掛了。
2. 消費者對產品印象模糊不清，也不會有好口碑相傳。
3. 來客客層可能混雜，不是同一客群；不會有歸屬感，也不會滿意，會覺得怪怪的。
4. 無法抓住真正想要的那一個目標客層，最後目標客層也會流失，或愈來愈小。

三、重定位

當產品或品牌面臨業績嚴重衰退，而且顧客流失很大，就代表公司的過去品牌定位，已出現問題警訊，不符合時代發展的需求；此時，公司即要下定決心展開品牌（或產品）的「重定位」（repositioning），以挽救這個品牌的衰敗或退出市場。

(一) 產品必要時，必須重定位：即改變原先定位，轉向新定位。

(二) 重定位時機：

1. 品牌老化。
2. 目標客層老化。
3. 銷售嚴重衰退不振。
4. 看不到未來。
5. 年輕族群不喜歡。
6. 產品不受歡迎。

品牌定位的分析步驟

1. 現在各競爭品牌已有的定位狀況分析。

2. 洞察消費者還有什麼定位空間還沒有被滿足？

3. 思考我們所要進入的區隔市場及目標客層為何？

4. 分析我們是否擁有可以滿足定位的差異化特色能力。

OK！定位確定

產品／品牌定位

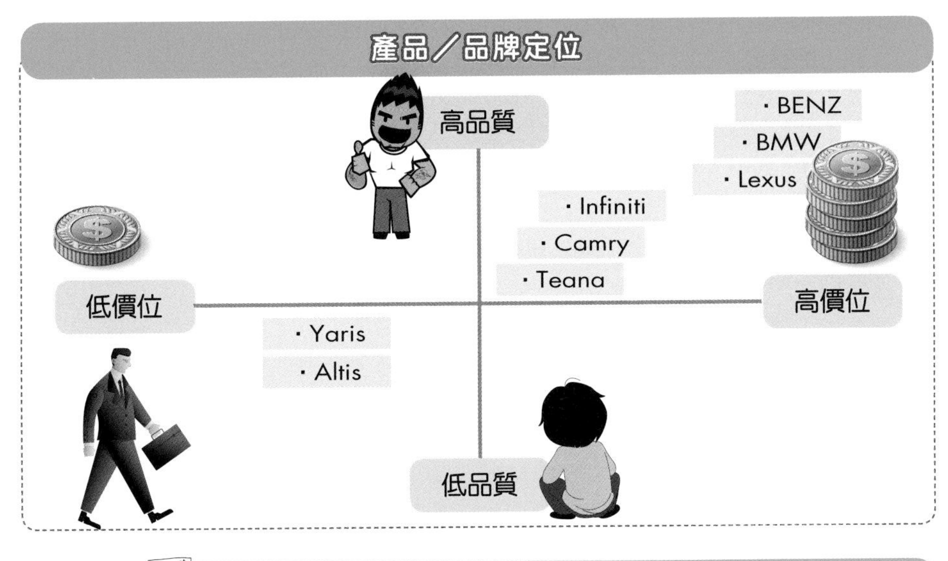

品牌定位案例

EX：林鳳營鮮奶 「高品質、濃醇香」	EX：Lexus 汽車 「專注完美，近乎苛求」	EX：City Café 「整個城市就是我的咖啡館」
EX：貝納頌咖啡 「咖啡中的精品」	EX：7-Eleven 「Always open」	EX：Zara ／ Uniqlo 「平價國民服飾」

2-5 品牌定位成功案例與定位步驟

在此列舉這些年來成功定位的企業案例，由於他們成功的「定位」，因此大都營運績效卓越優良。這些可為人稱讚的行銷定位企業案例，包括如下：

（一）**統一超商**：以「便利」為定位成功。

（二）**全聯福利中心**：以「實在真便宜」、「真正最便宜」為定位成功。

（三）**蘋果日報**：以「社會性新聞、綜藝性新聞、特殊編輯手法、圖片式新聞、篇幅頁數最多、紙質最佳、新聞內容最差異化」等為定位成功。

（四）**85°C 咖啡**：以「五星級蛋糕師傅做的高質感好吃蛋糕，但卻平價供應」為定位成功。

（五）**遠東 SOGO 百貨忠孝及復興店**：以「高級百貨公司及位址佳」為定位成功。

（六）**君悅及晶華大飯店**：以「高級大飯店」為定位成功。

（七）**Happy Go 紅利集點卡**：以「遠東集團九家關係企業加上異業結盟的跨異業紅利集點便利回饋消費者」為定位成功。

（八）**鼎泰豐**：以「口感最好吃」為定位成功。

（九）**涵碧樓**：以「位址獨特及休閒質感最高」為定位成功。

（十）**商業周刊**：以「質感最高、最領先、專業」的財經雜誌為定位成功。

（十一）**Lexus、BMW、BENZ**：以「頂級車、最高級」進口車為定位成功。

（十二）**台啤**：以「臺灣本土、尚青啦」為定位成功。

（十三）**JASONS 超市及 city´super 超市**：以「最高級超市」為定位成功。

（十四）**屈臣氏**：以「最便宜美妝品連鎖店」為定位成功。

（十五）**統一星巴克**：以「高級咖啡及場所享受」為定位成功。

（十六）**三立電視臺**：以「咱臺灣人的電視臺」為定位成功。

（十七）**信義房屋**：以「誠信、專業與保證負責」為定位成功。

（十八）**臺北 101 購物中心**：以「精品百貨公司」為定位成功。

（十九）**三星 Galaxy S 系列智慧型手機**：以 5 吋及 5.5 吋大銀幕觸控手機為成功定位，深受女性上班族歡迎。

（二十）**新光三越百貨**：以「全臺 19 個最多分館且質感高的百貨公司」為定位成功。

（二十一）**茶裏王飲料**：以「上班族平價的飲料」為定位成功。

（二十二）**誠品書店旗艦館**：以「全臺最大規模坪數、書籍數量最多及裝潢環境最佳」為定位成功。

（二十三）**Häagen-Dazs**：高價味美冰淇淋。

（二十四）**舒酸定**：為過敏性牙齒提供牙醫一致推薦最好牙膏。

（二十五）**家樂福**：提供一站購足且價格便宜的量販店。

定位方法（概念式圖示法）

一般行銷產品定位，採取所謂的概念式圖示法（conceptual map），此即找出影響或決定定位最重要的至少2個或3個特質、特色、差異化所在的地方及獨特銷售賣點（U.S.P；unique sales point）。茲舉例說明如下：

1. 信用卡

專為女性
- ⊙國泰世華鳳凰鈦金卡
- ⊙台新銀行玫瑰卡

頂級卡（高級卡）
- ⊙國泰世華銀行頂級卡
- ⊙中信銀鼎級卡

白金卡（一般卡）
- ⊙中信銀行
- ⊙花旗卡
- ⊙國泰世華卡
- ⊙富邦銀行信用卡

女性、男性均有

2. 超市

低價
- ⊙全聯福利中心
- ⊙美廉社

國外產品居多
- ⊙JASONS超市
- ⊙city'super超市

本土產品
- ⊙頂好超市

高價

定位三大步驟實務

步驟一

1-1. 了解主要競爭對手的定位情況及優劣勢	1-2. 了解公司自身定位的情況及優劣勢	1-3. 了解消費者的需求狀況及對各家定位的偏愛程度

步驟二

2. 本公司、本產品的定位空間還有沒有？若有，在哪裡？是什麼？大家集思廣益找到有效的定位。

步驟三

3. 對定位的陳述，以及後續的相關行銷 4P 策略的規劃。例如：產品策略、通路策略、訂價策略及推廣策略如何因應公司的定位，做好最佳的配合。

2-6 品牌獨特銷售賣點與如何差異化、獨特化

行銷競爭非常激烈，新產品上市成功率平均僅有一至兩成而已，其他八成新品，不到三個月就遭到下架或消失了。不管是新品上市、品牌再生，或既有產品的革新改善，千萬不要忘了最根本的核心思考點：「你的產品或服務，到底有哪些獨特銷售賣點、特色、差異化或價值，值得消費者購買你的產品，而不購買其他公司的產品？」因此，必須做好「消費者洞察」（consumer insight）的工作，結合產品的差異化及特色化，確實滿足顧客需求。

一、如何導出「獨特銷售賣點」及「差異化特色」？

在此提供十六個架構項目，從這些項目再進一步思考如何做到獨特銷售賣點（U.S.P; unique sales point或unique selling proposition）或差異化、特色化。由於版面有限，先介紹九項，其餘七項請見右頁圖示。

（一）從滿足消費者需求面切入：包括健康、活力、美麗、青春、好吃、好喝、榮耀、快樂、好玩、舒適、好駕駛、便利、一次購足、好看，以及其他物質及心理層面的滿足。

（二）從研發與技術面切入：包括有什麼獨特技術以及 R&D 人員做得出來嗎？

（三）從製程面切入：製造過程中的特色或差異化？

（四）從原料、物料、零組件面切入：例如：冠軍茶、冠軍牛乳、有機蔬果、埃及棉、日本綠茶、高效能乳酸菌、最高級皮革等。

（五）從品質等級面切入：頂級品質、高品質等。

（六）從現場環境設計、氣氛、設備、器材、地理位置面切入：例如：日月潭涵碧樓的獨特位置。

（七）從功能面切入：有什麼差異化功能？

（八）從服務面切入：提供什麼不一樣的服務？

（九）從品管嚴格切入：有數十道、上百道的品管過程把關。

二、十六個切入思考點的四項必要補充條件是否做到了？

上述十六項構思出產品獨特銷售賣點與差異化特色的四項條件如下：

（一）內涵實質超越對手：你的產品特色，真的超越主要競爭對手，而不是跟隨在對方之後面。

（二）領先一步推出：產品的特色或 U.S.P 必須先對手一步推出，不能落後。

（三）要與對手不一樣：產品的特色或 U.S.P，與對手完全不同，是屬於自家獨有的。

（四）對消費者是有意義、有價值、物超所值：產品特色或 U.S.P，不能只講好聽的，必須能真正、有效滿足消費者內心各種需求或創造出新的顧客潛在需求。

U.S.P獨特銷售賣點架構

全方位架構

- （一）十六項切入U.S.P及差異化特色點
  - 1.滿足消費者有什麼需求
  - 2.研發與技術切入
  - 3.製程切入
  - 4.原物料切入
  - 5.品質等級切入
  - 6.現場設備、地理條件切入
  - 7.功能切入
  - 8.服務切入
  - 9.品管切入
  - 10.手工打造切入
  - 11.訂製特製、全球限量切入
  - 12.獨家配方、專利權切入
  - 13.低價格切入
  - 14.競賽得獎切入
  - 15.現場立即的切入
  - 16.知名品牌切入
- （二）四項必要補充條件
  - 1.特色是否超越對手？
  - 2.特色是否領先一步？
  - 3.特色是否與對手產品相異？
  - 4.特色是否對消費者有意義、有價值？
- （三）產品冒出頭來
  - 1.銷售業績好
  - 2.行銷致勝

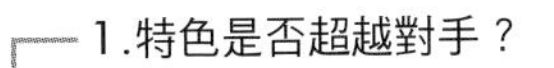

U.S.P案例

案例	U.S.P（獨特銷售賣點）
1. 日月潭涵碧樓	面對日月潭湖水景觀。
2.PChome（網購）	24小時內快速到貨、品項50萬項。
3.LV 皮件	法國頂尖師傅手工打造。
4. 摩斯漢堡	現點現做（平均等待7分鐘），農地契作、嚴格品管蔬菜。
5. 臺北 101 購物中心	國外名牌精品店、旗艦店匯集最多之點，裝潢最奢華、坪數空間最大。
6. 全聯福利中心	全國價格最便宜之平價超市。
7.City Café	24小時供應無休，5,020家店，每杯40~55元，平價且便利。
8. 蘋果日報	圖片多，社會新聞、影劇新聞多，紙質較好，頁數較多。
9. 王品牛排	服務最佳。
10. 可口可樂	獨家配方，不斷與時俱進。

Date ______/______/______

第 3 章

品牌行銷之戰略與趨勢

3-1 品牌行銷 4P 組合戰略
3-2 服務業行銷致勝十大終極密碼 I
3-3 服務業行銷致勝十大終極密碼 II
3-4 服務業行銷致勝十大終極密碼 III
3-5 反古典行銷學四大行銷趨勢 I
3-6 反古典行銷學四大行銷趨勢 II

3-1 品牌行銷 4P 組合戰略

就具體的行銷戰術執行而言，最重要的就是行銷 4P 的組合操作，如右頁圖所示並説明之。

一、行銷 4P 組合（marketing 4P mix）

上述提及的行銷 4P 組合操作之意，即是廠商必須同時做好這 4P 的行銷組合，包括產品力、通路力、訂價力，以及推廣力。而推廣力又包括促銷活動、廣告活動、公關活動、媒體報導活動、事件行銷活動、店頭行銷活動等廣泛的推廣活動。

二、為何稱為 4P 組合？

Marketing 4P mix 意指：需要同步、同時、共同做好行銷 4P 組合！不可以有哪一個 P 比較弱！以下針對 4P 及其如何運用其他策略強化操作予以説明之。

(一) 產品力：包括 1. 高品質；2. 功能強；3. 操作便利；4. 品項多元選擇；5. 耐用、壽命長；6. 有品牌；7. 設計時尚、好看；8. 包裝、包材好；9. 維修方便，以及 10. 快速服務。

(二) 通路力：包括 1. 上架普及；2. 隨處、隨地、隨時都可買到；3. 有最好的陳列位置及陳列空間；4. 在賣場、門市店可看到廣告招牌，以及 5. 虛實通路兼具。

(三) 訂價力：包括 1. 訂價合理、合宜；2. 消費者有物超所值感；3. 廠商不要有超額暴利；4. 消費者感受到可接受，並且買得起，以及 5. 訂價需與品牌定位及目標客層一致性。

(四) 推廣力：包括 1. 若資金夠，最好能找代言人；2. 做出吸引人的電視廣告片；3. 能成功打造出高的品牌知名度與喜愛度；4. 360 度全方位整合行銷推出；5. 能獲致好的口碑傳播；6. 強化人員銷售組織團隊；7. 做好對外的公關關係與報導刊載，以及 8. 做好公益行銷與企業良好形象。

(五) 行銷 4P 策略必須與 S-T-P 相契合：

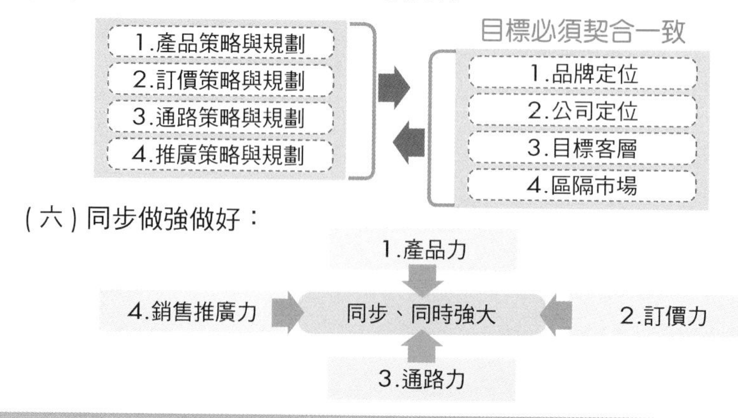

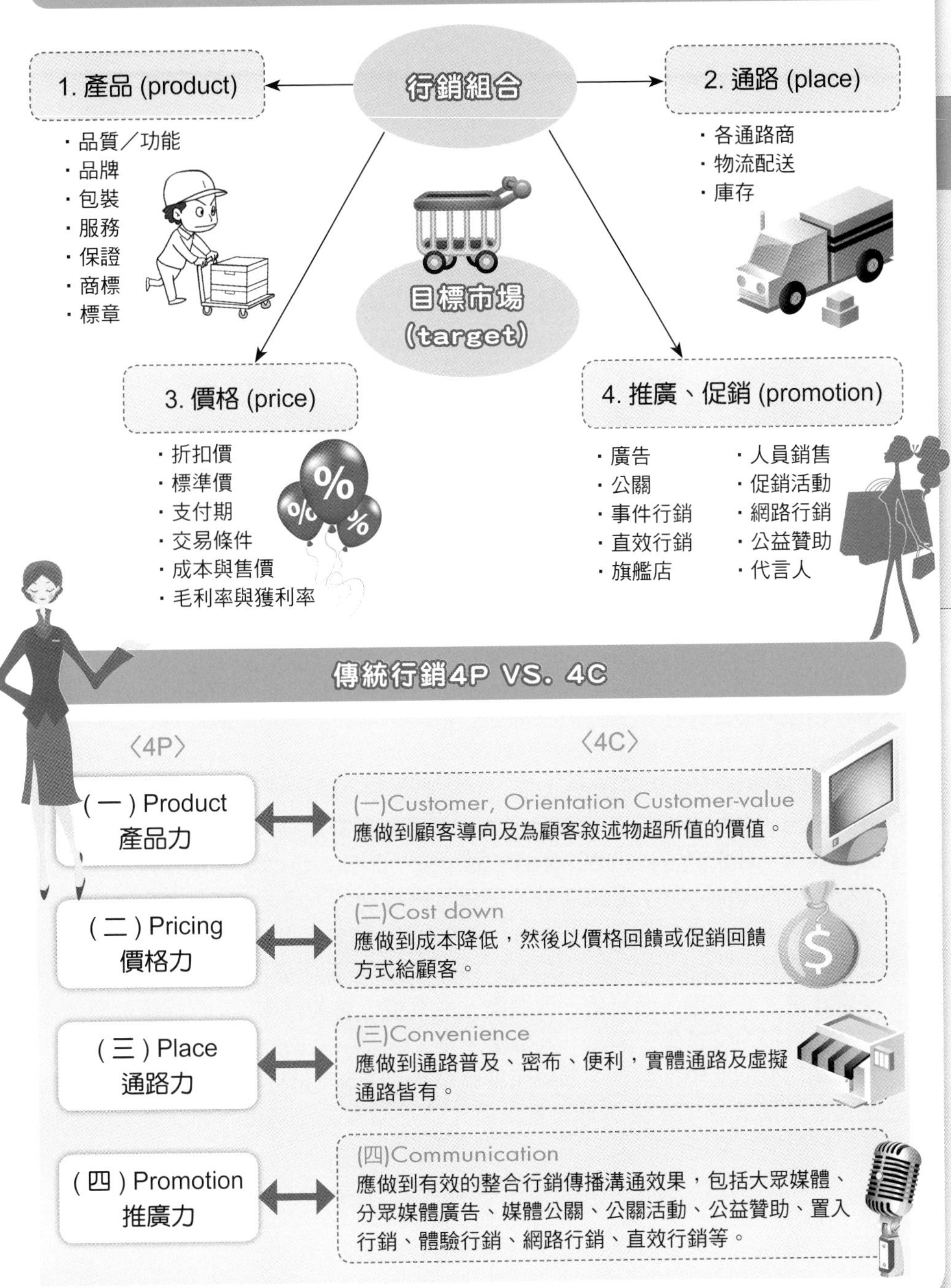

行銷組合——傳統行銷4P
行銷組合
1. 產品 (product)
・品質／功能
・品牌
・包裝
・服務
・保證
・商標
・標章
2. 通路 (place)
・各通路商
・物流配送
・庫存
目標市場 (target)
3. 價格 (price)
・折扣價
・標準價
・支付期
・交易條件
・成本與售價
・毛利率與獲利率
4. 推廣、促銷 (promotion)
・廣告
・公關
・事件行銷
・直效行銷
・旗艦店
・人員銷售
・促銷活動
・網路行銷
・公益贊助
・代言人
傳統行銷4P VS. 4C
〈4P〉
〈4C〉
(一) Product 產品力
(一)Customer, Orientation Customer-value
應做到顧客導向及為顧客敘述物超所值的價值。
(二) Pricing 價格力
(二)Cost down
應做到成本降低，然後以價格回饋或促銷回饋方式給顧客。
(三) Place 通路力
(三)Convenience
應做到通路普及、密布、便利，實體通路及虛擬通路皆有。
(四) Promotion 推廣力
(四)Communication
應做到有效的整合行銷傳播溝通效果，包括大眾媒體、分眾媒體廣告、媒體公關、公關活動、公益贊助、置入行銷、體驗行銷、網路行銷、直效行銷等。

3-2 服務業行銷致勝十大終極密碼 I

由於服務業在先進國家經濟產值（GDP）所占比例愈來愈高，在國內已達73%，在美國亦已逼近 80%。因此，國內服務業的發展潛力仍然有無窮希望。

一、服務業競爭激烈

最近三、四年來，國內各種創新型服務業不斷出現，而既有的服務業，亦不斷提升經營管理及精緻行銷的水準。國人大都可以感受到國內服務業水準的進步與成長。然而，服務業的競爭也非常激烈，從金融、保險、百貨公司、量販店、便利超商、超市、購物中心、宅配、航空運輸、名牌精品、電視媒體、平面媒體、藥妝店、咖啡店、SPA 店、遊樂區、電視購物、資訊 3C 店、書店、西式速食店、餐飲店、服飾店、大飯店、化妝美容品、行動電話、KTV 等各行各業，無不競相出奇，推出新產品、新服務及新促銷，以求爭食市場大餅及搶先顧客荷包。因此，服務業行銷已進入短兵相接，近身肉搏戰的高度競爭階段。

二、國內服務業者如何才能行銷致勝？

根據筆者的長期研究與觀察，服務業行銷致勝有十項終極密碼，那就是必須有一個完整周密與有力的「8P/1S/1C」行銷組合能力同時出擊。茲簡述如下：

（一）產品力（product）：產品力是市場行銷致勝的本質基礎，沒有好的產品力，做再多的公關活動與廣告宣傳亦屬枉然。產品力的呈現，包括了它的品牌、包裝、設計、品質、口味、耐用性、附加價值及功能等，是否符合目標消費者的真正需求，並且領先競爭對手而有獨特性及差異化存在。「紫牛」產品當然不會輕易被開發出來，但仍是業者努力的目標。另外，服務性的產品，如何不斷增加附加價值，則是比較容易做到的重點。

（二）廣告與促銷力（promotion）：全國電子連續十一支感動行銷廣告片的強力播出，並配合低價、免息分期付款等各種促銷活動，促使 2006 年業績有了大幅成長，EPS 也居資訊 3C 賣場之冠。統一 7-Eleven 2006 年 5 月推出的購滿 77 元贈送 Hello Kitty 促銷活動，三個月內成功的大幅增加 50 億元的營收額佳績。肯德基速食店由於推出成功的「薄皮嫩雞」廣告活動，亦使業績大幅增加。由於促銷活動，已經成為不景氣環境下，最有效的吸客與集客之行銷工具。因此，各種週年慶、年中慶、節日慶、改裝慶、開幕慶、會員日慶、VIP 招待會慶等名目之下的折扣、特惠價、贈品、大抽獎、買二送一、免息分期付款等促銷活動，亦就成為常見的活動。另外，國泰航空獲選為 2005 年最佳航空公司，以及長榮航空首度購進波音 777 巨型飛機等，亦大做平面廣告，其目的都在強力塑造服務品牌形象與企業總體形象。

服務業行銷成功的「8P/1S/1C」十項組合

服務業行銷成功組合

8P
1. 產品力 (product)
2. 廣告與促銷力 (promotion)
3. 通路力 (place)
4. 價格力 (price)
5. 現場實體環境力 (physical environment)
6. 公關力 (public relation)
7. 人員銷售力 (people sales)
8. 流程作業力 (process)

1S
9. 總體服務力 (service)

1C
10. 顧客關係管理資訊力 (CRM)

〈比競爭對手〉
(1)服務「速度快」
(2)服務「品質好」
(3)服務「便利性高」
(4)服務「價值感大」
(5)服務「價格合宜」
(6)服務「不斷推陳出新」

永遠比顧客期待的多一些

贏得顧客心，服務行銷致勝

如何不斷增加服務產品的附加價值？

例如：蘋果日報當初為了配合調漲為15元售價，增加了國際版面，每天搭贈食衣住行育樂別冊，此外又與各大便利商店、量販店、藥妝店、餐飲店、超市等合作折價券優惠活動。另外，聯合報也推出每天搭贈星報，但不漲價的行銷策略，以求鞏固閱報率及銷售份數。再如，便利商店近年來，相繼推出更多樣式的鮮食類產品、ATM提款機、節慶預購產品、引進日本與韓國等亞洲國家食品及飲料，提供現煮咖啡產品，販售哈利波特暢銷書等，均是這些業者在強化「產品力」組合價值及差異化上的行銷努力。

價格兩極化同時存在的行業

在某些行業，價格兩極化是同時存在的；例如：和泰汽車也有平價的Altis、中價位的Camry、高價位的Lexus等車型，具有全方位價格帶，意圖全面網羅不同的市場區隔，然後確保在汽車銷售的第一寶座。

3-3 服務業行銷致勝十大終極密碼 II

俗稱「通路為王」，康師傅就是因為進不了超商，市占率始終無法突破。

二、國內服務業者如何才能行銷致勝？（續）

(三) 通路力（place）：誰掌握了通路，誰就比較有機會成為市場銷售的領先者。例如：統一企業因為有 5,020 多家統一 7-Eleven、72 家家樂福量販店的強力優先支持，才能保有它今日的地位。最近，國內各大便利商店、藥妝店、咖啡店、餐飲店、名牌精品店、資訊 3C 店等，均全面激烈爭奪自營或加盟的通路據點新擴張計畫，足見服務業在通路上的競奪，已成為保持業績成長的必要支撐之一。國內第一大百貨公司新光三越百貨，在全臺擁有 19 家大店，在臺北信義商圈，即集結串成四大店，已穩固它在通路百貨龍頭的領先地位。另外，近一、二年來，電視購物、型錄購物及網路購物等三大無店鋪販賣的虛擬通路，亦有大幅度的成長，已成為很多廠商於實體通路外，同時也積極爭取進入的新型態行銷通路。尤其，像珠寶鑽石、機車、資訊 3C、家電、服飾紡織品等，顯示出電視購物通路也已被證明是一個具有銷售力的優良通路之一。

(四) 價格力（price）：服務業產品或服務的訂價策略，也出現兩極化並存的現象。高檔餐廳、高級名牌精品、高檔百貨公司、高級化妝保養品、高級進口車（如 Lexus、BENZ、BMW 等）、高級大飯店等，2015 年的業績仍然十分不錯，似乎不受景氣影響。但另一方面，平價的量販店、速食店、資訊 3C 店、服飾店、餐飲店、咖啡店等，似乎也有另一群中低收入的廣大消費群成為消費主力。在某些行業，價格兩極化是同時存在的。

(五) 現場實體環境力（physical environment）：服務業就是要在現場服務及招待顧客。因此，現場環境的布置、裝潢、燈光、色系、配件、音樂、氣氛、展示說明、動線、座椅、餐桌、櫃架等呈現水準，變成輔助競爭力的重要表現。例如：新光三越百貨、統一 7-Eleven、星巴克咖啡店、101 購物中心、家樂福量販店、屈臣氏、君悅大飯店、晶華大飯店、LV 專賣店、Chanel 專賣店、各大銀行 VIP 理財接待中心、薇閣精品旅館等，都會讓顧客有相當不錯的現場環境感受，而提升再次消費的忠誠度心理意願。

(六) 公關力（public relation）：任何一個行業都要做公關，服務業也不例外。公關對象包括媒體、消費者、社團法人機構、行政機構及社區單位等。另外，很多服務業，包括 7-Eleven、國泰世華金控、信義房屋、家樂福、TVBS、東森購物、台新金控、國泰人壽等企業，亦都有成立文教基金會、慈善基金會等，從事公益回饋與貧弱救助等公共事務活動，其目的有一部分也是建立該企業在社會大眾及相關媒體的良好企業形象。

每個P都要做好、做強

- 產品力 ➡ OK！
- 訂價力 ➡ OK！
- 通路力 ➡ OK！
- 推廣力 ➡ OK！

➡ 行銷必勝！產品業績必勝！

服務業品牌行銷8P/1S/1C 十項組合

品牌行銷8P/1S/1C

【8P】

1. 產品規劃 (product)
2. 訂價規劃 (price)

3. 通路規劃 (place)
4. 推廣促銷規劃 (promotion)
5. 公關規劃 (public relation)

公關的重要性

服務業公關做得好，就會得到各方面的幫助，而且減少行銷過程中的阻礙。因此，公關力扮演著消費者或社會意見領袖、專業人士對此服務業者的總體知覺與評價。全球第一大零售業Walmart公司，雖然也有卓越的經營成績，但在對待員工權益作法及其他相關議題時，公關的處理並不理想，造成媒體界的不認同，這是Walmart的失當之處。

6. 人員銷售規劃 (professional sales)
7. 現場環境規劃 (physical environment)
8. 服務作業流程規劃 (process operation)

事前、事中及事後服務

很多便利超商推出預購服務、大飯店及航空運輸推出預訂服務或VIP會員優先購買等，均屬事前服務。事中服務主要針對服務人員對顧客在服務現場觀看、答詢、進入消費、結帳等待、包裝、安裝等服務表現的綜合感受與評價。事後服務則是指客服中心或店面人員，對消費者在購買後或使用後相關發生的問題，進行答覆、維修、退換貨或解決等諸多事項的服務表現狀況。

【1S】

9. 服務規劃 (service)

【1C】

10. 顧客關係管理規劃 (CRM)（或會員經營）

3-4 服務業行銷致勝十大終極密碼 III

服務業建立一支高素質與高作戰力的專業銷售組織及人力目標，是行銷致勝的人力因素。

二、國內服務業者如何才能行銷致勝？（續）

(七) 人員銷售力（people sales）：很多服務業的營運，仍然仰賴大量人力去完成工作，包括壽險、理財、汽車、機械設備、辦公事務設備、化妝品專櫃、名牌精品專門店、直銷、房屋仲介業等，都是需要靠強力的銷售組織、銷售人員獨立或團隊去完成的。因此，人員銷售作戰力量與素質的良窳，都深刻影響著業績目標達成與否。因此，服務業在人員銷售的教育訓練、儀容外表、銷售工具、業績檢討與獎勵等配套措施面，也就非常重要。例如：國泰人壽 3 萬人的業務團隊、和泰汽車的全省經銷團隊、信義房屋仲介人員團隊、SK-II 化妝美容專櫃團隊，以及東森電視購物 700 人客服中心銷售團隊等均是。

(八) 流程作業力（process operation）：生產工廠有製造流程，服務業也有它的服務流程，因為服務業靠人來提供服務，但每個人的變異性也不小，因此，服務業也必須有一套自己獨特及合適的服務作業標準流程，包括大飯店、餐飲店、電視購物、宅配、信用卡、現金卡、房貸、汽車銷售、航空、壽險銷售等，都會有一套標準作業流程，以及搭配 IT 資訊化的措施，才能順利完成。

(九) 總體服務力（service）：服務業當然最後要強調服務的完美性、完整性與及時性，否則服務業就毫無顧客價值可言。服務又可區分為事前、事中及事後服務三種，每一種都關係著業績是否成交、顧客購買後滿意程度及日後再購買忠誠度的養成。消費者對服務的感覺，可說是有形的感受，但也包括了無形的心理知覺，這兩者都會深深影響消費者對這家公司、這個店面及這個品牌的滿意度高低與否。因此，不管是店面第一線服務人員或總公司客服中心服務人員，均需擁有正確及優質的服務精神、服務知識與服務素質。

(十) 顧客關係管理資訊力（CRM）：由於競爭激烈搶客結果，以及為維繫舊客戶的忠誠度，另外也希望較精準的服務與行銷各不同層級的顧客群；因此，顧客關係管理的一套會員資料資訊系統的有計畫建立、更新及抽取應用，在行銷活動或服務活動上，就成為一項重要的行銷科技工具了。現在的服務業，包括信用卡、現金卡、加油站、百貨公司、電視購物、網站購物、型錄購物、汽車販售、書店銷售、化妝保養品、藥妝店、名牌精品銷售等，幾乎都有會員卡或聯名卡，而其會員人數從幾萬人到上百萬人都有，因此必須借助一套 CRM 資訊系統，才能對目標顧客群做好服務及行銷的工作。目前國內像中國信託銀行信用卡、台新現金卡、東森電視購物、國泰人壽等，都已投入數億到數十億在 CRM 資訊系統上。

規劃品牌行銷8P/1S/1C應注意事項

記住九項思考準則——6W/2H/1E

1 What

(1)要做什麼？
(2)想達成什麼目標及目的？

2 Why

(1)為什麼要做這件事？
(2)為什麼是選擇這個方案？這種方法？別人又是怎麼做好？這真的是顧客想要的嗎？

3 Who

誰來做？哪個單位、哪個人、哪個專案小組應負責的？他們的權責又為何？

4 Whom

這個規劃案是針對哪些對象而做？

5 Where

在何處做？是局部做、試點做、或是全面做？

6 When

何時做？何時完成？何時啟動？什麼時間點應完成什麼工作？

7 How to do

應該如何做？怎麼做？方案為何？計畫為何？具體作法為何？創意為何？設想為何？

8 How much

要花多少行銷預算？及多少錢才能完成這個案子？

9 Evaluate

(1)效益評比如何？
(2)有形效益及無形效益為何？
(3)行銷報酬率為何？行銷效益又達成哪些？

什麼是「增值」服務？

服務業不僅上述基本服務要做好，而且還要不斷的推出各種「增值」服務，以贏得顧客心。例如：福特汽車的Quality Care維修服務、全國電子總統級安裝冷氣服務、SK- II VIP會員旗艦店服務、各大銀行信用卡的增值服務、LV名牌精品VIP會員的特別服務措施等均是。

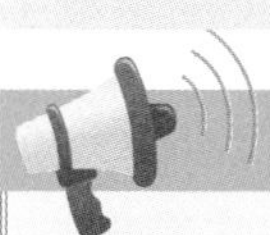

結語：成功行銷密碼十項組合

「8P/1S/1C」所述，是一個服務業者在競爭激烈的經營環境中，要達到行銷致勝的必備行銷密碼十項組合體，缺一都不可。因此，切記必須同時做好正確的服務行銷規劃，以及同時展開優質的服務行銷執行力，最後才產生服務業者的全方位領先競爭優勢，這就是服務業成功行銷的完全攻略十項組合。

3-5 反古典行銷學四大行銷趨勢 I

自二次大戰結束後，已經歷六十多年，而當前亦正式宣告與過去「大眾行銷學」訣別時代的來臨，而以大眾市場為市場攻略的行銷論已不復存在。另外，除了迎接多樣化消費時代之外，由於所得差距的擴大化，使「階層消費」開始出現。

一、當今消費者已出現兩大現象

(一)消費者群的分眾化與階層化：由於現代消費群的價值觀、生活型態及年齡與所得結構的多樣化，使大眾市場變成分眾市場，甚至是小眾市場。而所得級距的拉大，亦造成消費群的階層化趨勢。由於消費者群的分散化，導致了價格策略的兩極化。在日本，山多利酒品公司所產銷的啤酒，一瓶有從 100 日圓，到 3,000 日圓不等的低價與高價啤酒飲料。臺灣的現象也是一樣，例如：在臺北市有人花 6、7 千萬元以上購置豪宅，也有人花 2、3 千萬元購入電梯大樓華廈，更多人是花 7、8 百萬元購入一般中古屋公寓。這三種不同購屋能力的顧客群，就可以凸顯出消費者群在購屋產品與消費行為上的分散化，但他們都各有各的分眾市場及需求存在。再者，臺北新光三越百貨公司在信義商區的 A8、A9、A11 及 A4 等四個分館，就針對不同區隔顧客群而有所不同的產品及服務定位。另外，臺北國外品牌精品店，例如：LV、Chanel、Gucci、Prada、Burberry、Dior、Fendi、Cartier、Hermés、YSL 等，有不少高所得層級的消費者惠顧。但更多的人，則是在量販店、折扣店、暢貨店、一般平價連鎖店及居家賣場等購買商品。而國內有線電視頻道的分類區隔也是很明顯的例子。由此看來，消費者群真的被分散化、分眾化及小眾化了。每一個區隔出來的消費者，都可以成為一個存在商機的利基生存市場。

(二)消費者心理的移動化：過去大眾消費時代，消費者的心理及需求是較為固定與不變的。但現代消費者的心理，卻是不斷移動、不斷改善及難以捉摸的。例如：以電視臺戲劇而言，從早年港劇風行，到五、六年前日劇流行，直到最近二、三年韓劇崛起等，亦都顯示出消費者心理的移動化。為了因應消費者心理的移動化，使得廠商在行銷對策上，被迫加速創新及改變。例如：統一 7-Eleven 便利商店的奮起湖便當，目前已進展到推出第三代便當的產品改革，而在促銷手法上，推出的買 77 元送 Hello Kitty 3D 磁鐵的凱蒂貓旋風亦再興起。沉寂多時的凱蒂貓，此番又被再度挑動起來，並且吸引廣大女性及小孩消費者群心理。再者，國內各大汽車公司，總要不時推出新款及新品牌新車來賣，否則會賣不好。另外，在消費者心理移動下，現在靠個人的「感覺」及價值基準，就開始購買行銷的人亦漸多了。這種年輕消費群的新消費行動，稱為「直感消費」，代表感覺對了，就會想買、想吃、想去消費，而不會考慮太多價格因素或產品功能因素。

古典行銷學 vs. 現代行銷學

古典行銷學

1. 大眾行銷
2. 無差異行銷
3. 平均化行銷

趨勢改變的七種原因

1. 所得水準兩極化
2. 自主意識增強
3. 年齡層區隔明顯化
4. 人生價值觀不同
5. 生活型態不同
6. 流行風
7. 婚姻觀變調

趨勢改變的兩種新現象

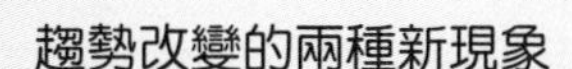

1. 消費者群的分散化、分眾化、小眾化及階層化

   例如：國內有線電視頻道的分類區隔，有人喜歡看新聞頻道、有人喜歡看戲劇頻道、有人喜歡看洋片頻道、有人喜歡看Discovery或國家地理頻道的新知資訊頻道，兒童則喜歡看卡通頻道，更有小眾觀眾喜歡看宗教頻道等。

2. 消費者心理的移動化、改變化、難以捉摸化、不固定化及直觀感覺化

   國內各大汽車公司，每二、三年總要推出新款及新品牌新車來賣，否則一定會賣不好。例如：裕隆風行十年之久的Cefiro終於走進歷史，敵不過豐田的Camry及Lexus。

現代行銷學四大趨勢——行銷致勝對策

1. 尊榮行銷 → 給顧客更高尊榮的感覺
2. 價值行銷 → 給顧客更多價值的感覺
3. 服務行銷 → 給顧客更好服務的感覺
4. 低價行銷 → 給顧客更低價格的感覺

3-6 反古典行銷學四大行銷趨勢 II

過去古典大眾行銷學，遵循著「大眾 = 平均值」的行銷概念早已逝去，而迎接的卻是「分眾 = 階層化 = 差異化」的行銷概念新消費時代已經來臨。在面對前述消費者趨勢改變的兩種新現象，廠商及行銷人員應如何捉住消費者並滿足其消費心理，主要應提供給消費者四個感覺，然後才會較競爭對手更有行銷攻略致勝（winning）的機會存在。這時就可向影響市場幾十年的古典行銷學，說再見了！

二、提供消費者四種感覺

（一）尊榮行銷：日本豐田汽車看到日本高級進口車有很大成長，顯見日本高所得富裕群消費者需求更高檔與更名牌的汽車潛在心理。因此，日本豐田亦開始從美國豐田工廠，進口 120 萬到 300 萬新臺幣之間的 Lexus 高級車，並以年薪 450 萬元新臺幣以上的日本高所得上班族高階主管為主力顧客群。日本豐田在日本東京打造好幾家六星級頂級汽車展示經銷店。其店內裝潢材質一律是最昂貴的純白大理石，再搭配儀容水準極高的服務接待小姐，以及銷售能力最強的高級業務人員解說等。進到六星級 Lexus 展示店，就讓這些富裕群老闆及高所得中產階級們感受到作為 VIP 貴賓的價值感、尊榮感、頂級感及專為你打造的客製化等極佳感受。給他們更高尊榮的感覺，可稱為現代廠商必備的「尊榮行銷」。

（二）價值行銷：其實，不管哪一種階層或分眾顧客群，大家都追尋廠商能提供更多價值，每個消費者都在為價值的代價而消費。上述尊榮感受，對富裕層的人來說，也是一種心理價值。當電影哈利波特第六集上市，在全球大賣幾千萬本，說穿了就是哈利波特這本書或這部電影的人物及故事，具有吸引人的獨特價值存在。例如：百貨公司常在週年慶、年中慶等舉辦購買 5,000 元折 500 元等促銷活動，亦是一種價值回饋的行動。給顧客更多價值感覺，可稱之為「價值行銷」。

（三）服務行銷：給顧客更好的貼心服務與及時服務，一直是廠商努力的方向。最近資訊 3C 廠商推出總統級及六星級家電冷氣安裝服務，甚至是免費安裝服務，目的都在以更好的服務爭取顧客心。另外，還有很多的信用卡、電信、電視購物等業者提供 24 小時無休的客服中心電話服務，亦是朝著更多、更好、更完美的服務方向而努力。因此，給顧客更好服務感覺，可稱之為「服務行銷」。

（四）低價行銷：由於所得兩極化發展日趨明顯，富裕有錢人固然不算少，但中低收入新貧族更多，因為他們也要活下去，因此，廠商如何努力提供更加經濟實惠省錢的產品售價，讓低所得的人，儘量都能買得起，這是一個必要趨勢。國內家樂福、大潤發、屈臣氏、暢貨中心或美國 Walmart 等均以天天都便宜及買貴退差價等為集客訴求，都在凸顯有一大群低所得消費者，每天是活在更低價格的消費環境中。因此，給顧客更低價格感覺，可稱之為「低價行銷」。

四大行銷趨勢

4大行銷趨勢

1. 尊榮行銷

例如：LV高價名牌精品在日本東京總公司的八樓，有一個專為幾百名特許的VIP女性會員，提供最頂級的沙龍招待所服務，包括各種最佳的SPA服務、修理服務、首輪電影播映會觀賞、彩妝服務等。這個八樓特區，可說是為滿足日本東京富裕層顧客的優越感、愉悅感、稀少價值感及尊榮感等所做的行銷活動。

2. 價值行銷

國內有幾家大的信用卡銀行，過去其刷卡累積的紅利積點，都限制卡友們只可以兌換銀行所提供的贈品。可是這些贈品，未必就是消費者心中所需求的東西，只要不是他們所要的東西，這種紅利積點或贈品就毫無價值可言，或者要累積很久才能兌換的遙不可及。但現在這些銀行也了解到這些贈品並無太大價值。因而改變另一種形式，亦即紅利積點可以兌換到7-Eleven、到麥當勞、到各種店面去消費的抵換券，如此就把幾百塊錢的紅利積點活化了，消費者能使用的層面、場所及金額更加普及了，而紅利積點終於有了價值。另外，亦有信用卡與異業結盟，提供各種旅遊、電影、大飯店住宿及餐飲等消費者經常消費地方的各種折扣優待，也是增加了刷卡的心理價值動機。

3. 服務行銷

像美容化妝品公司的會員制、國外名牌精品的VIP會員、電視購物的會員等亦有提供特別的服務給會員，甚至還將會員分級，給予不同的等級對待服務。另外，像便利商店在春節預購年菜、端午節預購粽子、中秋節預購月餅、母親節預購蛋糕等各種預購活動，其實也可視為一種便利服務。

4. 低價行銷

例如：液晶電視及電漿電視持續價格下滑，這就代表著過去不合理偏高價格，無法讓更多中低所得者買得起或願意去買，迫使廠商不得不降價，擴大市場買氣，否則廠商也活不下去，因為量出不來。近一、二年來，零售流通業者擴大各種促銷活動舉辦，目的也是在以折扣價格、特惠低價或贈品贈送等方式來提振買氣。另外，以「誰說35元沒有好咖啡」為訴求的「壹咖啡連鎖店」，也是採取低價策略。

向古典行銷學說再見

過去

大眾 ＝ 平均值

現在

分眾 ＝ 階層化 ＝ 差異化

行銷致勝！

Date ______/______/______

第 4 章

品牌與新產品開發策略

4-1　品牌的商品知覺品質

4-2　新商品成功開發：日本企業三個案例

4-3　新產品、新品牌上市的重要性與成功要因

4-4　新產品開發到上市的流程步驟

4-1 品牌的商品知覺品質

企業如何能令顧客感到物超所值及感到滿意？即商品要讓消費者有知覺品質後，才會有知覺價值，然後才能促進其購買意願。

一、知覺品質與知覺價值（perceived quality & perceived value）

消費者相信下列產品品質的知覺，會影響他們對品牌的態度及行為。

（一）表現（performance）：係指主要的產品操作特徵，消費者對於產品會有低功能、中功能、高功能、很高功能的評量。

（二）特色（features）：係指次要的產品操作特徵，是一種輔助功能之用，消費者會有低特色、中特色、高特色、很高特色的評量。

（三）一致性品質（conformance quality）：產品特性是否和產品說明書（產品標示）所標榜的性能一樣？是否有瑕疵之處？消費者對於是否具有一致性的品質，有低一致性、中一致性、高一致性、很高一致性的評量。

（四）信賴（reliability）：係指每一次的購買，都能夠獲得一致性的功能，消費者會有低信賴、中信賴、高信賴、很高信賴的評量。

（五）耐久性（durability）：係指物超所值的期待，消費者會有低耐久性、中耐久性、高耐久性、很高耐久性的評量。例如：資訊電腦、家電、汽車、房子、材料等耐久性程度如何？

（六）服務性（serviceability）：係指服務是否便捷，消費者會有低服務性、中服務性、高服務性、很高服務性的評量。

（七）風格及設計（style & design）：具高雅感受的外觀，消費者會有低設計性、中設計性、高設計性、很高設計性的評量。

二、商品的品質因素

企業在有形商品及無形服務品質方面，如果做到下列要求，可算是完美了！

（一）有形商品的品質因素：包括 1. 可靠度；2. 耐用性；3. 所帶來的利益；4. 機能性／功能性；5. 外觀造型，以及 6. 包裝、標籤。

（二）無形商品的品質因素：亦可視為服務的五項品質因素。

1. 可靠度：顧客對服務的可信賴度程度。
2. 反應性：廠商認真對顧客的需求及問題的即時反應能力。
3. 保證：如何提供保證性？例如：七天免費鑑賞期可退貨。
4. 同理心：以同理心來服務面前的顧客，能夠感同身受。
5. 有形化：有形商品及無形服務轉變為有形化，例如：以圖片、造型、照片、虛擬人物、真實等展現出有形化。

商品的知覺品質

- 1. 特徵
- 2. 性能
- 3. 員工能力
- 4. 外觀設計
- 5. 服務能力
- 6. 耐久性
- 7. 信賴性
- 8. 品質適合性

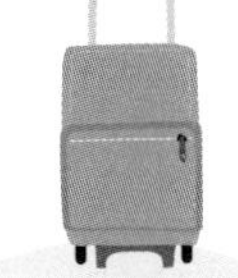

知覺品質

顧客對廠商所提供產品或服務的總體性品質的感受與認知。例如：

(1) 星巴克品質感受
(2) 君悅大飯店品質感受
(3) 出國旅遊品質感受
(4) 新光三越品質感受
(5) 麥當勞品質感受
(6) TOYOTA汽車品質感受
(7) KTV品質感受

企業對某項產品或服務提供知覺品質的開發

(1)高品質提供
(2)品質改善的長期努力
(3)企業文化與員工的行動
(4)對顧客的回應
(5)品質目標的設定及監測
(6)行媒與媒介溝通

實務上，商品開發的組織設計可能負責單位

1. 商品開發部
2. 行銷部（品牌經理／產品經理）
3. 技術研發部
4. 跨部門新商品開發上市專案小組（或委員會）
5. 跨部門既有商品改革專案小組（或委員會）
6. 相關配合支援部門
   (1)採購部（零組件／原物料／包材）
   (2)業務部（營業部）
   (3)製造部
   (4)品保部

高品質（high quality）⇒品牌生命力的根本所在！！！

4-2 新商品成功開發：日本企業三個案例

一、日本 ESTEI 化學日用品公司

ESTEI 日用品是日本中型的化學日用品公司。該公司總經理鈴木喬是一位行動派總經理，為了商品開發的創意，經常自己一個人，每天抽空到零售賣場去了解、查核及探索商品新創意的來源及想法。

該公司最近上市一個稱為「Air Wash」新品牌芳香消臭劑，業績不錯。鈴木喬每天到賣場去向該店店長、店員及來買東西的消費者，詢問問題及蒐集情報，包括了解競爭對手的新商品陳列狀況、訂價、促銷活動、包裝，以及消費者為何選用之原因等。當然，他也會問到消費者為何或不買公司產品的原因為何。

不少人質疑鈴木喬應該坐鎮在辦公室，聽取屬下報告即可，但他拒絕這種方式，他說：「如果我不在賣場，我就會覺得不安，到現場去視察（store watch）是我的精神安定劑。從賣場中，可以培養出自信的判斷力，激發出一些行銷創新的 idea，以及提升危機與革新原動力的來源。」

鈴木喬總結他對商品開發及行銷決策，源自於三項組合，包括 1. 每週 POS 系統的營業統計結果；2. 營業日報表系統的文字分析說明，以及 3. 自己在各種賣場親自的觀察與思考。鈴木喬認為，如果僅憑 POS 資料分析是不夠的，應該再加上「五感分析」，亦即要親自看到、聽到、聞到、問到及摸到。唯有經過扎實的五感鍛鍊，才會增強商品開發討論及行銷決策判斷能力。這不是每天坐在辦公室看營業數據及營業檢討報告所能達成的效果。

二、Honeys 女裝服飾連鎖店

Honeys 是日本一家中型的平價女裝服飾連鎖店，以 15 歲～ 25 歲年輕女性為目標顧客群，全日本已有 400 家店。該公司的獨特商品開發祕技也是集中在 400 家連鎖店的店員身上。由於這上千店員的年齡幾乎都在 25 歲以下，因此正與顧客群相似。該公司要求每週一次，全體店員把他們想要的、喜歡的、看到過的服裝、皮包、配件及飾品等 idea 寫下來或剪下來，送到總公司。然後由各營業區督導及總公司商品開發人員、行銷人員等三方匯聚召開「商品企劃會議」。每週平均要立即決定 70 個新商品品項，然後將設計式樣、材質要求、裁剪規格等，發往中國大陸工廠縫製。從商品企劃到上架銷售，僅需四十天即可完成，速度之快，因為這是流行的行業。

Honeys 公司總經理江崛義久認為：「聽取店員的聲音，是本公司商品開發的起點，因為這上千人的店員，每天都接觸到更多的消費者，了解自己也了解消費者，所以走在流行的最先端，傾聽顧客的聲音固然重要，但我認為在本行業顧客就等於店員，因此，他們每一位都是本公司分布在第一現場的最佳商品開發人員，也是本公司不斷快速成長的支柱力量。」

三、小林製藥公司暢銷商品開發五階段

(一)創意提案

1. 已連續二十五年，全體員工參加「提案制度」。
2. 每月一次舉辦兩天一夜的「創意合宿」會議。

- 從2,003名員工中，蒐集新商品創意，每年約2萬件創意提案。
- 每年從顧客端，蒐集顧客聲音及意見4萬件。

(二)概念立案及試作品完成

1. 由中央研究所及品牌經理負責新產品的企劃到開發完成。
2. 將試用品交給600位固定顧客群試用，並展開家戶訪談及小型焦點座談等調查機制。

- 平均十三個月即完成新商品開發（從idea創意到商品上架銷售）。

(三)銷售戰略規劃檢討

以品牌管理為中心、展開各種行銷企劃活動，包括商品命名、廣告宣傳規劃、媒體公關規劃、通路布置、價格訂定、行銷支出預算、營收預估等。

- 由300人的營業團隊，負責全國營收較大的8,300家店面賣場的安排及促進銷售。

(四)新商品製造與上市銷售

1. 有些商品為控制設備投資，故初期均委外生產。
2. 正式上市銷售。

- 每年有十五個新品項上市銷售，占全年營收額10%。
- 每四年內的新商品上市銷售額，則占全年總營收額35%。

(五)獲利提升

1. 在一段時間後，若產品能獲利，即改為內製，減少外製。
2. 行銷策略因應環境而不斷的調整應變，要求達成預估業績目標。

- 持續改善及降低製造成本（cost down）。

商品開發成功三合一黃金組合——顧客、員工、領導者

從上述三個實務案例來看，打造暢銷且獨特商品的祕技，最主要是將觀點放在顧客、員工及領導者三合一成功的商品開發黃金組合上。

過去長期以來，大家都知道顧客導向，都明瞭對顧客做各種方式的市場調查。除此之外，這還不夠，上千人、上萬人的公司內部員工，其實也是蠻理想及合適的商品創意與開發的有力來源，如何透過有效的管理與激勵機制，以開發出員工們的商品創意潛力，這是未來努力的方向之一。最後，還有商品開發主管、行業主管及高階領導者自身，也都應該經常到第一線營業據點、門市及零售賣場去觀察、詢問、思考及分析所有現場情報，包括競爭對手、自身公司及消費者等3C面向（competitor、company、consumer）的所有最新發展與變化。唯有以腳到、手到、眼到、口到、耳到等親自五到與五感，才能全方位提升行銷決策與經營視野能力。然後，也才會有持續性與長期性的競爭優勢可言。

4-3 新產品、新品牌上市的重要性與成功要因

新產品開發與新產品上市，是廠商相當重要的一件事。但如何才能成功？依據眾多實戰經驗顯示，有其一定要素。

一、新產品上市的重要性

（一）取代舊產品：消費者會有喜新厭舊感，因此產品賣久了之後，可能銷售量會衰退，必須有新產品或改良式產品替代之。

（二）增加營收額：新產品的增加，對整體營收額的持續成長也會帶來助益。如果一直沒有新產品上市，企業營收就不會成長。

（三）確保品牌地位及市占率：新產品上市成功，也可能確保本公司的領導品牌地位及市場占有率的地位。

（四）提高獲利：新產品上市成功，也可望增加本公司的獲利績效。例如：美國蘋果電腦公司，連續成功推出 iPod 數位隨身聽及 iPhone 手機與 iPad 平板電腦，使該公司在這十年內的獲利水準均保持在高檔。

（五）帶動人員士氣：新產品上市成功，會帶動本公司業務部及其他全員的工作士氣，發揮潛力，使公司更加欣欣向榮，而不會死氣沉沉。

二、新產品開發及上市成功十大要素

（一）充分市調，要有科學數據的支撐：從新產品概念的產生、可行性評估、試作品完成討論及改善、訂價的可接受性等，行銷人員都要充分多次市調，以科學數據為支撐，唯有澈底聽取目標消費群的真正聲音，這是新產品成功的首要條件。

（二）產品要有獨特銷售賣點作為訴求點：新產品在設計開發之初，即要想到有何可作為廣告訴求的有利點及對目標消費群有利的所在點。這些即是獨特銷售賣點（unique sales point, U.S.P），作為與別的競爭品牌的區隔，而形成自身的特色。

（三）適當的廣宣費用投入且成功展現

（四）訂價要有物超所值感

（五）找到對的代言人：有時為求短期迅速一炮而紅，可以評估是否花錢找到對的代言人，此可能有助於整體行銷的操作。過去也有一些如右頁成功案例。

（六）全面性鋪貨上架，通路商全力支持：通路全面鋪貨上架及經銷商全力配合主力銷售，也是新產品上市成功的關鍵。這是通路力的展現。

（七）品牌命名成功：新產品的命名若能很有特色、很容易記憶、很好喊出來，再加上大量廣宣的投入配合，此時品牌知名度就很容易打造出來。

（八）產品成本控制得宜：產品要低價，則其成本就得控制得宜或向下壓低，特別是向上游原物料或零組件廠商要求降價是最有效的。

（九）上市時機及時間點正確

（十）堅守及貫徹「顧客導向」的經營理念

新產品開發及上市成功十大要素

1. 充分市調，要有科學數據的支撐
2. 產品要有獨特銷售賣點作為訴求
3. 適當的廣宣費用投入且成功展現
4. 訂價要有物超所值感
5. 找到對的代言人
6. 全面性鋪貨上架，通路商全力支持
7. 品牌命名成功
8. 產品成本控制得宜
9. 上市時機及時間點正確
10. 堅守及貫徹顧客導向的經營理念

（3.）新產品沒有知名度，當然需要適當的廣宣費用投入，並且將好的創意成功呈現出來，以打響這個產品及品牌知名度，有了知名度就會有下一步可走，否則走不下去。因此，廣告、公關、媒體報導、店頭行銷、促銷等要好好規劃。

（4.）新產品訂價最重要是讓消費者感受到物超所值。尤其在景氣低迷消費保守環境中，不要忘了平（低）價為主的守則。「訂價」是與「產品力」的表現相對照的，一定要有物超所值感，消費者才會再次購買。

（5.）例如：SK-II、台啤、白蘭氏雞精、資生堂、City Café、Sony Ericsson手機、張君雅碎碎麵、阿瘦皮鞋、維骨力、維士比等。代言人一年雖花500萬～1,000萬之間，但效益若有產生，仍是值得的。

（7.）例如：City Café、維骨力、Lexus汽車、iPod、iPhone、iPad、三星Galaxy、Facebook（臉書）、SK-II、林鳳營鮮奶、舒潔、舒酸定牙膏、白蘭、潘婷、多芬、黑人牙膏、王品牛排餐廳等。

（9.）有些產品上市要看季節性，要看市場環境的成熟度，若時機不成熟或時間點不對，則產品可能不容易水到渠成，要先吃一段苦頭，容忍虧損，以等待好時機到來。

（10.）最後，成功要素的歸納總結點，即是行銷人員及廠商老闆們，心中一定要時刻存著「顧客導向」的信念及作法，在此信念下，如何不斷的滿足顧客、感動顧客、為顧客著想、為顧客省錢、為顧客提高生活水準、更貼近顧客、更融入顧客的情境，然後不斷改革、創新，以滿足顧客變動中的需求及渴望。能夠做到這樣，廠商行銷沒有不成功的道理。

產品創新成功案例

1. 統一超商 City Café
   - 每年賣出2億杯City Café
   - 每杯平均單價40~50元
   - 合計營收：90億／年
   - → 全國最大咖啡連鎖店，超過星巴克40億之營收
2. 統一超商鮮食便當、涼麵
   - 每年賣出9,000萬個鮮食便當
   - 每個平均售價60元
   - 合計營收：54億／年
   - → 全國最大便當公司
3. 統一超商自創品牌
   - iseLect
   - 7-Eleven
   - Open將
4. 統一超商多媒體機
   - ibon：・購票 ・繳費 ・查詢 ・下載

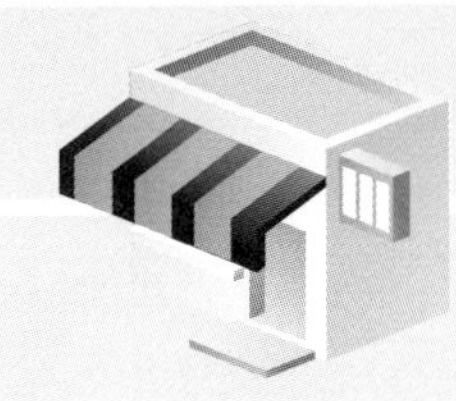

4-4 新產品開發到上市的流程步驟

廠商從新產品開發到上市是一個複雜的過程，如下圖所示，並簡述如下：

一、概念產生——新產品概念或創意的產生

這些概念或創意的產生來源可能包括：1. 研發（R&D）部門主動提出；2. 行銷企劃部門主動提出；3. 業務（營業）部門主動提出；4. 公司各單位提案的提出；5. 老闆提出；6. 參考國外先進國家案例提出，以及 7. 委託外面設計公司提出。

二、可行性初步評估——針對新產品的概念及創意

公司相關部門可能會組成跨部門的新產品審議小組，針對新產品的概念及創意，展開互動討論，並評估是否具有市場性及可行性。這個新產品審議小組成員，可能包括業務、行銷企劃、研發、工業設計、生產、採購等六個主要相關部門。可行性的評估要點，包括：1. 市場性如何？是否能夠賣得動？2. 與競爭者的比較如何？是否具有優越性？ 3. 產品的獨特性如何？差異化特色如何？創新性如何？ 4. 產品的訴求點如何？ 5. 產品的生產製造可行性如何？ 6. 產品原物料、零組件採購來源及成本多少？ 7. 產品的設計問題如何？能否克服？8. 國內外是否有類似性產品？發展如何？經驗如何？ 9. 產品的目標市場為何？需求量是否能夠規模化？ 10. 產品的成功要素如何？可能失敗要素又在哪裡？如何避免？ 11. 產品的售價估計多少？市場可否接受？

三、試作樣品——可行後，做出試作品

通過可行性評估之後，即由研發及生產部門展開試作樣品，以供後續各種持續性評估、觀察、市調及分析的工作。

四、展開市調

在試作樣品出來之後，新產品審議小組即針對試作品展開一連串精密的與科學化的詳實市調及檢測。市調項目可能包括包裝、設計、品味、功能、品質、包材、品名（品牌）、訂價、訴求點等展開消費者市調工作，以確認市場可行性。

五、試作品改良——根據市調，持續性進行改良及再市調

試作品針對各項市調及消費者的意見，將會持續性展開各項的改良、改善、強化、調整等工作，務使新產品達到最好的狀況呈現。改良後的產品，常會再一次進行市調，直到消費者表達滿意及 OK 為止。

六、訂價格——業務部決定價格

業務部將針對即將上市的新產品展開訂價決定的工作。訂定市場零售價格及經銷價格是重要之事，價格訂不好，將使產品上市失敗，如何訂一個合宜、可行且市場又能接受的價格，是要多方考慮諸多因素的。

七、評估銷售量

業務部應根據過去經驗及判斷力，評估這個新產品每週或每月應該可有的銷售量，避免庫存積壓過多或損壞，並且準備即將進入量產計畫。

八、鋪貨上架

業務部同仁及各地分公司或辦事處人員，即應展開全省各通路全面性鋪貨上架的連繫、協調及執行的實際工作。鋪貨上架務必盡可能普及到各種型態的通路商及零售商。尤其是占比最大的各大型連鎖量販店、超市、便利超商、百貨公司專櫃、美妝店等。

九、舉行新產品上市記者會

在一切準備就緒之後，行銷企劃部就要與公關公司合作或是自行舉行新產品上市記者會，以作為打響新產品知名度的第一個動作。

十、廣宣活動展開

鋪好貨幾天後，即要迅速展開全面性整合行銷與廣宣活動，以打響新品牌知名度及協助促進銷售。

十一、觀察及分析銷售狀況

上市後，業務部及行企部必須共同密切注意每天傳送回來的各通路實際銷售數字及狀況，了解是否與原訂目標有所落差。

十二、檢討改善

最後，若是暢銷，就應歸納出上市成功的因素。若是銷售不理想，則應分析滯銷原因，研擬因應對策及改善計畫，即刻展開回應與調整。若一個新產品在一個月內無起色，就會陷入苦戰；若三個月內救不起來，則可能要考慮放棄下架，而宣告上市失敗，並記取失敗因素。若是銷售普遍，則可以持續進行改善，一直到轉好為止。

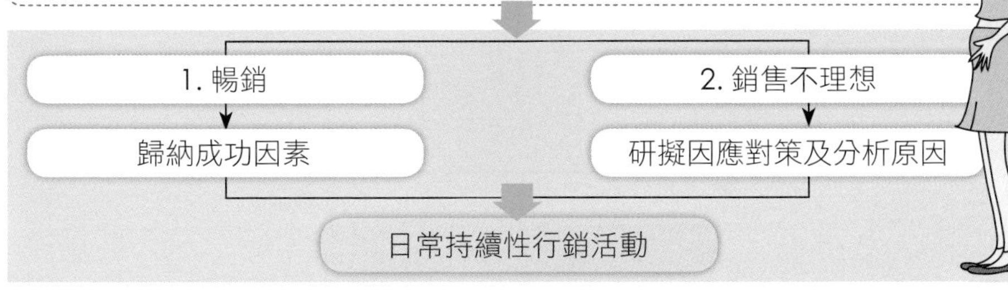

Date ______/______/_____

第 5 章
品牌與訂價策略

5-1　品牌訂價的基本認識與重要性

5-2　品牌經營的損益表必備觀念

5-3　影響品牌訂價的因素與價格帶觀念

5-4　品牌的加成訂價法

5-5　品牌的其他訂價法及新產品訂價法

5-6　品牌的毛利率觀念

5-1 品牌訂價的基本認識與重要性

試問訂價重要嗎？你會從哪個面向回答，是從消費者、廠商，還是競爭者？

一、訂價基本認識

(一) 訂價（pricing）為什麼重要？因為訂價攸關於 1. 產品能不能順利賣出去？有沒有競爭力？ 2. 公司是不是可以賺錢？可以賺多少錢？多或少？

(二) 訂價若不合理偏高，會如何？首先，消費者不易接受；其次，賣出去的量，會很少；最後，業績不佳！

(三) 訂價若不合理偏低，會如何？可能導致的結果包括 1. 公司可能不敷成本而虧錢；2. 公司可能會少賺錢，獲利偏低；3. 產品有可能被定位為廉價品，品牌形象不易拉高，以及 4. 有可能會陷入低價格戰的不利狀況。

(四) 訂價五大準則：包括 1. 合理、合宜；2. 消費者有物超所值感；3. 公司獲利適中，既沒暴利，也不會沒賺錢；4. 要有長期生存的競爭力，以及 5. 要與產品定位相契合。

二、訂價重要性分析的面向

訂價對廠商當然是非常重要的，因為這牽涉到下列三個面向，值得深思。

(一) 從競爭者對手看：當你的其他競爭對手，用低價割喉戰攻擊時，如果應對不當或不夠即時，可能會喪失市場領導地位。可是，如果你也跟著降低，有時也會產生不小損失。例如：蘋果日報從香港到臺灣，進軍報業市場，幾年來，由於當初 10 元低價策略成功，再加上該報編輯手法與內容的差異化，使該報閱報率，在短短三年內，即已追過中國時報、聯合報，而逼進自由時報。蘋果日報曾以 10 元訂價，其實虧錢在經營。但此舉也迫使中國時報及聯合報，不得不將原來 15 元訂價，同時下調到 10 元訂價。這樣一來，該二大報的淨損失如右圖所示，一年實際損失高達 9 億元，因此不要小看一份報紙降 5 元。難怪近幾年來，國內各大報業幾乎不賺錢。

(二) 從消費者看：當廠商推出一個新商品或改良式商品上市時，它所訂的價位，對消費者而言，是否可以接受，與競爭品牌比較，是否具有競爭力。如果訂價太高或太低的不適當，使其無法被消費者認同或接受時，商品可能會滯銷，而失敗下市，或是無法成為知名品牌商品。

(三) 從公司自身損益來看：公司訂多少價格，基本上仍要先考量到「有沒有賺錢」或「不能虧賣」。但到底賺多少利潤才是最恰當，這必須依賴右圖所列因素決定。當然也有少數狀況下，公司為了某種大戰略、大政策及大目標，會以虧錢方式來訂價格策略，也是曾有的例子。不過畢竟不多，而且也不是常態。

訂價五大準則

1. 合理、合宜！
2. 有物超所值感！
3. 公司獲利適中！
4. 要有長期生存競爭力！
5. 要與產品定位相契合！

訂價重要性分析三面向

競爭對手訂價策略的殺傷力

舉例：蘋果日報

蘋果日報進入臺灣

初期每份10元

迫使國內聯合、中時、自由，從15元降為10元

每年減少9億元收入

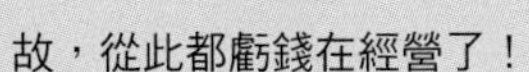

2. 從消費者看

對消費者而言，是否可以接受，與競爭品牌比較，是否具有競爭力。

3. 從公司自身損益來看

公司賺多少利潤才是最恰當的，這必須依賴很多因素來決定，包括(1)商品的特色；(2)獨特性；(3)流行性；(4)生命週期；(5)競爭環境；(6)公司基本政策；(7)公司當前的策略行動原則；(8)消費者的需求性，以及(9)其他因素等。

訂價重要性分析三面向

5-2 品牌經營的損益表必備觀念

對於行銷訂價的知識，首先應該對公司每週及每月都必須即時檢討的「損益表」（income statement），有一個基本的認識及知道如何應用才可以。

一、損益簡表項目

營業收入（Q×P→銷售量×銷售價格）
－ 營業成本（製造業稱為製造成本，服務業稱為進貨成本）

營業毛利（毛利率，gross margin或毛利額）（毛利率=毛利額÷營業收入）
－ 營業費用（管銷費用）

營業損益（賺錢時，稱為營業淨利；虧損時，稱為營業淨損）
± 營業外收入與支出（指利息、匯兌、轉投資、資產處分等）

稅前損益（賺錢時，稱為稅前獲利；虧損時，稱為稅前淨損）
－ 稅負

稅後損益（稅後獲利或稅後淨損）
÷ 在外流通股數

每股盈餘（EPS, earnings per share）（稅前EPS及稅後EPS）

二、分析與應用

（一）當公司呈現虧損時，有哪些原因？可能是 1.「營業收入額」不夠，其中又可能是銷售量（Q）不夠，也可能是價格（P）偏低所致；2.「營業成本」偏高，其中包括製造成本中的人力成本、零組件成本、原料成本或製造費用等偏高所致，如是服務業則是指進貨成本、進口成本或採購成本偏高所致；3.「營業費用」偏高，包括管理費用及銷售費用偏高所致，即指幕僚人員、房租、銷售獎金、交際費、退休金提撥、健保費、勞保費、加班費等是否偏高；4.「營業外支出」偏高所致，包括利息負擔（借款太多）、匯兌損失大、資產處分損失、轉投資損失等。

（二）如何掌握損益？基本上，公司對某商品的訂價，應是看此產品或公司毛利額，是否 cover（超過）該產品或該公司每月管銷費用及利息費用。如有，才算是能賺錢的商品或公司。廠商應該都很有豐富的過去經驗，去抓一個適當的毛利率或毛利額。例如：某一個商品的成本是 1,000 元，廠商如抓 30% 毛利率，即是會將此產品訂價為 1,300 元左右，亦即每個商品可以賺 300 元毛利額，如果每月賣出 10 萬個，表示每月可以賺 3,000 萬元毛利額。如果這 3,000 萬元毛利額，可以 cover 公司的管銷費用及利息，就代表公司該月可以獲利賺錢了。

（三）每天面對變化很大：不管從 Q（銷量）或 P（價格）來看，這二個也都是動態的與變化的。因為本公司每月的 Q 與 P 是多少，牽涉到了諸多因素的影響。包括 1. 本公司內部因素，例如：廣宣費支出、產品品質、品牌、口碑、特色、業務戰力等；2. 本公司外部因素，例如：競爭對手的多少、是否供過於求、是否打促銷戰或價格戰、市場景氣好不好等。

舉例——三種狀況（○○年○○月分）

狀況1：獲利	狀況2：損益平衡	狀況3：虧損
1.營業收入：2億 2.營業成本：(1.4億) 3.營業毛利：6,000萬 4.營業費用：(4,100萬) 5.營業淨利：1,900萬 6.營業外收支：100萬 7.稅前損益：2,000萬	1.營業收入：1.8億 2.營業成本：(1.4億) 3.營業毛利：4,000萬 4.營業費用：(4,100萬) 5.營業淨利：(100萬) 6.營業外收支：100萬 7.稅前損益：0萬	1.營業收入：1.6億 2.營業成本：(1.4億) 3.營業毛利：2,000萬 4.營業費用：(4,000萬) 5.營業淨利：(2,000萬) 6.營業外收支：100萬 7.稅前損益：(1,900萬)
・毛利率： 6,000萬÷2億=30% ・稅前獲利率： 2,000萬÷2億=10% ・營業外收入100萬元指銀行利息收入	・毛利率： 4,000萬÷1.8億=22% ・稅前獲利率 0萬÷2億=0%	・毛利率： 2,000萬÷1.6億=12.5% ・稅前獲利率 -1,900萬÷2億= -9.5%
【分析狀況1】表示某公司在某月分的營業收入及營業成本均正常，故有營業毛利計6,000萬元，平均毛利率為三成，符合一般水準；再扣除營業費用4,100萬元，故稅前淨利2,000萬元，稅前獲利為10%，合理水準。	【分析狀況2】表示營業收入有些滑落，故該月分不賺不賠，成為損益平衡狀況。	【分析狀況3】表示某公司在某月分的營業收入不足，從2億掉到1.6億元，故毛利額減少了4,000萬元，不過已支付其每月的營業費用額4,000萬元，故虧損2,000萬元。

案例① 臺灣P&G（寶僑）公司洗髮精4品牌BU的每月損益表

	1.潘婷	2.海倫仙度絲	3.飛柔	4.沙宣
營業收入	○○○○	○○○○	○○○○	○○○○
－(營業成本)	(○○○○)	(○○○○)	(○○○○)	(○○○○)
營業毛利	○○○○	○○○○	○○○○	○○○○
－(營業費用)	(○○○○)	(○○○○)	(○○○○)	(○○○○)
營業損益	○○○○	○○○○	○○○○	○○○○
±(營業外收支)	(○○○○)	(○○○○)	(○○○○)	(○○○○)
稅前損益	○○○○	○○○○	○○○○	○○○○

註：BU制（business unit）即獨立單位的責任利潤中心體制。

案例② 某食品飲料公司四種產品線的每月損益表

	1.鮮乳產品	2.茶飲料產品	3.果汁產品	4.咖啡飲料
營業收入	○○○○	○○○○	○○○○	○○○○
－(營業成本)	(○○○○)	(○○○○)	(○○○○)	(○○○○)
營業毛利	○○○○	○○○○	○○○○	○○○○
－(營業費用)	(○○○○)	(○○○○)	(○○○○)	(○○○○)
營業損益	○○○○	○○○○	○○○○	○○○○
±(營業外收支)	(○○○○)	(○○○○)	(○○○○)	(○○○○)
稅前損益	○○○○	○○○○	○○○○	○○○○

5-3 影響品牌訂價的因素與價格帶觀念

當廠商要決定一個產品價格時，大致考慮之因素有以下八點，茲說明之。

一、影響訂價決定的八個基本因素（basic factors pricing）

（一）產品之獨特程度（Distinctiveness）：當產品愈具有設計、功能及品質或品牌上之特色時，其對價格選擇的自主權就會比較高；反之，則幾無任何訂價政策可言。例如：LV、Prada、Chanel、BENZ、Lexus 等名牌皮件、服飾及高級轎車等。

（二）需要程度性質（demand condition）：此產品對消費者需求的程度愈高，表示消費者沒有辦法不要這類產品，因此，訂價之自主權也會較高。例如：日劇或韓劇流行時，各電視臺均會搶著要購買版權，韓國電視臺的版權出售訂價也就會拉高。

（三）產品成本性質（cost condition）：訂價在正常情況自然必須高於成本，才有利潤可言。當然有時為促銷產品而低於成本出售，以求得現金之現象，或為搶占客戶現象也有，但畢竟非屬常態。

（四）競爭對手狀況（competition condition）：當廠商在幾近完全競爭的消費品市場上，並無任何領導性地位時，其訂價必然要考慮到競爭對手之價格，此乃識時務者為俊傑之作法。第二品牌經常會以低價競爭策略，攻擊第一品牌的市占率。但有時也會跟隨第一品牌，大家有默契的撈好處。

（五）合理性程度（reasonable condition）：影響訂價的另一個因素，就是消費者覺得合理，甚至有物超所值的感受。

（六）市場整體景氣狀況如何：景氣好，可能調高價格；反之，可能調降。

（七）品牌定位如何：品牌定位在高級品，則價格就會高一些。

（八）促銷期與否：影響訂價的最後一個因素，就是是否處在促銷期間，促銷期的價格會低一些。

二、價格帶（price zone）的概念

如右圖所示，廠商心中會有下列幾個價格的概念：

（一）價格下限：此即產品或服務訂價不應該低於成本以下，否則就會虧錢。但有短期狀況時，價格也有可能低於成本，那是因為促銷的緣故。

（二）價格上限：此即指產品訂價不應該超過消費者大多數人的上限知覺，超過了，代表訂價太貴，買的人將較少。

（三）消費者可接受的價格帶：此即指在價格下限及價格上限兩者之間，依公司的決定，最後在此價格帶內，再決定最後一個價格是多少。

廠商在操作訂價實務上，通常採取右圖四個步驟，以決定產品或服務價位。

影響訂價決定八個基本因素

1. 產品獨特程度

2. 需求度
依消費者對此產品的需求程度而定

3. 產品成本性
依產品的製造成本或進貨成本多少而決定

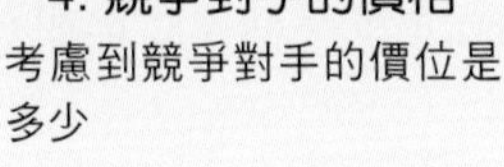

4. 競爭對手的價格
考慮到競爭對手的價位是多少

價格訂定

5. 合理性程度
消費者覺得合理、滿足，甚至物超所值的可接受價格

6. 整體景氣狀況如何

7. 品牌定位如何

8. 促銷期與否

價格帶

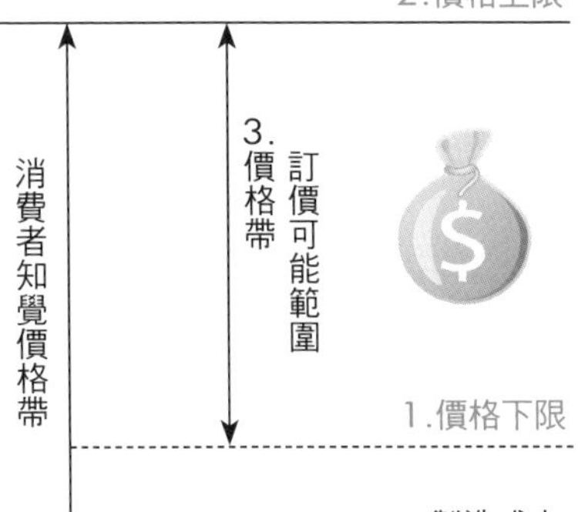

影響廠商訂某個商品價格的因素

(1) 製造成本多少

(2) 市場的供需狀況

(3) 市場競爭激烈的程度

(4) 消費者的知覺價格（價值）

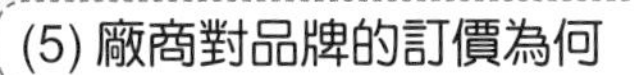

(5) 廠商對品牌的訂價為何

(6) 其他因素

廠商在操作訂價實務上的四個步驟

第1步	先依據各種內外部如前述所提的各種影響訂價的因素，加以衡量，然後訂出一個可能的「價格帶」。
第2步	然後在此價格帶內，再深入分析各項變化因素及主客觀因素，以及可能的市調結果，然後再訂出一個或二個的多元可供選擇性訂價方案。
第3步	再與大型零售商及經銷商討論哪一個價格方案比較理想、可行及賣得動，並且，可能就此決定價位為多少。
第4步	在推出市場後，機動看待市場的反應度及接受度。若無法接受，則須立即調整價位；若可接受，則就此正式定案一陣子。

5-4 品牌的加成訂價法

目前各大、中、小型企業中，最常見訂價方法，依然是成本加成法。此即指在產品成本上，加上一個想要賺取或至少應有的加成比例。

一、加成比例應該多少才合理（五成～七成）

那麼加成比例應該多少才合理？實務上，並沒有一個固定或標準，而是要看產業別、行業別、公司別而有所不同。

一般來說，比較常態的加成比例，實務上在五成～七成之間是合理且常見的。但是有些情況是例外的：

1. 化妝保養品、健康食品、國外名牌精品或創新性剛上市新產品的加成率，則可能超過七成以上，也是常有的。

2. 資訊電腦外銷工廠的加成率，由於它的出口金額很大，故加成率會較低，大約在 15% ～ 30% 之間，競爭很激烈。

3. 一般街上飲食店面，其加成率也會在 100% 以上。例如：一碗牛肉麵的加成率就會在 50% 以上，至少要賺一倍以上。

二、毛利率的用途

當加成率在五～七成之間時，經換算毛利率，大致在三～四成，故一般企業合理及常態的毛利率應在 30% ～ 40%（即三～四成）之間。

毛利比例主要是用來扣除管銷費用的。公司產品的售價在扣除產品的成本之後，即為營業毛利額，然後再扣除營業費用後，才為營業損益額（賺錢或虧錢）。例如：桃園工廠生產一瓶鮮乳飲料，若售價扣除這瓶飲料的製造成本，即成營業毛利，然後，再扣除臺北總公司及全國分公司的管銷費用之後，即成為營業獲利或營業虧損。因此，毛利率若低於一定應有比例，則顯示公司訂價可能偏低，而使公司無法 cover（涵蓋）管銷費用，故而產生虧損。當然，毛利率若訂太高，售價也跟著升高，則可能會面臨市場競爭力或價格競爭力不足的不利點。

總之，毛利率通常都會在一個合理的比例間，既不能太高，也不宜太低。毛利率應該會受到市場競爭的自然制約，以及這個行業的自然規範。

三、毛利率與價格的互動關係

毛利率與價格兩者之間是彼此正向互動的。毛利率上升，即代表價格上升；毛利率下降，即代表價格下降。反之，如果公司價格下降（降價出售），也代表產品的毛利率會下降（減少）；公司價格上升（提高售價），也代表產品的毛利率跟著上升。當然，毛利率上升，價格上升，但獲利率卻不一定上升，有時也可能使銷售量減少，而使獲利下降。

成本加成法

成本 ＋ 加成率（50% ～ 70%）＝ 訂價

舉例：1,000 元 / 件 ＋ 500 ～ 700 元 (50%~70%) ＝ 1,500 ～ 1,700 元

案例如下所示：
成本加成法（cost-plus 或 mark-up）
即：產品成本＋加成率（通常為 50% ～ 70% 之間，視不同行業而定）
例如：一瓶飲料（茶裏王）

8 元 → 12 元 → 15.6 元 → 20 元 → 消費者

- 8 元：‧統一工廠製造成本
- 12 元：‧工廠出貨給全省各縣市飲料經銷商 ‧統一工廠拿五成加成率
- 15.6 元：‧經銷商出貨給零售據點的價格 ‧經銷商拿三成加成率
- 20 元：‧最後零售賣場標價20元，賣給消費大眾 ‧零售賣場拿三成加成率

成本加成法之案例

（一）書籍

出版社 120元 →（賺加成率）→ 總經銷商 160元 →（賺加成率）→ 誠品書店零售 210元 →（賺加成率）→ 消費者 300元

原廠成本占最終零售價40%

（二）小筆電

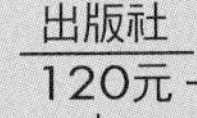

工廠 6,000元 →（賺加成率）→ 總經銷商 7,200元 →（賺加成率）→ 電腦經銷店 8,500元 →（賺加成率）→ 消費者 10,000元

原廠成本占最終零售價60%

（三）化妝保養品

進口商 800元 →（賺加成率）→ 新光三越百貨公司 1,300元 →（賺加成率）→ 消費者 2,000元

原廠成本占最終零售價40%

5-5 品牌的其他訂價法及新產品訂價法

除了前述最基本普及的成本加成法（或毛利率成數法），其實，還有其他各種狀況時的訂價法，以下說明之。

一、其他常用訂價方法

（一）尊榮訂價法：又稱名牌訂價法或頂級產品訂價法。例如：國外名牌精品、珠寶、鑽石、轎車、服飾、化妝保養品、仕女鞋等均屬之。

（二）習慣訂價法：係指一般性或常購性產品的價格。例如：報紙 10 元、飲料 20 元等。

（三）尾數訂價法：係指一般讓消費者感到便宜些，不能超過另一個百元或另一個千元，故訂價在 99 元、199 元、299 元、399 元、999 元、1,999 元、2,999 元等均屬之。

（四）差別訂價法：係指企業在不同時間、不同節日、不同季節、不同組合、不同身分、不同數量等而有不同的差別訂價。例如：遊樂區在夜間的售價就便宜些、鮮奶在冬季就便宜些。

（五）促銷折扣訂價法：這是目前非常常見的，到處都可以看到各賣場、各門市店貼出折扣的促銷海報及價格。

二、新上市產品的傳統訂價法

依照傳統舊的外國教科書，對新產品上市的訂價法，除了用「吸脂訂價法」與「滲透訂價法」兩種方法解釋之外，還有第三種介於極高與極低價位兩者之間的上市價格的「平價訂價法」。

（一）吸脂訂價法（高價法）：即一開始上市半年、一年間，絕對採取高價位。例如：iPod、液晶 TV、數位相機、MP4、3G 手機、PDA 等產品均常見如此。不過，一旦其他品牌也出來時，此高價位就會快速滑落了。

（二）滲透訂價法（低價法）：即一開始上市，就採用超低價格，想要消費者買得起，造成市場缺貨，形成暢銷產品，並奪取高的市占率。

（三）平價訂價法：除了傳統上述兩種方法之外，還有第三種，那就是「平價訂價法」。此即指介於極高與極低價位兩者之間的上市價格，這是非常常見的。此乃為使消費者有物超所值之感，並形成口碑，而做的口碑行銷。

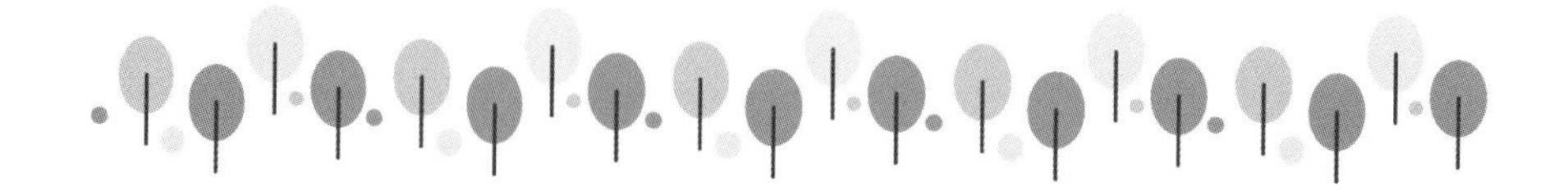

行銷的其他常用訂價方法

1. 尊榮（名牌）訂價法

2. 習慣訂價法

EX：報紙10元
　　飲料20元

3. 尾數訂價法

EX：990元　399元　499元
　　　　　999元　199元

4. 差別訂價法

EX：不同組合、不同節日、不同時間、不同身分、不同數量而有不同作法

5. 促銷折扣訂價法

EX：週年慶八折起

6. 新上市產品訂價法

(1)吸脂訂價法
一開始採取高價訂價法
EX：剛上市的液晶TV、4G手機、PDA等
(2)滲透訂價法
一開始採取低價訂價法 ，獨占市占率
(3)平價訂價法

價格訂定方法及策略議題

訂價格三種方法

1. 看成本多少而加碼訂定
2. 看競爭對手訂多少價格而訂定
3. 看本身產品的定位、品質及價值而訂定

五種價格策略的議題

1.新品上市怎麼訂價
2.某一產品線系列怎麼訂價
3.二個產品線以上的產品組合策略怎麼訂價
4.面對各種狀況時的價格調整策略
5.面對長期降低趨勢之價格策略

價格與價值決定的二種不同思維

1. 傳統：以成本加減法為基礎而訂出價格

商品 → 成本（cost）＋利潤 → 價格 → 價值 → 顧客

2. 以價值為基礎而訂出價格

顧客 → 價值 → 價格 → 成本（cost）＋利潤 → 商品

以顧客為最起源思考點

5-6 品牌的毛利率觀念

何謂毛利率？即廠商產品的出貨價格扣掉其製造成本，就是毛利率或毛利額；或是零售商店面零售價格扣掉進貨成本，也就是該產品的毛利率或毛利額。

一、毛利率的計算公式

從上述毛利率的說明，可以得知其計算公式如下：

(一) 製造業：

1. 出貨價格－製造成本＝毛利額

2. 毛利額 ÷ 出貨價格＝毛利率

例如：某廠商出貨某批商品，其出貨價格每件為 1,000 元，而其製造成本為 700 元，故可賺到毛利額 300 元及毛利率為 30%，即三成毛利率之意。

(二) 服務業：例如：店頭標貼零售價格為 1,200 元，而進貨價格為 1,000 元，故每件可賺 200 元毛利額及毛利率為 20%，即二成毛利率之意。

二、毛利率因各行各業有所不同

毛利率的確因各行各業而有所落差不同，茲舉例說明如下：

(一) OEM 代工外銷資訊電腦業——低毛利率：其毛利率很低，大概只有 5% ～ 10% 之間，遠低於一般行業的 30%。主要是因為該 OEM 代工製造業的接單金額累計很高，一年下來，經常到 1,000 億、2,000 億之多，因此，即使只有 5% 的毛利率，但如果營業額達到 2,000 億，那麼算下來（2,000 億 ×5% ＝ 100 億），也有高達 100 億的毛利額；那再扣掉全年公司的各種管銷費用，假設一年為 20 億元，那還淨賺獲利 80 億元，故仍是賺錢的。這是目前臺灣很多 OEM 代工外銷業的毛利率實施。

(二) 一般行業——平均中等的 30% ～ 40% 毛利率：大部分一般行業的毛利率，大約在 30% ～ 40% 之間，亦即三成到四成之間。這是一個合理產業的合理毛利率。例如：傳統製造業的食品、飲料、服飾、汽車、出版品、鞋子、電腦等；或是大眾服務業，例如：速食餐飲、便利商店、大飯店、資訊 3C 連鎖店等均屬之。如果平均毛利率控制在 30%，然後再扣掉 15% ～ 25% 的管銷費用率，那麼在不景氣下的稅前獲利率應該在 5% ～ 15% 之間，也算合理。

(三) 化妝保養品、保健食品行業，平均高毛利率，至少 50% ～ 150%：有少數產品類別，其毛利率非常高，至少在 50% ～ 150% 之間，例如：化妝保養品或保健食品。一瓶保養乳液，假設售價 1,000 元，其成本可能只有 200 元或 300 元，但是其管銷費用率比較高，因為含括大量的電視、廣告費投資及銷售人員高比例的銷售獎金在內。扣除這些高比例的管銷費用率，其合理的獲利率，大約也只在 15% ～ 30% 之內，並沒有超額的高獲利率。

最常用訂價方法——成本加成法

產品成本 ＋ 加成率 % ＝ 價格

EX：液晶電視機（40吋）
成本：10,000元
＋毛利率50%：5,000元
價格：15,000元

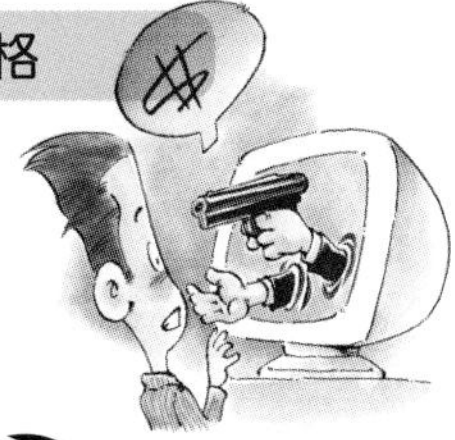

毛利率應賺多少？

合理、一般性、平均：30%~40%之間

較高的：40%~60% 之間

特高的：60%~100%之間，例如：國外名牌精品

毛利額賺多少？

・EX：

一年營收額	10億元
	×30%毛利率
	毛利額3億元

獲利額賺多少？

毛利額	3億元	
－營業費用	2億元	
淨賺	1億元	（獲利率為10%）

獲利率應多少？

視行業別而不一定

- 較低的：3%~6%，例如：百貨零售業
- 一般中等的：6%~15%
- 較高的：15%~30%
- 特高的：30%~50%，例如：國外名牌精品

品牌訂價與獲利關係

訂價法	毛利率	淨利率
1.極高訂價法	毛利率：70% 以上	淨利率：30% 以上
2.高價訂價法	毛利率：50% 以上	淨利率：20% 以上
3.平價訂價法	毛利率：30% 以上	淨利率：10% 以上

Date ______/______/______

第 6 章 品牌與通路策略

6-1 品牌的通路策略基本認識
6-2 國內最主要的實體通路與虛擬通路
6-3 品牌多元化上架趨勢
6-4 品牌直營門市店與網路通路上架
6-5 品牌對大型零售商與經銷商的通路策略

6-1 品牌的通路策略基本認識

如果品牌是宗教信仰，那麼通路就是王道。要能夠貨暢其流，通路是最大關鍵。

一、行銷通路的重要性

行銷通路（marketing-channel）為什麼很重要？原因如下：

(一) 什麼是通路：所謂「通路」，就是廠商把產品賣出去（銷售出去）的地方！

(二) 什麼是銷售管道：而「銷售管道」就是將產品透過通路賣出去（銷售出去），才有營收，才有利潤，而公司也因此生存下去。所以，「通路」很重要！

二、通路包括哪些？

(一) 賣東西的地方：通路就是賣東西的地方，但在哪些地方賣東西呢？這些地方包括了 1. 便利超商；2. 大賣場；3. 超市；4. 百貨公司；5. 購物中心（shopping mall）；6. 雜貨店；7. 門市店經銷商；8. 加盟店；9. 購物網站；10. 型錄；11. 手機購物；12. 自動販賣機，以及 13. 直銷人員面對面。

(二) 通路類型：

1. 主要通路：實體通路，占 80%。例如：有店面的通路。

2. 次要通路：虛擬通路，亦即無店鋪銷售的通路，占 20%。例如：網路購物、電視購物、手機購物、型錄購物、預購、直銷、DM 購物。

3. 通路結構：可分成四種階層類型，從零階通路、一階通路、二階通路到三階通路，每一個通路都要賺一手！而這四種階層通路之說明，請見右圖所示。

4. 為什麼需要層層通路呢？因為廠商，不論國內工廠或國外工廠，產品都不可能直達消費者手中，如下圖所示。

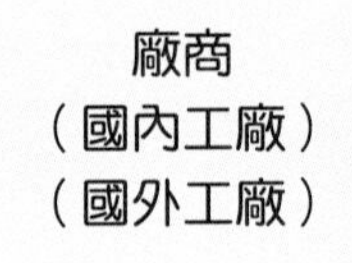

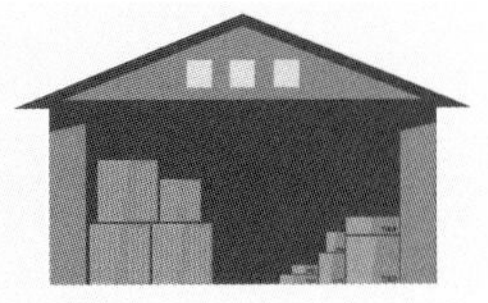

5. 為什麼不可能直達消費者手上？原因在於廠商沒有能力來自建自己的零售通路店面。因為：(1) 要花錢；(2) 要花人力；(3) 這不是廠商的專長。

通路階層的四大種類

1.零階通路

又稱直接行銷通路。例如：安麗、克緹等直銷公司或電視購物、型錄購物、網路購物等均是。

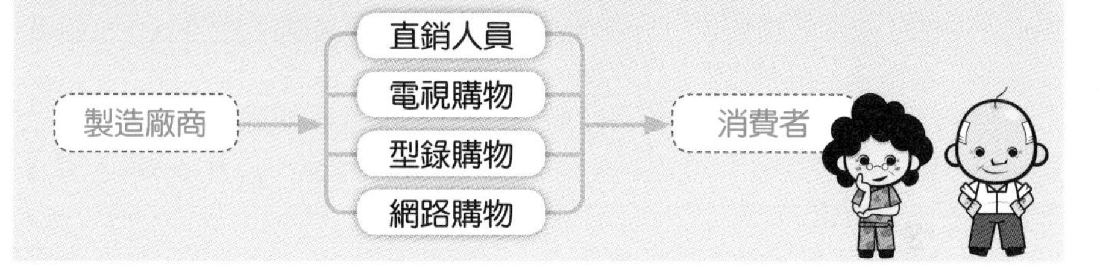

2.一階通路

例如：統一速食麵、鮮奶直接出貨到統一超商店面去銷售。

製造廠商 → 零售商 → 消費者

3.二階通路

例如：金蘭醬油、多芬洗髮精等經過各地區經銷商，然後送到各縣市零售據點去銷售。

製造廠商 → 批發商／進口代理商／經銷商 → 零售商 → 消費者

4.三階通路

製造廠商 → 大盤商 → 中盤商 → 零售商 → 消費者

如右圖示：

廠商（製造廠商／進口代理商／服務業者）

- 零階通路：廠商 → 最終消費者（顧客）
- 一階通路：廠商 → 零售據點、專賣店、量販店、百貨公司、超市、便利商店 → 最終消費者（顧客）
- 二階通路：廠商 → 批發商、中盤商、經銷商、代理商 → 零售據點、專賣店、量販店、百貨公司、超市、便利商店 → 最終消費者（顧客）
- 三階通路：廠商 → 大盤商、總代理商、總經銷商 → 批發商、中盤商、經銷商、代理商 → 零售據點、專賣店、量販店、百貨公司、超市、便利商店 → 最終消費者（顧客）

6-2 國內最主要的實體通路與虛擬通路

一、實體零售通路發展近況及重要性

(一)各零售業第一名公司及營收額：包括 1. 便利超商－統一超商（7-Eleven）：1,200 億；2. 百貨公司－新光三越：800 億；3. 超市－全聯福利中心：1,000 億；4. 量販店－家樂福：300 億；5. 美妝店－屈臣氏：300 億，以及 6. 3C 量販店－燦坤 3C：200 億。

(二)店數規模：包括 1. 統一超商：5,200 家店；2. 新光三越：19 家店；3. 全聯：950 店；4. 家樂福：95 家店；5. 屈臣氏：550 家店，以及 6. 燦坤 3C：270 家店。

(三)通路：全國最大超市龍頭為「全聯福利中心」。目前 950 店，未來預計成長為 1,000 店，是全臺最大乾貨與生鮮的零售連鎖店。

(四)藥妝店競相展店：

			最終目標
屈臣氏	550 店	➡	600 店
康是美	330 店	➡	500 店

(五)連鎖速食通路：包括 1. 麥當勞：360 家（直營店占 95%）；2. 摩斯：200 家；3. 肯德基：120 家，以及 4. 漢堡王：45 家。

(六)神腦通路：200 家直營店，銷售手機、平板電腦、數位相機、筆電、數位 3C 產品。

(七)日用品、食品、飲料必上架之通路零售商：占業績 80% 來源。

1. 五大超商：7-Eleven（5,200 店）、全家（3,100 店）、萊爾富（1,300 店）、OK（900 店）、美廉社（350 店）。
2. 三大超市：全聯（950 店）、頂好（200 店）。
3. 四大量販店：家樂福（95 店）、大潤發（25 店）、愛買（20 店）、COSTCO（13 店）。

(八)化妝品、保養品必上之通路零售商：占業績 90% 來源。

1. 十二大百貨公司：新光三越、SOGO 百貨、遠東百貨、臺北 101、大直美麗華、統一時代、漢神百貨、高雄義大世界、高雄夢時代、微風廣場、環球購物、京站百貨。
2. 三大美妝店：屈臣氏、康是美、寶雅。
3. 四大量販店：家樂福、大潤發、愛買、COSTCO。

二、虛擬通路業別

目前虛擬通路業別包括電視購物、網路購物、型錄購物、DM 預購、直銷、電話行銷購物等六大業別，茲說明如右。

七大實體零售通路

實體通路

1. 百貨公司
- 新光三越
- 遠東SOGO
- 漢神
- 遠東百貨
- 統一時代
- 京站百貨
- 微風百貨

2. 便利商店
- 統一7-Eleven
- 全家
- 萊爾富
- OK
- 美廉社

3. 量販店
- 家樂福
- 大潤發
- 愛買
- COSTCO

4. 超市
- 全聯福利中心
- JASONS
- city´super
- JUSCO (佳世客)
- 頂好

5. 資訊 3C 連鎖
- 燦坤3C
- 全國電子
- 順發3C
- 全虹
- 大同3C
- 神腦
- 聯強國際

6. 美妝、藥妝店
- 屈臣氏
- 康是美
- 寶雅
- 丁丁藥局

7. 大型購物中心
- 臺北101
- 環球
- 高雄夢時代
- 義大世界
- 微風
- ATT
- 大遠百

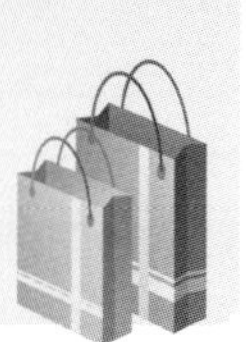

虛擬通路業別

虛擬通路

1. 電視購物
- 東森購物
- 富邦momo
- viva

2. 網路購物
- momo購物網
- PChome
- 蝦皮購物
- 東京著衣
- ET Mall (東森)
- 博客來
- Happy Go網
- udn購物
- YAHOO奇摩
- PayEasy
- Lativ

3. 型錄購物
- 東森購物
- DHC

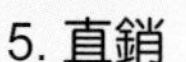

4. DM 預購
- 五大便利超商的各種節慶預購

5. 直銷
- 安麗
- AVON (雅芳)
- 如新
- USANA
- 美樂家

6. 電話行銷購物
- 東森

6-3 品牌多元化上架趨勢

這幾年來，我們都見識到各大通路的蓬勃發展，其中統一 7-Eleven 的全國性超商最具代表性；除此之外，也發現到品牌多元化上架的趨勢，不再局限在實體通路，而是跨越到虛擬通路，進而實虛通路並進的發展。為何會有如此跳躍性的發展呢？以下說明之。

一、通路最新七大趨勢

目前，國內供貨廠商也好或既有的零售商也好，都有了下列顯著性的最新趨勢，一是供貨廠商建立自主行銷零售通路趨勢；二是加盟連鎖化擴大趨勢，愈來愈熱烈；三是直營連鎖化擴大趨勢；四是大規模化店趨勢；五是虛擬通路不斷快速成長趨勢；六是商品上市進入多元化、多角化通路策略趨勢；七是各大通路廠商均加速擴大展店，形成規模經濟性。

二、多元化、多樣化及虛實並進的銷售通路全面上架趨勢

最近幾年來，由於通路重要性大增，產品要出售，就得上架，讓消費者看得到或摸得到或找得到。因此，供應廠商的商品當然要盡可能布局在各種實體或虛擬通路全面上架，才能創造出最高的業績。另一方面，由於零售通路自身這幾年的變化很大，多元化、多樣化，因此帶來各種不同地區及管道的上架機會。

三、國內量販店（大賣場）通路現況分析

(一) 通路密集現象：

各種量販店（大賣場）、便利商店、百貨公司、購物中心等日益在都會區呈現密集與普及現象。例如：在臺北市內湖區，即有大潤發、COSTCO、家樂福等量販店競爭者。在大直區亦群聚在美麗華購物中心周邊，如距 1,000 公尺的家樂福、愛買及大潤發等。量販店通路在都會區密集程度已愈來愈高。

(二) 品牌與通路相互依存：

商品必須透過大賣場通路，才能找到消費者，消費者也才有便利感。而通路必須依賴全國性知名品牌廠商的上架銷售，才能充實大賣場。

(三) 廠商不能進入主流大賣場的後果：

將使廠商銷售量無法提升，或原有的好業績直線下滑。因此，品牌大廠也不敢得罪或挑戰大賣場通路商。

(四) 廠商與通路賣場的相關事務：

包括 1. 進貨及零售價格的協調；2. 陳列位置；3. 促銷活動配合舉辦事務；4. 新產品上架費談判，以及 5. 對大賣場的大檔期破盤價（賠本銷售）的影響協調。

零售通路策略七大最新趨勢

1. 廠商建立自主行銷通路趨勢

EX：統一的7-Eleven及家樂福。

2. 加盟連鎖化趨勢

EX：便利商店、房仲店、SPA店、咖啡店等。

3. 直營連鎖化趨勢

EX：world gym健康中心、麥當勞、摩斯、三商、屈臣氏、星巴克、天仁、誠品等。

4. 大規模化趨勢

EX：誠品旗艦店、新光三越信義館、101購物中心、家樂福、高雄夢時代購物中心。

5. 虛擬（無店鋪）通路成長趨勢

EX：電視、型錄、網路購物、行動購物。

6. 多元化通路策略

→商品上市進入多元的通路。

7. 各大通路商均加速擴大展店，形成規模經濟性

EX：全聯、星巴克、康是美、家樂福、屈臣氏、85°C咖啡等。

多元化十三種銷售通路趨勢

產品應盡可能在各種通路上架

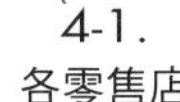

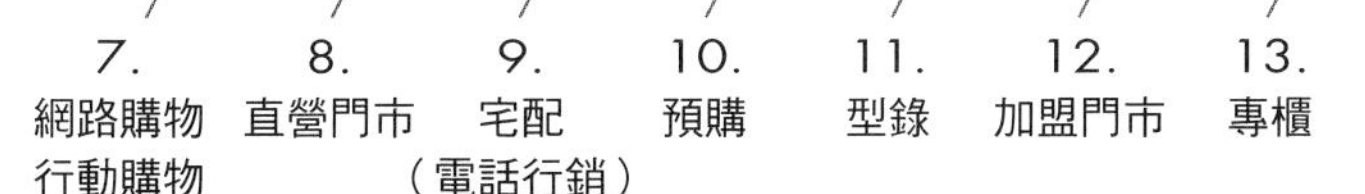

6-4 品牌直營門市店與網路通路上架

廠商要讓自身產品能廣為消費者所知並讓其付諸行動購買，這中間的過程除了品牌建立之外，市場上提供一個可以流通的多元購物平臺，更是不可或缺。而通路正是扮演這麼一個買賣的重要橋梁。

一、直營門市通路

(一) 廠商直營門市店已成為趨勢：

通路為王時代

廠商自建直營門市店行銷通路

(二) 廠商直營門市店的好處：包括 1. 掌握通路就是掌握業績；2. 不必受制於別人（通路商）；3. 可兼做形象廣告，以及 4. 可兼做售後服務。

(三) 建立直營門市店通路要點：包括 1. 開店資金準備要充足；2. 門市店人員管理要上軌道，以及 3. 門市店行銷要支援。

二、網路購物

(一) B2C+C2C+B2B2C 電子商務規模快速成長：根據資策會統計，每年網路購物規模，已超過 8,000 億元。很多知名品牌都已上架購物網站銷售，業績不錯。例如：PChome、momo 富邦購物網、PayEasy、Lativ 國民服飾、博客來、YAHOO 購物、7-net 等。而根據調查，臺灣 1,800 萬網民中，有 60% 曾經網路購物過，即代表至少有 1,000 萬人，曾經網購過。由此可見，電子商務（網購）行銷通路已經日益重要，成為必要的行銷通路之一。

(二) 國內年度大型的 B2C 網路購物公司營收：

1. PChome 網路家庭：230 億
2. YAHOO 奇摩：150 億
3. 博客來：55 億
4. momo 富邦網：190 億
5. Lativ 服飾網：20 億
6. PayEasy：30 億
7. 7-net：15 億
8. Happy Go：20 億
9. 東京著衣：15 億
10. 東森購物：40 億
11. udn 購物：20 億

(三) B2C 電子商務（網路購物）快速崛起因素：包括 1. 方便（24 小時無休，不必外出）；2. 價格較便宜；3. 可查詢比價；4. 快速到家（24 小時內或 2 天內）；5. 品項豐富多元；6. 7 天鑑賞期可退貨，以及 7. 免運費。

(四) 臺灣電子商務（網購）商機成熟的原因：包括 1. 物流條件成熟進步；2. 業者信賴度逐步建立；3. 購物非常方便；4. 品項超過 40 萬項，比一般賣場還多，以及 5. 消費者不必提重物回家。

案例：直營門市店

電信業	1.中華電信 2.台哥大 3.遠傳 4.亞太電信
內衣業	1.黛安芬 2.華歌爾 3.奧黛莉
服飾	1.Uniqlo（優衣庫）2.Zara 3.H&M 4.Net 5.GIORDANO 6.Hang Ten 7.SO NICE 8.MOMA 9.iROO
資訊3C	1.Studio A（Apple） 2.SONY 3.hTC（手機）
餐飲	1.摩斯 2.鼎泰豐 3.王品 4.西堤 5.陶板屋 6.石二鍋 7.爭鮮壽司 8.COLD STONE 9.麥當勞 10.鼎王麻辣鍋 11.瓦城

國內三大電信業者積極拓展門市通路

	中華電信	台灣大哥大	遠傳
直營通路	312家	136家	近100家
加盟店	轉投資神腦218家直營	449家	約500個加盟、旗下全虹170~180個據點
總通路數	530家	585家	近780家

電子商務（網購）三種類型

B2C

廠商 → 消費者
Business to Consumer
EX：・PChome
・博客來
・momo
・PayEasy
・7-net
・YAHOO奇摩

C2C

消費者 → 消費者
（網路拍賣）
Consumer to Consumer
EX：PChome、露天拍賣

B2B2C

EX：・YAHOO奇摩超級商城
・PChome商店街市集公司

網路購物品項豐富

美妝館	資訊3C館	保健食品館	書籍館	旅遊館
親子館	家電館	運動用品館	音樂CD館	男仕用品館
日用品館	內衣館	食品飲料館	銀髮族館	生鮮館

6-5 品牌對大型零售商與經銷商的通路策略

供貨廠商除了自建直營門市外，若能透過零售商與經銷商，更能貨暢其流。

一、對零售商的策略

(一)設立大客戶組織單位，專責對應： 設立 key account 零售商大客戶組織制度，建立與大型零售商良好人際關係。

(二)全面善意配合行銷促銷活動及政策： 品牌大廠應全面善意配合這些零售商大客戶的政策需求、合理要求及其重大行銷促銷活動，他們才會視我們為良好的合作往來供應商。

(三)加大店頭行銷預算： 大型零售商為提升業績，經常也會要求各個大型供貨品牌大廠加強店頭行銷活動的預算，以拉攏人氣並促進買氣等目的。

(四)全臺性密集鋪貨，讓消費者便利購物： 供貨大廠基本上都會朝著全臺大小零售據點全面鋪貨的目標，除了大型連鎖零售據點外，比較偏遠的鄉鎮地區，也會透過各縣市經銷商的銷售管道鋪貨，務期達到全臺密集性鋪貨目標，此對消費者也是一種便利。

(五)加強與大型零售商獨家合作促銷活動： 現在大零售商除了全店大型促銷活動外，平常也會要求各品牌大廠輪流與他們舉行獨家合作推出的價格折扣 SP 促銷活動，因為大廠的銷售量平常占比較高，故能帶來零售商業績的提升。

(六)加強開發新產品，協助零售商增加業績： 供貨廠商若同一樣舊產品賣久了，銷售自然略降或平平，不易增加，除非增加新產品上市。因此，零售商會要求供貨廠商推出新產品上市，以吸引提振買氣。

(七)爭取絕佳與醒目的陳列區位、櫃位

(八)投入較大廣告量支援銷售成績

(九)考慮為大零售商自有品牌代工可能性： 現在大零售商紛紛推出自有品牌，包括洗髮精、礦泉水、餅乾、清潔用品、泡麵等，無異都跟品牌大廠搶生意，因此引起品牌大廠的抱怨。大零售商找中型供貨廠代工，因其受影響性較小。

二、對經銷商業者的通路策略

很多行業仍然仰賴經銷商的中間通路，例如：飲料、食品、電信手機、食材、汽車、酒類、菸類、家電用品、資訊 3C 用品、汽車零組件等不少行業及產品，都需要全臺各地區、各縣市的經銷商、中盤商及代理商等。

供貨廠商對這些中間的經銷商，通常採取下列四種管理策略，希望能夠為他們產品的直接銷售或通往零售據點再銷售能帶來好業績：一是如何選擇及找到最優秀、最穩定的經銷商策略。二是如何改造、協助、輔導及激勵，以提升經銷商水準的策略。三是如何評鑑及替換不夠優良經銷商的策略。四是如何達到與經銷商互利互榮的策略，讓他們有錢賺，能存活得更好。

消費品供貨廠商的通路策略

1. 對零售商

(1)設立大客戶組織單位，專責對應

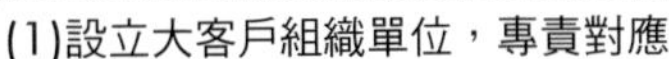

供貨廠商通常會設立key account零售商大客戶，例如：將全聯福利中心、家樂福、統一超商、大潤發、屈臣氏等都視為大客戶，因此設立專責小組或高階主管的組織制度，以統籌並建立與這些大型零售商的良好互動人際關係。

(2)全面善意配合零售商大客戶的政策、合理要求及其行銷計畫

(3)加大預算在店頭行銷操作方面工作

亦即多舉辦價格折扣促銷優惠活動、贈獎、抽獎、試吃、試喝、專區展示、專人解說等活動。

(4)全面性、全國性密布各種零售據點，達到全面鋪貨目標

(5)加強與大型零售商的單一SP促銷活動

(6)加強開發新產品，協助零售商業績上升

(7)爭取好的區位及櫃位

供貨廠商業務人員應該努力與現場零售商爭取到比較有利、比較醒目的產品陳列位置，如此較有利消費者注意到或便利拿取或找尋。

(8)投入較大廣告量支援銷售成績

供貨廠商在大打廣告期間，理論上銷售業績會有部分增加，或是大幅提升業績。因此，零售商會對供貨廠商要求有廣告預算支出，來強打新產品上市，促銷零售據點的業績增加。這些是品牌大廠比較容易做到，對中小企業就困難些，因為中小企業營業額小，再打廣告可能就不賺錢了。

(9)考慮為零售商自有品牌代工可能性

2. 對直營門市店

(1)評估設立旗艦店（館）策略
(2)評估設立直營連鎖門市店可行性
(3)評估併購別家連鎖店可行性
(4)設立店中店策略

3. 對經銷商

(1)選擇、找到最優秀、最穩定的經銷商策略

(2)改造、協助、輔導及激勵提升經銷商水準的策略

這包括輔導他們的資訊系統、財務、會計、配送運輸、人力組織、庫存等管理系統與能力策略。

(3)評鑑及替換經銷商策略
(4)與經銷商互利互榮策略

日常消費品必須仰賴連鎖零售店上架

必須上架的六大零售店通路

日常消費品

1. 便利商店：7-Eleven、全家、萊爾富、OK、美廉社。
2. 超市：全聯、頂好、city´super。
3. 大賣場：家樂福、大潤發、愛買、COSTCO。
4. 百貨公司及大型購物中心：新光三越、遠東SOGO、遠東百貨、臺北101、高雄漢來、微風、京站、ATT、義大世界、大直美麗華、京華城、遠企。
5. 美妝、藥妝店：屈臣氏、康是美、寶雅、丁丁。
6. 家電、3C電：燦坤、全國電子、順發。

品牌廠商為何要與大型通路友好？

・必須建立良好的往來關係

品牌廠商 → 六大零售連鎖通路

・才能順利上架　・才有好的區塊及陳列位置　・才能配合促銷活動

Date ______/______/______

第 7 章

品牌與推廣策略

7-1 360 度全方位整合行銷傳播操作概述 I

7-2 360 度全方位整合行銷傳播操作概述 II

7-3 360 度全方位整合行銷傳播操作概述 III

7-4 品牌成功整合行銷傳播最完整架構內涵模式

7-5 整合行銷與媒體傳播五大意義

7-6 整合行銷傳播十大關鍵成功要素

7-7 品牌代言人行銷操作 I

7-8 品牌代言人行銷操作 II

7-9 品牌代言人行銷操作 III

7-10 品牌與事件行銷活動

7-11 事件行銷活動企劃項目

7-12 品牌與店頭行銷

7-13 品牌與外部專業協助單位關係

7-14 品牌與電視媒體、電視廣告

7-15 品牌與促銷活動 I

7-16 品牌與促銷活動 II

7-17 品牌與公關

7-18 品牌與新產品上市記者會撰寫要點

7-1 360 度全方位整合行銷傳播操作概述 I

從應用技能來看待的話，整合行銷傳播（IMC）是由整合行銷（integrated marketing, IM）與媒體傳播（media communicator, MC）等兩者組合而成的。即：「整合行銷傳播＝整合行銷＋媒體傳播」。因此，我們可以這樣說，要真的做好、做成功的整合行銷傳播任務，就必須同時思考到，應該要有怎樣的整合行銷活動及計畫的推動，以及應該要有怎樣的媒體傳播行動及計畫的推動作為搭配，然後兩者相得益彰，才能產生行銷致勝的成功火花。因此，本主題要分三單元介紹的，就是如右圖所示的整合行銷傳播勝出的邏輯性關係。

一、行銷人員如何有效運用二十八種整合行銷手法

行銷人員要如何有效或組合運用二十八種整合行銷手法中的幾種適合你公司的產品或服務性產品的特質、特色、狀況、條件等？因為每家公司及每個產品的狀況、條件、特質、特色、優劣勢以及公司可投入的資源能力與多寡等，均不相同。因此，如何組合或選擇在成本／效益評估考量下，決定應採取的整合行銷計畫與項目，然後全力去落實創業與執行。這二十八種整合行銷方法如下：

(一) 廣告行銷：做大眾媒體廣告行銷。

(二) 通路（店頭）行銷：做賣場促銷活動及廣告活動。

(三) 價格行銷：做價格調整的行銷。

(四) 促銷活動行銷：做大型的 SP 促銷活動，例如：抽獎、贈獎等。

(五) 事件行銷：做大型的體驗事件活動、引起話題、引起注目、引起報導等事件活動行銷。

(六) 運動行銷：做大型的賽事活動贊助商，例如：職棒、職籃等，以引起媒體公關報導或品牌商標的戶外看板露出或指定使用產品等。

(七) 贊助行銷：做大型的藝術、文化、演唱、宗教、音樂、表演、公益運動等各種贊助活動。

(八) 代言人行銷：做年度產品的代言人或品牌代言人或全球代言人等，透過知名且符合產品顧客群的屬性，以提升新產品知名度或銷售業績。

(九) 置入行銷：做產品、品牌 logo、公司名稱、置入在各種新聞報導、戲劇節目、綜藝節目、廣播節目、現場演出活動等之中。

(十) 公益（社會）行銷：做各種慈善、文化、獎助學金、捐款等社會上各種弱勢團體、族群或個人等活動，以引起企業公民與回饋本土的良好印象。

(十一) 主題行銷：做各種節慶、節日、時代、季節、流行話題等之主題行銷。

(十二) 全店行銷：做全國直營店或連鎖店的大型行銷活動，並投入大量廣宣資源。

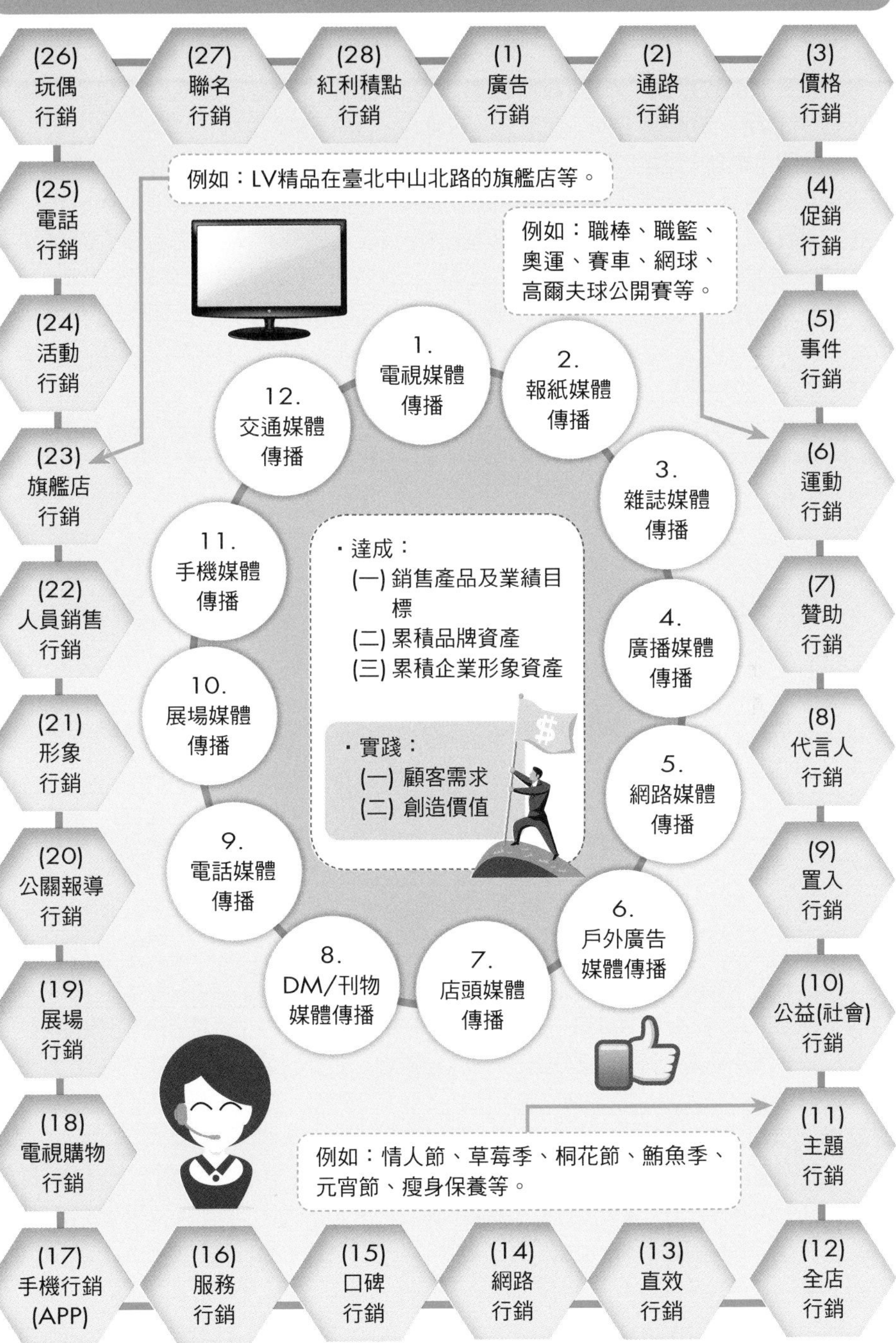
360度全方位整合行銷傳播
(1) 廣告行銷
(2) 通路行銷
(3) 價格行銷
(4) 促銷行銷
(5) 事件行銷
(6) 運動行銷
(7) 贊助行銷
(8) 代言人行銷
(9) 置入行銷
(10) 公益(社會)行銷
(11) 主題行銷
(12) 全店行銷
(13) 直效行銷
(14) 網路行銷
(15) 口碑行銷
(16) 服務行銷
(17) 手機行銷(APP)
(18) 電視購物行銷
(19) 展場行銷
(20) 公關報導行銷
(21) 形象行銷
(22) 人員銷售行銷
(23) 旗艦店行銷
(24) 活動行銷
(25) 電話行銷
(26) 玩偶行銷
(27) 聯名行銷
(28) 紅利積點行銷
例如：LV精品在臺北中山北路的旗艦店等。
例如：職棒、職籃、奧運、賽車、網球、高爾夫球公開賽等。
例如：情人節、草莓季、桐花節、鮪魚季、元宵節、瘦身保養等。
1. 電視媒體傳播
2. 報紙媒體傳播
3. 雜誌媒體傳播
4. 廣播媒體傳播
5. 網路媒體傳播
6. 戶外廣告媒體傳播
7. 店頭媒體傳播
8. DM/刊物媒體傳播
9. 電話媒體傳播
10. 展場媒體傳播
11. 手機媒體傳播
12. 交通媒體傳播
・達成：
(一) 銷售產品及業績目標
(二) 累積品牌資產
(三) 累積企業形象資產
・實踐：
(一) 顧客需求
(二) 創造價值

7-2 360度全方位整合行銷傳播操作概述 II

一、行銷人員如何有效運用二十八種整合行銷手法（續）

（十三）直效行銷：做針對目標市場及目標客戶群的行銷活動，例如：寄型錄、促銷DM、新產品DM、活動e-mail、e-DM。

（十四）網路行銷：做自己公司官方網站或透過入口知名網站、社群網站、搜尋網站的各種網路廣告或網路有趣吸引人的各種活動之計畫。

（十五）口碑行銷：透過良好產品口碑，以人員傳給人員或會員介紹給會員等方式，促進銷售成果。

（十六）服務行銷：改革、創新、完善、各種現場的售後服務或客服中心call-center的售後服務，以精緻、高品質及高效率的服務機制與人員，來爭取客戶的口碑及忠誠度。

（十七）手機行銷：用手機的簡訊或手機APP傳達一些行銷活動的訊息，具有行動隨時會看一下手機簡訊的效果。

（十八）電視購物行銷：TV-shopping已成為中小型企業廠商銷售通路的一種重要管道來源，以及大企業新產品上市宣傳知名度的一種低成本但效益卻很大的方式。

（十九）展場行銷：參加各種在大型工商展覽會場所舉辦的會展，亦可以吸引大眾消費者來觀看或公司來下單購買。例如：資訊展、食品展、美妝展、汽車展、家具展、多媒體展、SPA展、加盟展等。

（二十）公關報導行銷：透過電視新聞、平面報紙、專業雜誌、網站等大眾傳播媒體，以報導對本公司、本產品、本品牌有利且正面的相關訊息。

（二十一）形象行銷：透過報紙的廣編特輯、參加競賽得獎、贊助各種公益活動、優良的獲利績效、品牌地位的領先、創新某項新商品、創造某種新專業模式等，均可為公司的形象加分。

（二十二）人員銷售行銷：透過優質服務人員的面對面，銷售各種豪宅、理財基金、汽車、文教產品、保險（保單）、電腦、機器設備及直銷產品等。

（二十三）旗艦店行銷：透過大型直營店面或大館，成為宣傳本公司或本產品或本服務的一項象徵性與廣宣意義的行銷計畫。例如：LV精品臺北旗艦店。

（二十四）活動行銷：透過現場顧客對本公司產品或服務的真實使用與體驗感受，然後進一步達到促進銷售的目的。例如：觀光、旅遊、豪宅、美容、保養、銀髮族、女性SPA等，都很適合體驗行銷活動。

（二十五）電話行銷：透過客服中心或電話行銷中心，針對目標客戶群的call out，用電話方式展開溝通，說明及促進下單方式，可以省掉外部通路的成本。另外，有時常用call out方式，邀請VIP級會員參加一些展示會、表演秀、提箱秀等。

整合行銷二十八種方法

「整合行銷」28種方法

(1)廣告行銷
- 電視CF廣告片製作
- 報紙稿、廣播稿、雜誌稿與網路廣告文案設計及美編特輯

(2)通路（店頭）行銷
- 店頭／賣場POP廣告製作物
- 店頭招牌補助
- 經銷商大會
- 招待旅遊

(3)價格行銷
- 折扣戰（短期的）
- 降價戰（長期的）
- 價格差異化

(4)促銷活動行銷
- 滿千送百
- 免息分期付款
- 加價購
- 紅利積點換商品
- 大抽獎
- 購滿贈
- 買2送1

(5)事件行銷
- LV中正紀念堂2,000人大型時尚派對
- SONY Bravia液晶電視在101大樓跨年煙火秀

(6)運動行銷
- 國內職棒／高爾夫球賽
- 世界盃足球賽事冠名權
- 美國職籃、職棒賽事

(7)贊助行銷
- 藝文活動贊助
- 教育活動贊助
- 宗教活動贊助

(8)代言人行銷
- 為某產品或品牌代言，例如：林志玲、鄭弘儀、大S、小S、楊丞琳、Rain……

(9)置入行銷
- 將產品或品牌置入在新聞報導或節目或電影內

(10)公益（社會）行銷
- P&G的6分鐘護一生
- 花旗銀行的聯合勸募
- 各公司的捐助

(11)主題行銷／預購行銷
- 母親節預購蛋糕
- 北海道螃蟹季
- 過年預購年菜
- 國民便當

(12)全店行銷
- 7-Eleven的Hello Kitty活動

(13)直效行銷
- 郵寄DM或產品目錄
- VIP活動
- 會員招待會

(14)網路行銷
- 網路廣告呈現
- e-DM（電子報）
- 網路活動專題企劃
- 網路訂購／競標

(15)口碑行銷
- 會員介紹會員活動（MGM）
- 良好口碑散布

(16)服務行銷
- 各種優質、免費服務提供
- EX：五星級冷氣免費安裝、汽車回娘家免費健檢、小家電終身免費維修

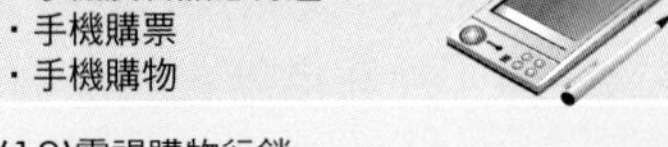

(17)手機行銷
- 手機廣告訊息傳送
- 手機購票
- 手機購物

(18)電視購物行銷
- 新產品上市宣導
- 對全國經銷商教育訓練

(19)展場行銷
- 資訊電腦展
- 美容醫學展
- 連鎖加盟展
- 食品飲料展

(20)公關報導行銷
- 各大媒體正面的報導
- 各種發稿能見報

(21)形象行銷
- 各種比賽獲獎或專業雜誌正面報導（產品設計獎、品牌獎、服務獎、形象獎等）

(22)人員銷售行銷
- 直營店、門市店、營業所、旗艦店、分公司等人員銷售組織

(23)旗艦店行銷
- LV旗艦店
- Carnival旗艦店
- Nokia旗艦店
- 資生堂旗艦店

(24)活動行銷
- 除上述以外的各種活動舉辦

(25)電話行銷（T/M）
- 透過電話進行銷售行動

EX：壽險、信用卡借貸、禮券、基金等

(26)玩偶行銷
- 利用玩偶、卡通之肖像或商品，作為促銷贈品或包裝圖像設計

(27)聯名合作行銷
- 利用跨業合作，產生更多效益

(28)紅利積點折抵現金

7-3 360度全方位整合行銷傳播操作概述 III

一、行銷人員如何有效運用二十八種整合行銷手法（續）

(二十六)玩偶行銷（或公仔行銷）：透過女性及小孩子或年輕人比較偏愛Hello Kitty、迪士尼、多啦A夢、蛋黃哥等各種可愛造型的玩偶或公仔等作為贈品的誘因，以提高業績。

(二十七)聯名合作行銷：透過與其他業種的合作，例如：魔獸世界與可口可樂、Sony Ericsson手機與達文西密碼電影合作宣傳等。

(二十八)紅利積點行銷：例如：遠東集團Happy Go卡、全聯福利中心福利卡、家樂福的好康卡等，都是透過消費者紅利積點折抵現金或換贈品，以鞏固顧客。

二、媒體傳播手法

在有了整合行銷手法之後，接著就要有媒體傳播的手法及資源投入。由於不景氣的影響以及媒體日趨分眾化、小眾化及多元化的影響下，究竟要如何以最少的廣宣預算投入，組合一個有效的「媒體組合」，然後產生較大的業績成果與媒體投資報酬率。在目前，主要的媒體傳播手法約有十二種，包括1.電視媒體傳播；2.報紙媒體傳播；3.雜誌媒體傳播；4.網路媒體傳播；5.廣播媒體傳播；6.戶外廣告媒體傳播；7.店頭（賣場）媒體傳播；8.DM／刊物媒體傳播；9.電話媒體傳播；10.展場媒體傳播；11.手機媒體傳播，以及12.公車／汽車／火車／飛機／捷運交通媒體傳播。

上述各種媒體有其族群及閱聽群眾的分布及輪廓（profile）。因此，必須與我們的產品或服務性產品相互契合才行，如此才能提高媒體預算的投資報酬率成果出來。另外，公司廣宣預算也是很有限的，甚至為因應市場不景氣而有倒退減少的狀況下，如何選擇應用準確及有效的媒體或媒介，就變成一種很重要的行銷思考及判斷了。

三、達成三大行銷目標

有了有效且精準的整合行銷運作及媒體傳播的配置與呈現，再來，就能達成下列三項行銷目標：一是達成「產品銷售」及「業績目標」；二是達成「品牌」資產累積效益，三是達成「企業形象」資產累積效益。

四、為永遠的行銷優良成果而努力

最後，豐收的成果之後，就是未來仍要不斷的滿足目標客層的「需求」，並為他們創造出物質／外在，以及心理／內在的「價值」出來。如此，才可以保證永遠的行銷優良成果。

360度全方位整合行銷傳播操作

(一)利用「整合行銷」二十八種手法

(1)廣告行銷　(2)通路（店頭）行銷　(3)價格行銷
(4)促銷活動行銷　(5)事件行銷　(6)運動行銷
(7)贊助行銷　(8)代言人行銷　(9)置入行銷

(10)公益（社會）行銷　(11)主題行銷　(12)全店行銷
(13)直效行銷　(14)網路行銷　(15)口碑行銷
(16)服務行銷　(17)手機行銷（APP）　(18)電視購物行銷
(19)展場行銷　(20)公關報導行銷　(21)形象行銷
(22)人員銷售行銷　(23)旗艦店行銷　(24)活動行銷
(25)電話行銷　(26)玩偶行銷　(27)聯名合作行銷　(28)紅利積點行銷

(二)透過「媒體傳播」十二種管道手法

1.電視媒體傳播　2.報紙媒體傳播　3.雜誌媒體傳播
4.廣播媒體傳播　5.網路媒體傳播　6.戶外廣告媒體傳播
7.店頭（零售據點）媒體傳播　8.DM／刊物媒體傳播

9.電話媒體傳播　10.展場媒體傳播

11.手機媒體傳播　12.公車／汽車／火車／飛機／捷運交通媒體傳播

(三)達成

1.銷售「產品」及「業績」目標　2.累積「品牌」資產　3.累積「企業形象」資產

(四)實踐

1.目標客層（顧客）→滿足顧客的「需求」
2.為顧客創造「價值」→包括物質及心理的需求及價值

7-4 品牌成功整合行銷傳播最完整架構內涵模式

筆者結合整合行銷傳播（IMC）的學術架構模式，以及企業行銷實務上的操作內涵，形成了如右圖所示的成功 IMC 最完整架構內涵模式。

一個新產品或一個新品牌或一個改良式產品在推出或思考到如何維繫既有品牌的領先地位，絕對不能只想到單純點狀式的 IMC 操作手法，一定要有從頭到尾、脈絡分明、邏輯有序、完整架構性的思維與考量，以及知道在這個完整架構內，我們的公司、產品、品牌、操作有哪些強項、弱項、優先重點、迫切性，以及知道如何才能做好、做成功，否則是無法澈底成就一件事。在右圖中説明一個成功的 IMC 最完整架構內涵模式中，應該思考到下列三個主題合計起來的幾件事：

一、顧客分析

就是 IMC 的對象及顧客資料庫的建置及運作。在這方面，要想到如何做好下列五個項目：

1. 維繫既有顧客。
2. 開拓新會員、新顧客。
3. 建立其他利益關係人。
4. 堅定顧客導向。
5. 建置 CRM 系統。

二、SWOT 分析

1. 目前及未來市場環境變化所帶來的商機與威脅是什麼？我們看清了嗎？要怎麼應對？

2. 目前及未來主力競爭對手或競品，我們透澈了解了嗎？未來有利及不利點看清楚了嗎？要怎麼應對？

3. 目前公司在行銷策略及行銷戰術的操作方面，到底有哪些得與失？未來要如何改變？

三、IMC 操作的定位及差異化 U.S.P

到底這次大型 IMC 操作所面對的產品定位、產品差異化、產品的獨特銷售賣點、產品的獨特訴求是什麼？會是有效的嗎？會是有攻擊力的嗎？會是吸引消費者注目的嗎？

四、結語

上述這些架構、邏輯、思維與判斷，不是純理論，它很重要，是任何一個成功的整合行銷主管或總經理級人物，面對 IMC 決策、面對更高層次的經營決策，所應具備的知識與能力的展現。

成功IMC整體架構內涵圖示

(一) IMC 的對象及顧客資料庫(顧客分析)

- 對目標客層、利基市場、目標市場、市場區隔、主力顧客群、會員顧客的有效調查了解、分析、掌握及建立資料庫

1. 維繫既有顧客
   (1)基本人口統計變數
   (2)心理統計變數
   (3)購買行為分析
   (4)媒體行為分析
   (5)會員分級制度
   (6)顧客利益點
   (7)顧客調查
2. 開拓新會員、新顧客
3. 建立其他利益關係人
   (1)上游供應商
   (2)下游通路商
   (3)政府單位
   (4)媒體界
   (5)股東
   (6)社團法人
4. 堅定顧客導向,為顧客創造價值及滿足需求
5. 建置CRM系統(顧客關係管理)

(二) SWOT 分析

1. 市場環境分析(商機或威脅)(market environment)
2. 主力競爭對手分析(competition)
3. 行銷 4P 與行銷 8P/1S/1C 自我檢討分析(my company)

(三) IMC 的定位與差異化 U.S.P(positioning & U.S.P)

1. 產品定位與 U.S.P(獨特銷售賣點)
2. 品牌定位與 U.S.P ?
3. 服務定位與 U.S.P ?

續下頁

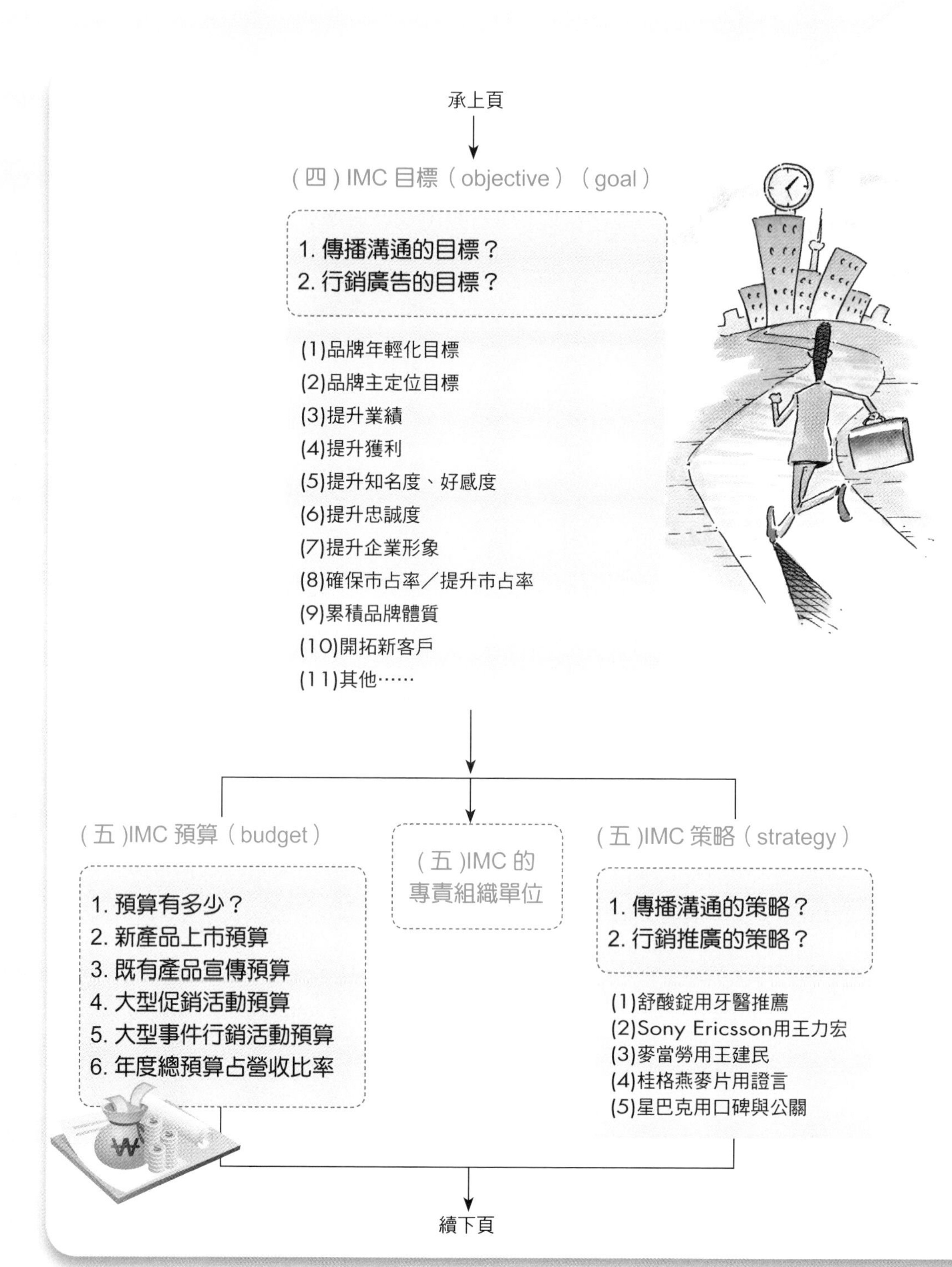
承上頁
(四) IMC 目標(objective)(goal)
1. 傳播溝通的目標？
2. 行銷廣告的目標？
(1)品牌年輕化目標
(2)品牌主定位目標
(3)提升業績
(4)提升獲利
(5)提升知名度、好感度
(6)提升忠誠度
(7)提升企業形象
(8)確保市占率／提升市占率
(9)累積品牌體質
(10)開拓新客戶
(11)其他……
(五)IMC 預算(budget)
1. 預算有多少？
2. 新產品上市預算
3. 既有產品宣傳預算
4. 大型促銷活動預算
5. 大型事件行銷活動預算
6. 年度總預算占營收比率
(五)IMC 的專責組織單位
(五)IMC 策略(strategy)
1. 傳播溝通的策略？
2. 行銷推廣的策略？
(1)舒酸錠用牙醫推薦
(2)Sony Ericsson用王力宏
(3)麥當勞用王建民
(4)桂格燕麥片用證言
(5)星巴克用口碑與公關
續下頁

承上頁

（六）IMC 操作計畫（plan）

1. 整合型傳播溝通操作計畫

(1) 傳播溝通的訊息內容及訊息一致性
(2) 媒體組合計畫與預算分配
(3) 廣告創意（電視CF／平面稿）
(4) 媒體工具創意（網路、戶外、數位行動）

媒體工具：電視、報紙、廣播、雜誌、網站、戶外等六大媒體為主

2. 整合型行銷活動操作計畫

(1) 行銷4P工具之計畫

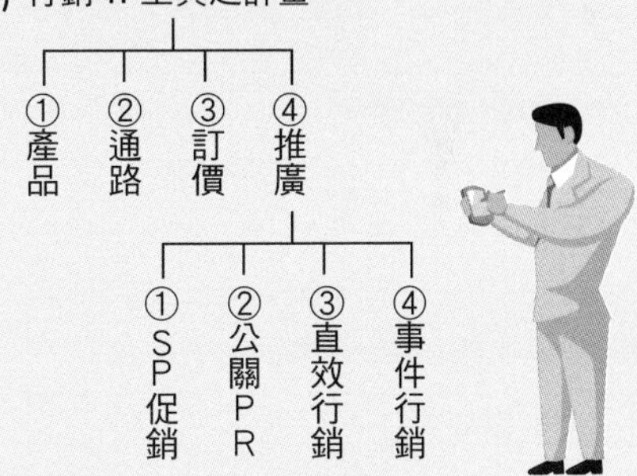

(2) 行銷8P/1S/1C工具計畫
(3) 二十八種行銷活動計畫（見7-1~7-3）

相互整合運用發揮綜效

（七）IMC 進入執行（do）

1. 內部組織對人員的整合執行
2. 與外部協力組織及人員的整合執行

（八）IMC 效益（effectiveness）

1. 檢討 IMC 執行後的有利效益與無形效益
2. 策訂改善與應變計畫

（九）IMC 的 ROI（return on investment）

針對 IMC 活動的投資報酬率檢討改進

7-5 整合行銷與媒體傳播五大意義

從一個完整且有效的整合行銷暨媒體傳播策略的角度來看，IMC 的意義具有五點，以下說明之。

一、不仰賴單一的媒體（媒介）

隨著媒介科技的突破，以及分眾媒體的必然趨勢，視閱聽眾已被切割，因此，公司的產品或服務，要快速觸及到目標市場，或更快速提升產品知名度，或更全面性提升業績，整合行銷傳播活動，自然不能仰賴單一的媒體而已。

二、組合搭配運用

Mix（組合）或 Package（套裝）的行銷操作，與媒體操作手法是蠻重要的，因為唯有透過有系統、有順序、有步驟、有階段性及完整的行銷組合與媒體組合的操作推出，才會使公司的產品或服務，迅速有效的提高知名度、喜好度、選擇度、忠誠度及促購度。

三、發揮綜效

整合性的各種行銷活動及媒體規劃活動的目的之一，當然是為了發揮更大的行銷綜效（synergy）。如果沒有整合性而是單一性，就不太可能有綜效。如果能夠整合一致性，全套的廣告、公關事件活動、促銷、媒體、網路、直銷等，則必然可以對產品的行銷結果，產生更大、更正面的效益。

四、品牌一致性訊息

整合行銷傳播的最初設計、執行過程，到最終的印象感受，當然是希望傳達公司品牌或產品品牌某種獨特特色的訊息，而且是一致性的強烈訊息，而不會有多元、混淆不清或複雜的消費者視覺或心理感受的訊息。然後透過這種獨特性及一致性的訊息，進而認識、了解及認同品牌形象及公司形象，IMC 是具有這種意識的。

五、達成業績目標

在現在不景氣市場低迷的買氣中，以及同業激烈競爭中，IMC 的意義之一，最終還是要面對現實，那就是要達成今年度預計的業績目標。如果不能達成業績目標，只能守住市占率，不能守住或提升業績，那麼 IMC 也就失去其意義。因為，「整合」就是希望創造出更好、更卓越、更具挑戰性的業績目標。

為此，我們在規劃、分析、設想及推動執行任何 IMC 之前，都該意識到最終的目標是否可以達成？是否有幫助的推動力量？是否是最有效的整合工具及計畫？這是最根本的意義及信念。

整合行銷與媒體傳播五大意義

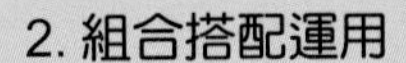

1. 不仰賴單一媒體

行銷的成功，不應只是單一傳播媒體的操作而已。

2. 組合搭配運用

能有效的組合選擇及搭配運用操作各種適當的行銷手段及媒介工具。

3. 發揮綜效

能有效的發揮1+1>2的整合性綜效。

4. 品牌一致訊息

能有效的傳達品牌一致性訊息及打造品牌。

5. 達成業績目標

最後能達成產品銷售及業績目標，以及不斷累積品牌資產價值。

選擇行銷傳播媒介及方式前，應先正確思考及評估事項

1. 目標客層是誰？他們的媒介行為及生活型態與消費行為為何？貴公司產品或服務的銷售對象及顧客客層是誰？
2. 產品定位及品牌定位在哪裡？產品屬性、特質又為何？
3. 訂價高低的呈現為何？
4. 通路的布局、型態及等級為何？
5. 顧客或VIP會員的資料庫可運用狀況如何？

6. 我們最強的競爭對手做了些什麼？強點及弱點是什麼？
7. 本公司可支援的預訂行銷預算支出是多少？
8. 本項產品或服務的重要性如何？是否為年度戰略性商品？

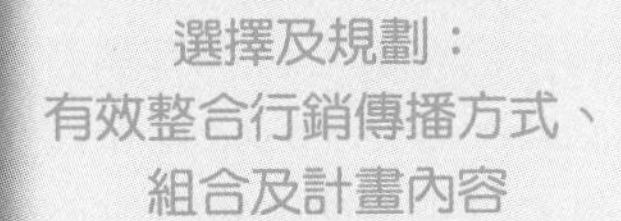

選擇及規劃：有效整合行銷傳播方式、組合及計畫內容

7-6 整合行銷傳播十大關鍵成功要素

IMC 應為行銷人員或品牌人員所熟知的原則，但事實是不同公司、不同的行銷操作人員，會有不同的行銷成果。有的市占率飛躍成長，有的卻日漸衰退。如果從 IMC 這個角度來檢視為何發生此種現象時，就應了解從事 IMC 活動過程中，是否真的掌握了下列十個關鍵成功要素（key success factor）。

（一）你是否認真的檢視了你的公司的「產品力」本質？亦即，貴公司的產品是否具有競爭力？真的有嗎？為什麼會沒有？又該如何改善？

（二）請問你是否真的有效且正確選擇運用了你們的外部協力單位？例如：你們廣告公司的創意是否真的最強？你們的公關公司是否真的與媒體關係最好？你們的公司是否真的最會辦活動？

（三）請問你的行銷及廣宣活動是否抓住有效切入點或訴求點？能引爆媒體或消費者關切話題？進而引起他們共同焦點及注意？甚至最終的購買行動？

（四）請問你的整合性媒體呈現是否具有創意性？能夠吸引消費者的目光及注視？一支強烈創意性的電視 CF，很可能就影響了這個新產品的知名度。

（五）請問你的行銷是否吸引媒體的興趣？請問你的行銷及媒體活動，是否能夠吸引各種主流媒體的報導興趣或連續性大幅報導？

（六）請問你的行銷及媒體活動是否有足夠的行銷預算投入？如果在不景氣環境中，你的廣宣預算縮得太小了，長期下來可能累積不利的負面影響，反而被其他品牌追趕上來。

（七）你的行銷活動是否能一波接著一波的投入持續性及延續性而不中斷？例如：統一 7-Eleven 的波浪或行銷活動理論，每季會有大型全店行銷活動，每月則有一些較小的主題活動或促銷活動，因此，業績全年都能維持不墜。

（八）你是否注意到你們公司內部各協力單位的良好分工合作及協調溝通？包括從產品開發創新、原物料採購或簽訂合約、製造品質的掌握、物流倉儲的時效性配合、到業務通路的安排妥當，以及 IMC 的完整規劃與推動等，都是影響 IMC 是否成功的內部組織因素之一。

（九）你是否有效整合各種行銷及媒體的組合搭配，而發揮出更好的綜效？像 SONY 公司連續兩年都爭取到在 101 大樓跨年晚會煙火秀的行銷活動，同時又引起大量電視及平面媒體的巨幅報導，可說有數百萬人看到這場活動，而且記住上面的品牌及產品宣傳（SONY BRAVIA 液晶電視機品牌、SONY VAIO 筆記型電腦等）。每年花 3,000 萬元行銷費用，但產生的行銷成果相當豐碩，值回票價。

（十）你是否能隨時評估效益並因應改變：亦即，你是否能隨時對每一個月或每一個時間，展開對產品力、通路力、價格力、服務力，以及 IMC 的效益評估與競爭力的檢視？然後提出及時、快速的因應對策及改善行動？

全方位整合行銷&媒體傳播策略十大關鍵成功要素

1. 檢視產品力本質

必須能滿足顧客需求，創造顧客價值，具差異化特色，有一定品質水準，與競爭對手相較，有一定競爭力可言。

2. 充分利用外部協辦單位

包括廣告公司、媒體公司、整合行銷公司、公關公司、網路公司、製作公司之資源、專長與豐富經驗。

3. 抓住切入點及訴求點

行銷活動及廣宣活動，要抓住有力的切入點及訴求點，才會引爆話題。

4. 媒體呈現應具創意性

各種電視、報紙、網路、戶外、交通等媒體工具的呈現，應具創意性，能夠吸引人的目光及注視。

5. 吸引媒體報導的興趣

媒體不願或缺乏興趣報導，或因低收視率／低閱讀率而不報導，將會浪費行銷資源。

6. 足夠行銷預算資源的投入

巧婦難為無米之炊，沒有準備充分預算，行銷不易成功。

7. 行銷活動不能中斷

一波接一波行銷活動投入的持續性及延續性，不能中斷掉。

8. 內部各協力單位良好分工合作及溝通協調

避免本位主義或分工權責不清。

9. 全方位整合行銷發揮綜效

整合性的運用各種行銷手法及媒體手法的組合搭配，發揮綜效。

10. 評估效益與隨時調整因應改變

對每個活動，事中及事後應充分評估及衡量其成本效益分析，缺乏效益的行銷活動應即刻改變或喊停。

7-7 品牌代言人行銷操作 I

代言人行銷已成為當今行銷活動與行銷策略中重要一環。代言人行銷若操作成功，常會使該品牌知名度提升不少，業績也會上升不少。因此，企業經營者及行銷人員，應重視代言人行銷的正確操作，並考量是否有必要做代言人操作。

一、代言人行銷的目的與功能

代言人行銷操作的目的，大致有下列幾項：

(一) 短時間內打造出品牌知名度與形象度：希望在較短時間內，提高新產品上市的品牌知名度、記憶度及喜愛度。

(二) 長時間培養出品牌忠誠度：希望在較長期的時間內，透過不同的代言人出現，能夠確保顧客群對既有品牌的較高忠誠度及再購度。

(三) 希望有助整體業績提升：最終的目的，仍是希望代言人行銷有助整體業績的提升，以及儘快把產品銷售出去。

二、適合代言人的產品類別

現代的趨勢發展，已有愈來愈多的行業使用代言人，似乎沒有什麼特別限制了。我們看過下列這些行業，都曾經運用過代言人行銷產品，包括 1. 啤酒產品；2. 化妝品、保養品；3. 預售屋；4. 名牌精品；5. 衛浴設備；6. 家電產品；7. 信用卡、銀行業；8. 運動器材；9. 服飾業、女仕鞋業；10. 資訊電腦；11. 手機；12. 食品；13. 飲料；14. 健康食品、保健食品；15. 藥品；16. 航空，以及 17. 其他產品。

三、代言人的類型

被邀聘為產品或品牌代言人，其工作類型主要有歌手、藝人（演員、主持人、明星）、運動明星、專業人士（醫生、律師、作家等）、意見領袖、名模、政治人物七種。

四、國內知名的代言人

(一) 名模：林志玲、陳思璇、隋棠、林嘉綺等。

(二) 歌手：楊丞琳、費玉清、江蕙、周杰倫、張惠妹、S.H.E、王力宏、羅志祥、蔡依林、五月天（阿信）等。

(三) 藝人、演員：陳昭榮、白冰冰、廖峻、桂綸鎂、王月、大 S、王力宏、小 S、成龍、莫文蔚、張艾嘉、劉嘉玲、周渝民、郭子乾、楊紫瓊、陳柏霖、高以翔、趙又廷、阮經天、林依晨、馮紹峰、黃曉明、陳曉東、陳妍希、張鈞甯、隋棠、楊祐寧、郭采潔、周迅、李冰冰、范冰冰、金城武、田馥甄等。

(四) 運動明星：王建民。

(五) 名媛：孫芸芸。

(六) 導演：吳念真。

(七) 主持人：謝震武、鄭弘儀。

代言人行銷三大目的

常見的代言人

如：小 S、謝震武、林志玲、羅志祥、桂綸鎂、林依晨、金城武、蔡依林……。

7-8 品牌代言人行銷操作 II

代言人要花不少錢，因此，如何適當的挑選代言人，以發揮代言人應有的效益，是非常重要的事。

五、代言人選擇的要件

對於選擇適當代言人的要件，有以下幾點應注意：

(一) 代言人個人的特質及屬性，應該與該產品的屬性相一致。例如：廖峻與維骨力、白冰冰與健康食品、林志玲與華航；蕭薔、劉嘉玲、琦琦、莫文蔚及大 S 與 SK-II 化妝保養品、孫芸芸與日立家電的生活美學、王建民與 acer 電腦、陳昭榮與諾比舒冒感冒藥、張惠妹與台啤、隋棠與阿瘦皮鞋週年慶、羅志祥與屈臣氏寵 i 會員卡、王力宏與 SEIKO 精工錶、桂綸鎂與統一超商的 City Café 等。

(二) 代言人個人應該具備單純的工作及生活背景。切記不能過於複雜、緋聞頻傳、婚變頻生、私生活不夠檢點、經常鬧出八卦新聞等。換言之，應該有正面及健康的個人形象保持。

(三) 代言人最好能喜愛、使用過且深入了解這個產品，則是最理想的。代言人不能與這個產品格格不入。如果是新產品上市，則更應花點時間，深入了解這個產品的由來及特性。

(四) 代言人必須好配合。代言人不能耍大牌，必須友善的、準時的、準確的、快樂的、積極的配合公司相關行銷活動上的各種合理要求及通告。

(五) 代言人不能搶走代言產品之風采。最後，代言人個人不能搶了產品本身的風采，使消費者記住代言人，但卻忘了產品是什麼，使兩者的連結性很弱，這就是失敗的操作了。

六、代言人要做些什麼事？

公司花大錢（幾百萬～上千萬）請年度代言人，主要包括做下列這些事情：1. 拍攝電視廣告片（CF），大約 1 支～ 3 支不等；2. 拍攝平面媒體（報紙、雜誌、DM）廣告稿使用的照片，大約 1 組～多組；3. 配合參加新產品上市記者會活動；4. 配合參加公關活動，例如：一日店長、社會公益活動、戶外活動、館內活動及賣場活動等；5. 配合網路行銷活動，例如：部落格等；6. 配合走秀活動，以及 7. 其他特別約定的重要工作事項而必須出席。

七、代言人合約應注意事項

代言人合約的內容，大概有幾項：1. 有關代言期間、期限；2. 有關代言的總費用及付款方式；3. 有關代言應做之規定工作事項；4. 有關代言的經紀公司的服務費；5. 有關代言人應該遵守的個人紀律與規範，避免影響公司及產品的不利，以及 6. 有關提前解約的條款，以保障公司權益，例如：藝人吸毒、藝人負面八卦新聞、藝人不遵守約定事項等，都應列入準備條款，以保障公司權益。

代言人選擇五大準則

代言人選擇五大準則

1. 高知名度
2. 形象良好
3. 與產品、品牌契合
4. 與 TA(目標族群)契合
5. 具信賴感與吸引力

代言人要做些什麼事?

代言人年度配套規劃事項

1. 拍廣告:TVCF及MV、錄歌曲。
2. 拍照片:報紙稿、雜誌稿、海報、DM宣傳單、人形立牌、手提袋、包裝、戶外看板、產品瓶身等之用途。
3. 出席活動:包括一日店長、大賣場促銷活動、產品上市記者會、年度代言人記者會、VIP會員party、品酒會party、證言活動、公益活動、媒體專訪、戶外活動及網路活動、部落格等。
4. 舉辦演唱會
5. 新歌專輯的配合
6. 媒體公關報導
7. 藝人公仔贈品

A咖代言人價碼不低

主要類別	廣告	活動	代表人物
歌星	500~800萬元	30萬以上	蔡依林、羅志祥等
影星	250~400萬元	30~50萬元	關穎、桂綸鎂、大S
偶像劇演員	300~500萬元	15~30萬元	F4、趙又廷、隋棠
主持人	250~350萬元	20萬元以上	小S、陶晶瑩
名模	150~250萬元	15萬元以上	林嘉綺、白歆惠
超級天王天后	周杰倫、林志玲、阿妹、劉德華、甄子丹、成龍、王力宏等均超過1,000萬新臺幣或兩岸1,000萬人民幣的代言費用。		

7-9 品牌代言人行銷操作 III

代言人行銷操作是否有其應有的效益？成功或失敗？公司當然很關心，但公司要怎麼關心呢？

八、代言人的效益評估

到了年中或年終，公司當然要對年度代言人進行效益評估。評估主要針對下列兩大項：

第一是代言人本人的表現及配合度是否達到理想。

第二是公司推出所有相關代言人行銷的策略及計畫，是否達到原先設定的要求目標或預計目標。

這些目標，包括 1. 品牌知名度、喜愛度、指名度、忠誠度、購買度等是否提升？ 2. 公司整體業績是否比沒有代言人時更加提升？ 3. 公司市占率是否提升？ 4. 對通路商推展業務是否有幫助？ 5. 企業形象是否提升？ 6. 公司品牌地位是否守住或提升？

上述目標效益的評估，則是對公司的行銷企劃部門及業務部門所做的評估。

由此檢視行企部在操作代言人行銷活動，整體是否有顯著的效益產生，並且還要做「成本與效益」分析，評估花錢找代言人的支出，以及所得到的效益，二者之間是否值得。

九、代言人行銷的成功操作要點

總結來說，代言人行銷的操作，未必是每一個公司都會成功的，經常也有花錢但效益卻很低的失敗案例。

歸納來說，代言人行銷的成功操作要點，要思考到下列幾點：

1. 要找到對的、適當的、契合的代言人，代言人對了，事情就成功一半。

2. 要做好、做出吸引力的行銷活動，例如：要拍好電視廣告片、要做好代言人的報紙雜誌的廣編特輯等。

3. 要做好公關媒體報導，盡可能在各大報紙及各大新聞臺、各大綜藝節目有露出度，以及做出有利且正面的報導。

4. 要做好整個年度十二個月有系統、有計畫性的代言活動，讓月月上媒體，月月有活動。

5. 要做好話題行銷，希望藉助產品本身及代言人的連結，進而引出新聞話題，如此，媒體自然就會大量報導。

6. 除了代言人費用外，其他廣宣預算也必須相對應的投入，不能太小氣，否則只找代言人，但缺乏廣宣預算的支持，就很難打響產品及提升業績。

7. 當然公司也必須注意到自身「產品力」是否具有競爭力及特色，如果產品本身不夠好、不夠優秀，比競爭對手遜色，價格也無競爭力，那麼，即使找了代言人，仍然會無功而返，白浪費錢。

代言人效益分析評估

1. 配合度是否良好？
2. 對品牌形象提升，是否有助益？
3. 對業績提升，是否有助益？
4. 其他無形效益？

代言人成功操作要點

1. 是否找到對的代言人？
2. 是否有拍出成功的電視廣告片？
3. 是否有公關報導露出度？
4. 是否能創造話題討論？
5. 是否與促銷活動結合？

代言人應注意問題點

1. 名人代言產品過多，產生稀釋效應。
2. 只怕消費者記得名人，卻忘了產品。
3. 代言人代言期間突發負面事件。

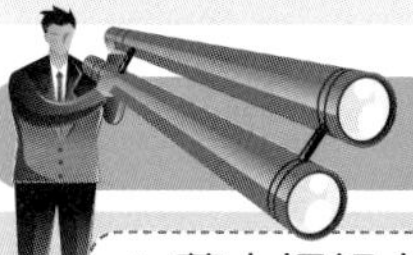

如何找代言人？

1. 藝人經紀人代表
2. 藝人經紀公司
3. 名模經紀公司（伊林、凱渥）
4. 廣告代理商
5. 媒體代理商
6. 公關公司

代言期間

代言期間

1. 通常為一年。
2. 到期若效益良好，可再續約。

   EX：桂綸鎂代言City Café十年之久、隋棠為阿瘦代言三年。
3. 為考慮代言人的多元化與新鮮感，通常是一年換一個代言人。

   EX：SK-II。

7-10 品牌與事件行銷活動

什麼是事件行銷呢？我們可從路易威登（Louis Vuitton）於 2006 年 4 月 1 日在中正紀念堂舉辦大規模 2,000 人時尚派對，星光璀璨，慶祝臺北中山北路旗艦店重新開幕的活動，來解釋事件行銷的必須性與重要性。

一、活動／事件行銷的定義

活動行銷（或稱事件行銷，兩者同義）的定義，是指廠商或企業透過某種類型的室內或室外活動之舉辦，以吸引消費者參加此活動，然後達到廠商所要的目的。此種行銷，即稱為事件行銷（event marketing）或活動行銷（activity marketing）；有時也被稱為公關活動（PR）。

二、活動／事件行銷的目的

廠商舉辦活動行銷的目的，有時是單一的，有時是多元的，有時是營利性的，有時是公益性的；有時是超大型的，有時是中小型的。

而其目的，大致來說，可有下列幾項：

1. 為了打造新產品知名度。
2. 為了提高企業形象。
3. 為了公益與回饋。
4. 為了促進銷售業績。
5. 為了增加新會員人數。
6. 為了鞏固忠誠顧客。
7. 為了尊榮 VIP 超級大戶。
8. 為了蒐集潛在客戶新名單。
9. 為了保持市場地位與領先品牌的聲勢。
10. 為了娛樂目標顧客群。
11. 其他可能的目的。

三、案例——LV 臺北中山北路旗艦店重新開幕

路易威登（Louis Vuitton）「臺北 Maison」中山旗艦店 2006 年 4 月 1 日重新開幕，晚間並在臺北地標之一中正紀念堂舉辦超大型派對。這場派對號稱臺灣有史以來規模最大的派對。運用投影把 Louis Vuitton 經典格紋 Monogram 投射在紀念堂主體建築上，呈現時尚、壯觀氣勢。派對貴賓有專程從韓國抵臺的小天王 Rain，還有藝人、名模、VIP、企業界名人，以及文化人士等 2,000 人。

派對的重頭戲從臺北中山南路大中至正門口開始，所有貴賓在門口通過「驗證」才能進入，再由貼著 Louis Vuitton 標誌的高爾夫球車接駁，穿過中正紀念堂廣場進入派對帳篷。派對帳篷和紀念堂主體建築都在投射光束下變化圖案，時而是 Monogram 圖樣，時而又變換為東方風情紅色花朵圖騰、牡丹、油桐花、梅花……交相呼應，美不勝收。

事件行銷的類型

種類	主要項目內容
1. 銷售性 EVENT	新車發表會／新產品展售會／拍賣會／義賣會／房地產工地秀／農產品銷售會／維他露超級郵輪歡樂遊／過季商品大特賣／冰展／迪士尼兒童秀
2.PR 性 EVENT	飆舞大會／慈善晚會／鄭和下西洋／禮儀競賽／情人節活動／反對家庭暴力／青少年問題
3. 贈品抽獎性 EVENT	電視公開抽獎／回函抽獎／樂透／訂中國時報送手機
4. 大眾媒體 EVENT	三星堆傳奇／大眾媒體主辦的各種活動／聯合廣告
5. 銷售通路 EVENT	經銷商會議／經銷商援助／經銷商國外旅遊／業績競賽／商品陳列競賽／教育訓練課程／資訊情報系統共用／新產品說明會
6. 政治性 EVENT	高雄美麗島事件／各級選舉活動／政治性遊行／政治性募款餐會／政治性演說會
7. 文化性 EVENT	各種美術展／書法展／鄉土文物展／原住民文物展／雲南藏族歌舞團「卡瓦博格讚」／秦朝兵馬俑展／臺北恐龍展
8. 體育性 EVENT	各種奧運會／各級各種球類比賽／臺灣區運動會／各級學校機關團體運動會／各種登山活動／賽車活動／健美比賽
9. 娛樂性 EVENT	影歌星演唱會／影歌星簽名會／園遊會／社區康樂晚會
10. 宗教性 EVENT	迎佛指舍利大會／大甲鎮瀾宮媽祖繞境
11. 其他 EVENT	企業週年慶

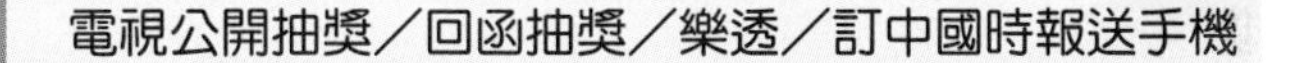

7-11 事件行銷活動企劃項目

一場成功的事件行銷活動的背後，除了有一支堅強的執行團隊之外，事先做好活動的企劃案撰寫並予以演練之，更是必要。

一、事件行銷案例

臺北 101 煙火秀、跨年晚會、舒跑杯國際路跑、微風廣場 VIP 封館、苗栗桐花季、江蕙演唱會、名牌走秀活動、臺灣啤酒節、臺北牛肉麵節、臺北花博會、臺北咖啡節、臺北購物節、桃園石門旅遊節、中秋晚會、會員活動等。

二、事件行銷活動企劃案撰寫事項

事件行銷活動企劃案撰寫事項，亦即撰寫大綱包括下列內容：

1. 活動名稱、活動 slogan。
2. 活動目的、活動目標。
3. 活動時間、活動日期。
4. 活動地點。
5. 活動對象。
6. 活動內容、活動設計。
7. 活動節目流程（run-down）。
8. 活動主持人。
9. 活動現場布置示意圖。
10. 活動來賓、貴賓邀請名單。
11. 活動宣傳：包括記者會、媒體廣宣、公關報導等。
12. 活動主辦、協辦、贊助單位。
13. 活動預算概估：包括主持人費、藝人費、名模費、現場布置費、餐飲費、贈品費、抽獎品費、廣宣費、製作物費、錄影費、雜費等。
14. 活動小組分工組織表。
15. 活動專屬網站。
16. 活動時程表（schedule）。
17. 活動備案計畫。
18. 活動保全計畫。
19. 活動交通計畫。
20. 活動製作物、吉祥物展示。
21. 活動錄影、照相。
22. 活動效益分析。
23. 活動整體架構圖示。
24. 活動後檢討報告（結案報告）。
25. 其他注意事項。

三、事件活動行銷成功七要點

(一) 要吸引人：活動內容及設計要能吸引人，例如：知名藝人出現、活動本身有趣好玩、有意義。

(二) 贈品或抽獎：要有免費贈品或抽大獎活動。

(三) 適度宣傳：活動要有適度的媒體宣傳及報導，亦即要編列廣宣費。

(四) 適當的地點：活動地點的合適性及交通便利性。

(五) 適合的主持人：主持人主持功力高、親和力強。

(六) 事先演練：大型活動事先要先彩排演練一次或二次，以做最好演出。

(七) 戶外活動應注意季節性：例如：避免陰雨天。

各種行銷活動照片

註：感謝商展女王李淑茹小姐提供以上照片

7-12 品牌與店頭行銷

店頭行銷（in-store marketing）是最近崛起的一個新興且重要的行銷工作重點。而過去我們常說的通路行銷（channel marketing）與店頭行銷差距不遠。只是過去並沒有這樣專業公司來從事店頭行銷的活動。近幾年來，我們到量販店或超市購物，可以看到供貨廠商們或是零售店們的現場銷售環境有了很大的變化，很大的創新及進步。這些都是店頭行銷工作所引起的改變。

一、店頭行銷的崛起與重要性

店頭行銷之所以崛起及日漸具有重要性，主要有幾個原因：

(一) 多數人往往是到了賣場才決定要買什麼品牌：根據多次現場的調查顯示，消費者幾乎有將近 1/3 的比例，是到零售現場看到某些產品的特殊陳列，或特別促銷價格，或是附包裝贈品、試吃活動，或是特殊的 POP 廣告招牌等影響，而選擇了該品牌或該產品的採購。由此顯示店頭行銷確實與廠商的銷售業績有密切關係。因此，廠商開始重視起在店頭內或賣場內做一些行銷活動以吸引消費者的採購行為。總之，「店頭行銷＝銷售業績，這樣的關係慢慢被廠商們所接受了。」

(二) 店頭行銷的崛起，亦與大眾媒體式微有關係：過去十多年，新產品上市前或既有產品，只要每年上電視廣告就會有不錯的銷售成績，如今狀況卻大為改變。上電視廣告不只價格昂貴，所費不少，而且效果日益遞減，此舉發展使得廠商將廣告預算部分移到店頭行銷及促銷活動上，反而更有實惠價格與成果。

(三) 競爭問題：過去行銷競爭是從產品研發開始，後來到通路上架，再到廣告創意及公關媒體上，如今卻延伸到與消費者接近的最後一哩（last mile）上。當大家都做店頭行銷活動及搭配性的促銷活動時，廠商要跟上，否則業績落後。

(四)「3-3-3」理論：由於產品與品牌的概念，大家已熟悉了。但是，根據研究，忠誠於品牌的顧客大約只有 1/3，此就是筆者所創的「3-3-3」理論。即 1/3 是在賣場上對品牌的忠誠消費者；另外 1/3 則是對店頭行銷的偏愛者；最後 1/3 是中立派或換來換去的。

二、通路（店頭）行銷服務項目

通路（店頭）行銷服務公司的項日，包括 1. 假日賣場人力派遣；2. 門市巡點布置；3. 商品派樣試用體驗；4. 市場調查分析；5. 街頭活動；6. 店內活動；7. 解說產品；8. 展示活動；9. 通品特殊活動；10. 通路布置及商品陳列；11. 促購傳播力；12. 通路活動內容設計；13. 體驗行銷活動；14. 零售店神祕訪查；15. 零售店滿意度調查；16. 產品價格通路市調；17.DM 派發；18. 賣場試吃試喝活動；19. 通路商情研究分析；20. 賣場銷售專區規劃、設計與布置執行；21. 通路結構與趨勢分析；22. 包裝促銷印製設計與生產服務；23. 產品包裝設計，以及 24. 賣場布置設計。

品牌與店頭行銷圖片

▲蘇菲衛生棉的賣場陳列區

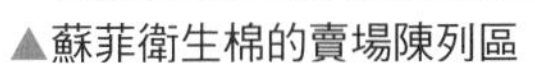

▼CLEAR洗髮乳賣場陳列區

▲P&G賣場陳列區

▼逸萱秀髮乳賣場陳列區

7-13 品牌與外部專業協助單位關係

一般來説，廠商行銷工作經常要與外界的專業單位協力進行才可以完成，有不少事情，並不是由廠商自己做就可以做好的，如果找到優良的協力廠商，藉助他們的專業能力、創意能力、人脈存摺能力及全力以赴的態度之下，反而會做得比廠商自己要好很多。例如：做廣告創意、做媒體購買、做公關報導、做大型公關活動、做置入式行銷等工作，就經常需要仰賴外圍協力公司的資源，才能發揮更大的行銷成果。右頁圖所示這六者的關係，以下説明之。

一、為何需要廣告代理商？

廣告主為何需要廣告代理商？這是因為：

1. 廣告代理商有比較好的創意展現。
2. 廣告代理商有這方面的專業能力。
3. 公司（廠商）缺乏這方面的專業。
4. 廠商必須選擇優質的廣告代理商，才會做出成功的廣告片，播放之後，也才會有好的成效。

二、為何需要媒體代理商？

廣告主有了廣告代理商，為何還需要媒體代理商？這是因為：

1. 媒體代理商可以集中向媒體公司採購，因此在規模經濟效益下，可以買到比較便宜的媒體時段託播成本，如果廠商自己去買，成本必然增加，況且媒體公司也不一定理會。
2. 媒體代理商具有媒體組合規劃與媒體預算配置的專業能力。

三、為何需要公關公司？

但為何需要公關公司？有兩個原因，一是公關公司與各媒體公司（包括電視臺、報社、廣播、網路、雜誌社）的人脈關係比較熟悉，隨時可以請求這些媒體公司出 SNG 車（電視立即轉播車）、出人員採訪、上報、上電視新聞等露出的機會。而這可能是廠商自己比較不易做到的。二是公關公司舉辦各種公關活動（例如：新產品發表會、法人説明會、新裝上市展示會、展覽會、戶外大型活動、晚會活動、歌友會等）的經驗及專業比我們要來得強，故委託他們做比較好。

四、為何需要整合行銷公司？

至於為何需要整合行銷公司？主要原因有二，一是整合行銷公司辦專業活動的經驗及能力比我們豐富。二是現在有愈來愈多的中小型（5 人～ 50 人）整合行銷公司出現，專門為廠商協助辦理一些室內或室外的行銷活動。例如：廠商的週年慶、廠商的事件行銷活動、廠商的公益活動、廠商的新產品發放免費樣品活動、廠商的大型促銷活動、廠商的會員關係加強活動、廠商的展示活動等，這些也可能委外處理。

品牌廠商與外部支援協力公司關係圖

(五)公關公司
- 例如：奧美公關、21世紀公關、精英公關、光勢公關等。

(六)整合行銷活動公司

(10)收取服務費
(9)公關活動及公關報導之協助
(11)行銷活動之協助
(12)收取費用

(一)廣告主(廠商)
- 例如：統一企業、統一超商、TOYOTA汽車、中華汽車、Nokia手機、中華電信、箭牌口香糖、光泉、味全、金車、東元、日立、SONY、Panasonic、acer、ASUS等。

(1)委託廣告片製作及創意
(2)收取廣告片製作費用
(3)委託媒體企劃及媒體購買
(4)收取媒體企劃及購買之服務費
(8)媒體公司提出專案整合行銷傳播企劃給廣告主參考，以爭取新案收入來源

收入來源

(二)廣告代理商
- 例如：李奧貝納、奧美、智威、陽獅、臺灣電通、上奇、麥肯、電通、BBDO黃禾、聯廣、太發策略、華威葛瑞、東方、陽獅等。

(3)委託媒體企劃及媒體購買
(4)收取服務費

(三)媒體代理商(或媒體購買公司)
- 例如：凱絡、傳立、媒體庫、宏將、宏盟、實力等。

(5)訂購媒體版面時間、次數等
(6)要求置入行銷
(7)收取刊播、刊登費

(四)各類媒體公司
- 電視公司：無線四臺、有線電視臺(例如：TVBS、中天、三立、緯來、東森、八大、年代、衛視、壹電視等)。
- 報紙：蘋果、聯合、中時、自由等。
- 雜誌：壹週刊、商業周刊、天下、遠見等。
- 廣播：飛碟、中廣、台北之音、Kiss radio等。
- 網路：YAHOO奇摩、MSN、Google等。
- 戶外廣告代理公司
- 手機：LINE。

7-14 品牌與電視媒體、電視廣告

電視廣告迄今，仍是最重要且必需要的，因此必須了解臺灣電視媒體現況。

一、臺灣主要電視媒體公司

目前臺灣電視媒體公司主要分為無線與有線兩大類電視臺。無線電視臺包括臺視、中視、華視、民視等四家。有線電視臺則包羅萬象，涵蓋十多家，即1. 三立家族：三立臺灣、三立都會、三立新聞；2.TVBS 家族：TVBS、TVBS-N、TVBS-G；3. 東森家族：東森新聞、東森財經、東森電影、東森洋片、東森娛樂、東森幼幼臺；4. 中天家族：中天新聞、中天綜合、中天娛樂；5. 八大家族：GTV 第一臺、GTV 綜合、GTV 戲劇；6. 緯來家族：緯來日本、緯來電影、緯來綜合、緯來戲劇、緯來育樂、緯來體育；7. 星空家族（福斯 FOX 集團）：衛視中文臺、衛視電影、衛視西片、Channel V；8. 年代家族：年代、Much TV、東風；9. 非凡：非凡新聞、非凡財經；10. 壹電視：新聞臺、綜合臺，以及11. 其他：超視、Discovery、NGC、ESPN、MOMO 親子臺、霹靂、龍祥、AXN、Cinemax、好萊塢電影臺等。

二、他們收多少服務費？

就目前市場行情來說，如果廠商的廣告製作是由 A 廣告公司做，而媒體購買是由 B 媒體公司做，假設廠商支出一筆 3,000 萬的廣告預算，則大概必須支付10% 服務費給 A 及 B 公司。其中廣告代理商約可得到 7%~8% 服務費，即 210萬~240 萬元，而媒體代理商約可得到 2%~3% 服務費，即 60 萬~90 萬元之間不等。

另外，就現況來說，媒體代理商又經常有向媒體公司索取退佣，這種退佣率大致在 15%~20% 之間，這也是媒體代理商另一份收入的來源，助益蠻大的。

總結來說，如果某廣告主（廠商）這筆 3,000 萬廣告預算，要扣掉這 10%，即 300 萬元支付給廣告公司及媒體代理商公司，因此，只剩下 2,700 萬元可以刊播廣告。但也可以外加的，即 3,000 萬元加上 300 萬元，亦即廠商支出 3,300萬元，3,000 萬元為純刊播廣告，而 300 萬元則為支付服務費，這就是內含或外加的狀況。

雖然，媒體代理商只拿到 2%~3% 的服務費，但由於他們的委託刊播客戶會比較多，故累積起來，其營業額也不小。例如：凱絡媒體公司的年度營業額為70 億元，若乘上 2%~3% 的服務費，即有 1.4 億~2.1 億的獲利收入。相反的，廣告代理商雖然拿到 7%~8%，但他們的客戶數比較少，因為大大小小的廣告公司太多了，因此，他們反而營業額很小。例如：李奧貝納及奧美廣告公司的營業額就只在 2 億~3 億元之間而已。顯然，廣告公司由於進入門檻很低，自行創業者很多，因此，要賺大錢是不太容易的。

品牌行銷操作——電視廣告TVCF

電視廣告創意與製拍 TVCF  電視臺時段播出

電視廣告迄今為止，仍是最重要且必需要的。

電視廣告片基本三大類型

1. 產品廣告
2. 促銷型廣告
3. 形象廣告

電視廣告播放的頻道類型

第一主要	新聞臺	綜合臺			
第二次要	洋片臺	國片臺	戲劇臺	日片臺	
第三次要	卡通臺、兒童臺	新知臺	音樂臺	體育臺	其他臺

國內電視廣告播放電視臺（TVC）

無線臺
1. 臺視
2. 中視
3. 華視
4. 民視

有線臺			
1. TVBS	4. 中天	7. 福斯衛視	10. 八大
2. 三立	5. 緯來	8. 年代	
3. 東森	6. 非凡	9. 壹電視	

每支電視廣告片TVC秒數

- 10 秒（10"）最少
- 20 秒（20"）
- 30 秒（30"）
- 40 秒（40"）
- 60 秒（60"）最多

7-15 品牌與促銷活動 I

行銷與業務（marketing & sales）是任何一家公司創造營收與獲利的最重要來源。而在傳統的行銷 4P 策略作業中，「推廣促銷」策略（sales promotion strategy, SPS）已成為行銷 4P 策略中的最重要策略。而促銷策略通常又會搭配「價格」策略（price strategy），形成相得益彰與「贏」的行銷兩大工具。

一、促銷策略重要性大增的原因

近幾年，全球各國的促銷策略運作已非常廣泛、普及而且深入，最主要的原因有三點，茲說明如下：

(一) 大部分主力品牌產品，已不容易創造多大的產品內容差異化優勢：換言之，產品的水準已非常接近，彼此好像差不多。既然大家都差不多，那麼就要比價錢、比促銷的優惠或是服務水準。

(二) 近年來的市場景氣低迷，只有微幅成長甚或衰退：在景氣不振之時，消費者更會看緊荷包，寧願等到促銷時才大肆採購。換言之，消費者更聰明、更理性、更會等待，也更會分析比較。

(三) 競爭者的激烈競爭手段，一招比一招高，一招比一招重，已把消費者養成重口味：但這也是沒有辦法的事，競爭者只有不斷出新招、出奇招，才能吸引人潮，創造買氣，提升業績，達成營收額創新高之目標，並取得市場與品牌的領導地位。

二、促銷的目的何在

促銷（sales promotion, SP）是廠商經常使用的重要行銷方法，也是被證明有效的方法，特別在景氣低迷或市場競爭激烈的時刻，促銷經常被使用。

歸納來說，促銷的目的，可能包括了下列幾項：1. 能有效提振業績，使銷售量脫離低迷，有效增加；2. 能有效出清快過期的過季商品庫存量，特別是服飾及流行性商品；3. 獲得現流（現金流量）也是財務上的目的，特別是零售業，每天現金流入量大，若加上促銷活動則現流更大；對廠商也是一樣，現流增加，對廠商資金的調度也有很大的助益；4. 能避免業績衰退，當大家都在做促銷時，你不做，則必然會帶來業績衰退的結果，因此像百貨公司、量販店等各大零售業，幾乎大家都會跟著做，不敢不做；5. 為配合新產品上市的氣勢與買氣，有時也會同時做促銷活動；6. 為穩固市占率（market share），廠商也不得不做促銷；7. 平常為維繫品牌知名度，偶爾也會做促銷活動，順便上廣告片；8. 為達成營收預算目標，最後臨門一腳加碼，以及 9. 為維繫及滿足全國經銷商的需求與建議，而搭配做促銷。

促銷九大目的

1. 能有效提振業績
2. 能有效出清過期庫存品
3. 能獲得現金流量
4. 能避免業績衰退
5. 為配合新產品上市活動
6. 為穩固市占率
7. 為維繫品牌知名度
8. 為達成營收預算目標
9. 為滿足全國各地經銷商的需求與建議

◀百貨公司週年慶促銷活動

▼全面降價促銷活動

▲百萬抽獎促銷活動

▶限時超低價促銷活動

7-16 品牌與促銷活動 II

比較常見的促銷工具，大致有以下十四種，其中抽獎是最常使用的方式。

一、促銷工具的種類

下列十四種促銷方式是專門針對消費者實行的，包括 1. 抽獎，這是最常使用的方式；2. 免費樣品（free charge sample）：不少廠商將新產品投遞到消費者家中信箱，免費送樣品提供消費者使用，以打開知名度及使用習性；3. 滿額贈獎滿千送百，以刺激消費者消費；4. 折扣，例如：百貨公司或超級市場都會在節慶進行打折活動；5. 促銷型包裝：愈來愈多廠商為吸引消費者在購買現場的情緒，通常都會有一大一小的包裝，小的產品則屬於贈品；6. 購買點陳列與展示（point of purchase display）：廠商偶見在各種場合，以現場展示與說明，來吸引消費者購買；7. 公開展示說明會，例如：電腦、資訊、家電或海外房地產等產品，常會邀請潛在顧客赴一些高級場合參觀公司公開的展示說明會，以求讓消費者增加認識與信心；8. 特價品（均價 99 元）活動或特價區（每件 50 元、每件 99 元）或任選三樣可以便宜很多錢；9. 紅利積點換贈品活動；10. 贈送折價券或抵用券；11. 加價購：消費者只要再花一些錢，就可以買到更貴、更好的另一個產品；12. 買第二個，以八折優待；13. 來店禮及刷卡禮，以及 14. 加送期數，例如：兒童雜誌每月 300 元，一年期 3,500 元，但新訂戶免費加送二期，合計一年有十四期可看。

二、促銷活動應注意事項

（一）官網的配合：公司官方網站應做相對應的配合宣傳及配合作業事項，例如：中獎名單的公告等。

（二）增加現場服務人員，加快速度：在促銷活動的前幾天，零售賣場可能會擠進一堆人潮，此時現場的收銀機服務窗口及人員、現場服務人員，可能必須多加派人手支援，以避免顧客抱怨，影響口碑。

（三）避免缺貨：對廠商而言，促銷期間應妥善預估可能增加的銷售量，務必做好備貨安排，隨時供應到銷售店面而不致出現缺貨缺失，以避免顧客抱怨。

（四）快速通知：對於中獎名單及顧客通知或贈品寄送的速度，應該要儘快完成，要有信用。

（五）異業合作協調好：對於與信用卡公司或其他異業合作的公司，應注意好雙方合作協調的事宜，勿使問題發生。

（六）店頭行銷配合布置好：對於廠商自己的連鎖直營店、連鎖加盟店或零售大賣場的廣宣招牌、海報、立牌、吊牌等，都應該在促銷活動日期之前，就要處理布置完成。對於店員的員工訓練或書面告知，都要提前做好。

（七）停止休假：在促銷期間，廠商及零售賣場經常是全員出動而停止休假。

對消費者促銷活動二十一種方式

例如：百貨公司或超級市場，都會在每個時節或特殊日子或換季時進行打折活動，通常消費者會暫時忍耐消費，期待打折時再大舉購買，以節省支出。

例如：將標籤剪下參加抽獎活動，獎項可能包括國外旅遊機票、家電產品、轎車、日用品等。

另外也有組合式包裝或兩大產品的共裝，但價格卻較個別購買時便宜，主要目的還是希望藉此價格稍便宜而增加銷售量。

例如：購買多少金額以上，就免費贈送手提袋或其他產品，刺激消費者購買足額，以得到贈獎；如滿千送百，亦很受歡迎；或是買2,000送200抵用券；或是滿1萬送1,000元抵用券或禮券。

對消費者促銷活動的二十一種方式

1. 節慶打折（折扣）
2. 無息分期付款
3. 紅利積點
4. 送贈品
5. 折價券（抵用券，coupon／購物金）
6. 抽獎
7. 包裝贈品
8. 特賣會

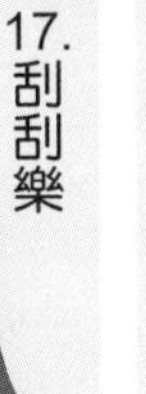

9. 滿千送百
10. 來店禮、刷卡禮
11. 店頭POP布置
12. 試吃
13. 代言人廣告
14. 新廣告說明會、展示會
15. 企業與品牌形象廣告
16. 服務增強
17. 刮刮樂
18. 報導型廣告
19. 均一價
20. 買一送一
21. 其他促銷方式

此外，也常見在購買現場張貼海報或旗幟，以引起消費者注意。

促銷活動成功六要素

1. 誘因要夠
2. 廣告宣傳及公關報導要夠
3. 會員直效行銷
4. 善用代言人
5. 與零售商、大賣場良好配合
6. 與經銷商良好配合

對通路商

1. 提高折扣率
2. 出國旅遊
3. 參股（入股）
4. 津貼補助
5. 贈品
6. 展示會

7-17 品牌與公關

企業內部的公關部門及公關人員，其主要對外溝通對象，其實是很多元的；而其目標亦有多種，可整理成外部與內部目標兩種來說明之。

一、公關的溝通對象

企業內部的公關部門及公關人員主要對外溝通對象，包括 1. 新聞媒體（電視臺、報社、雜誌社、廣播電臺、網路公司）；2. 壓力團體（消基會、產業公會、同業公會）；3. 員工工會（大型民營企業的員工工會）；4. 經銷商（廠商的通路銷售成員）；5. 股東（大眾股東）；6. 消費者（一般購買者）；7. 同業（競爭同業業者）；8. 意見領袖（政經界名嘴、律師、聲望人士等），以及 9. 主管官署（政府行政主管單位）。

上述公關對象，大部分以對外對象為主軸，對內公關的員工對象則為次要。

二、公關部門的目標（或目的、功能）

企業內部公關部門的目標、目的或功能，主要包括以下幾點：1. 達成與各電子媒體、平面媒體、廣播媒體、雜誌媒體及網路媒體的正面、良好互動及充分認識的媒介關係與人際關係目標；2. 達成與外部各界專業單位、各界專業人士及各界策略聯盟合作夥伴等良好的互動關係目標；3. 達成協助營業部門、行銷企劃部門及專業部門之專業活動推動執行與公關業務執行工作目標；4. 達成預防企業可能危機事件之出現，以防微杜漸，以及面對突發性危機事件出現之後的快速與有效的因應處理，而使危機事件迅速弭平，降低對公司傷害到最小目標；5. 達成宣揚公司整體企業形象，獲得社會大眾、消費者、上下游往來客戶等支持、肯定及讚美之目標；6. 達成平日與各界媒體良好的業務往來，並滿足媒體界的資訊需求目標，以及 7. 達成對內部各平行部門及各單位員工之對公司的強勁向心力、使命感及企業文化建立。

三、從量與質評估公關公司的表現

企業最常評估公關表現的方式是從媒體表現來看，一般來說，可以從量和質判斷。

以量來說，可以從各媒體的曝光量、篇幅大小、版位來計算廣告成本；在質方面，則可看露出的消息是否符合原本規劃的行銷目的，甚至還可以打分數。

結案報告關係到公關公司請款，因此，各家公關公司在做結案報告時，都會特別用心。事實上，對公關客戶來說，如果能把這些氣力用在公關服務上，讓公關表現更好，就能得到客戶的讚賞。

公關的溝通對象

企業

1. 新聞媒體
2. 壓力團體
3. 員工工會
4. 經銷商
5. 股東
6. 消費者
7. 同業
8. 意見領袖
9. 主管官署

企業內部公關部門之目標與功能

1. 達成與各界媒體的良好互動關係目標
2. 達成與外界各專業單位的良好互動關係目標
3. 達成協助營業、行銷企劃及事業部門的業務執行分工事情
4. 達成快速危機事件處理或防微杜漸工作目標
5. 達成提升企業形象之工作目標
6. 達成滿足平日媒體界資訊需求之目標
7. 達成對內員工向心力與企業文化建立之目標

國內主要公關公司名單

項次	公關公司名稱	員工人數	項次	公關公司名稱	員工人數
1.	21世紀公關	53人	11.	精采公關	25人
2.	先勢公關	32人	12.	精英公關	30人
3.	知申公關	21人	13.	戰國策公關	30人
4.	威肯公關	22人	14.	頤德國際	40人
5.	凱旋公關	24人	15.	聯太公關	35人
6.	奧美公關	60人	16.	雙向公關	15人
7.	楷模公關	27人	17.	縱橫公關	18人
8.	萬博宣偉公關	20人	18.	理登公關	21人
9.	經典公關	31人	19.	博思公關	20人
10.	達豐公關	30人			

品牌行銷操作——公關報導

讓品牌名字或 logo 多露出

電視露出報導｜報紙露出報導｜雜誌露出報導｜網路露出報導｜手機露出報導

正面、有利、形象良好的露出報導

7-18 品牌與新產品上市記者會撰寫要點

如何讓品牌正面、有利、形象良好地在主要各類媒體露出呢？成功的舉辦一場新產品上市記者會是一個很好的方式。

一、新產品上市記者會企劃案撰寫要點

(一)記者會主題名稱　　**(二)記者會日期與時間**

(三)記者會地點　　**(四)記者會主持人建議人選**

(五)記者會進行流程（run down）：包括出場方式、來賓講話、影片播放、表演節目安排等。

(六)記者會現場布置概示圖

(七)記者會邀請媒體記者清單及人數：包括 1.TV（電視臺）出機：TVBS、三立、中天、東森、民視、非凡、年代、壹電視等八家新聞臺；2. 報紙：蘋果、聯合、中時、自由、經濟日報、工商時報；3. 雜誌：商周、天下、遠見、財訊、非凡；4. 網路：蘋果網、ETtoday 聯合新聞網、NOWnews、中時電子報，以及 5. 廣播：News98、中廣。

(八)記者會邀請來賓清單及人數：包括全省經銷商代表。

(九)記者會準備資料袋：包括新聞稿、紀念品、產品 DM 等。

(十)記者會代言人出席及介紹

(十一)記者會現場座位安排

(十二)現場供應餐點及份數

(十三)各級長官（董事長／總經理）講稿準備

(十四)現場錄影準備

(十五)現場保全安排

(十六)記者會組織分工表及現場人員配置表：包括企劃組、媒體組、總務招待組、業務組等。

(十七)記者會本公司出席人員清單及人數

(十八)記者會預算表：包括場地費、餐點費、主持人費、布置費、藝人表演費、禮品費、資料費、錄影費、雜費等。

(十九)記者會後安排媒體專訪

(二十)記者會後事後檢討報告：即針對出席記者統計、報導則數統計、成效反應，以及優缺點做一效益分析。

二、新產品發表記者會應準備事宜

一場新產品發表記者會應準備事宜，包括 1. 地點選擇；2. 時間、日期；3. 活動設計；4. 場景布置；5. 代言人選；6. 主持人腳本；7. 公關客戶致詞內容；8. 老闆致詞內容；9. 媒體問答預想；10. 流程掌控；11. 媒體記者邀請名單；12. 資料準備；13. 贈品準備；14. 手提袋準備；15. 現場餐點準備；16. 預算控制；17. 現場招待人員；18. 舞臺、燈光，以及 19. 其他事項。

新品上市記者會／發布會成功要點

成功記者會

1. 記者會節目內容具吸睛、能吸引人！有創意！
2. 記者會要有一個知名的主持人！
3. 記者會舉辦地點與交通要方便！
4. 記者會的出席人物，應有話題性！
5. 幾家主要的電視、報紙、雜誌及網路記者應該要邀請到！
6. 要準備給出席記者一些紀念品或禮品為佳！
7. 事後，各媒體的露出報導要夠多！

公關新聞稿撰寫五原則

1. 人事時地物寫清楚。
2. 清楚、簡單、明瞭、易於辨識重點。
3. 有新意。
4. 針對不同媒體的性質、不同路線的記者，給適宜的新聞內容。
5. 圖片、圖說不能少。

Date ______/______/______

第 8 章
品牌經理人的工作重點

8-1 品牌經理人八大行銷工作重點 I

8-2 品牌經理人八大行銷工作重點 II

8-3 品牌經理人在新品開發上市過程中的工作重點 I

8-4 品牌經理人在新品開發上市過程中的工作重點 II

8-5 品牌經理人必須藉助內外部協力單位

8-6 優秀品牌經理人的能力、特質及歷練

8-1 品牌經理人八大行銷工作重點 I

品牌經理（brand manager）在外商公司消費品產業中，扮演著公司營運發展的重要支柱，像 P&G（寶僑）、Unilever（聯合利華）、Nestle（雀巢）、L'OREAL（萊雅）、LVMH（路易威登精品集團），以及國內統一企業等，均是採取品牌經理行銷制度非常成功的企業案例。即使不是採取品牌經理制度，亦大部分採取產品經理（product manager）或行銷企劃經理（marketing manager）制度的模式，其實這三者的差異，並不能說差異很大，畢竟企業營運及行銷量最終都要講求獲利及生存，組織方式、組織名稱及組織權責分配狀況，倒不是唯一重要的。

因此，不管是品牌經理、產品經理或行銷經理，其相通的共同八大行銷實戰工作，根據筆者的長期研究，可以歸納出下列具邏輯順序的八項重點。

一、市場分析與行銷策略研訂

任何行銷策略或行銷計畫研訂前，當然要分析、審視、洞察及評估市場最新動態及發展趨勢，然後才能據以進一步訂下行銷策略的方向、方式及重點。在這個階段，品牌經理還需細分下列工作內容，包括 1. 分析及洞察市場狀況與行銷各種環境的趨勢變化；2. 對本公司既有產品競爭力展開分析，或對計畫新產品開發方向的競爭力分析評估；3. 找出今年度或上半年度行銷策略的方向、目標、重點及提出作法；4. 試圖創造出行銷競爭優勢、行銷競爭力、行銷特色及行銷主攻點，然後才能突圍或持續領先地位，以及 5. 再一次檢視、討論及辯證行銷策略是否與市場趨勢變化具一致性，以及策略是否會有效的再思考。

二、對既有商品的強化或新商品的上市開發計畫

商品力通常是行銷活動的最核心根基及啟動營收成長的力量所在。因此，品牌經理念茲在茲時，就是先要從既有商品或新商品，或是多品牌／自有品牌的角度出發，展開革新或創新工作，以及上市開發計畫。

三、提出銷售目標與計畫及今年度損益表預估數據

提出銷售目標與計畫及產品別／品牌別今年度損益表預估數據；亦即部分要配合業務部及財會部，參考同業競爭狀況、市場景氣狀況，以及本公司的營運政策及行銷策略的最新狀況，然後訂出公司高層及董事會要求的績效與獲利目標。

四、銷售通路布建的持續強化

協助業務部對通路發展策略、獎勵辦法、教育訓練支援、賣場促銷配合，以及通路貨架上陳列等相關事項，做出提升通路競爭力的工作。唯有在各層次通路商良好的搭配下，商品銷售業績才會有好的結果。

品牌經理八大行銷工作重點

(一) 市場分析與行銷策略研訂

1. 分析及洞察市場狀況與行銷環境趨勢變化。
   - (1) 市場生產規模與市場趨勢分析
   - (2) 主要前三大競爭對手能力分析（前三大品牌分析）
   - (3) 消費者偏好、需求及購買模式分析
   - (4) 產品、價格、通路趨勢分析

2. 對本公司既有產品競爭力分析或計畫新產品開發方向競爭力分析檢討。
   - (1) 比較本公司產品與主力競爭對手產品的競爭力分析
   - (2) 包括SWOT分析（優勢、劣勢、機會、威脅）、4P分析、8P/1S/1C分析

3. 找出今年度（或本季／本月）行銷策略的方向、目標、重點及提出作法。
   - (1) 找出S-T-P（區隔－目標－定位）策略在哪裡？
   - (2) 找出4P或8P/1S/1C或品牌等當前最重要的策略重點是哪一些或哪些項，以及如何作法？
   - (3) 行銷策略的宣傳口號（slogan）是什麼以及訴求重點是什麼？獨特銷售賣點（USP）是什麼？差異化策略是什麼？成本降低策略是什麼？

4. 試圖創造出行銷競爭優勢、行銷競爭力、行銷特色及行銷主攻點，才能突圍或持續領先地位。

5. 最後，再一次檢視、討論及辯證行銷策略是否與市場趨勢變化相一致性，以及策略是否會有效的再思考。

8P/1S/1C/1B

8P	product（產品）、price（訂價）、place（通路）、promotion（推廣）、public relation（公關）、professional sale（銷售）、process operation（流程）、physical environment（實體價值）
1S	service（服務）
1C	CRM（顧客關係管理）
1B	branding（品牌工程）

(二) 對既有商品改善、強化計畫、新商品上市開發計畫、多品牌／自有品牌上市開發計畫

(三) 研討銷售目標、銷售計畫及產品別／品牌別的損益表預估

1. 參考同業競爭對手同類型產品銷售成績（銷售量／銷售額／銷售型式）。
2. 參考今年度整體市場供需狀況、經濟景氣好壞、行業特性及競爭激烈狀況。
3. 本公司在上述行銷策略及公司營運政策指示下，訂出預估的年度銷售目標及具體執行計畫。
4. 配合財會部門訂出今年度損益表預估數據。

(四) 通路（銷售通路）布建的持續強化（此為業務部工作重點，品牌經理協助）

1. 通路發展策略是什麼（多元通路政策、虛實並進政策、密集政策……）。
2. 通路獎勵制度及辦法研訂。
3. 通路教育訓練支援／資訊情報提供支援。
4. 通路貨架上商品的陳列、POP立牌、海報製作物、專區專櫃布置等。
5. 通路上架談判及協調。
6. 通路促銷活動配合或主動提案請求。

（接下單元）

8-2 品牌經理人八大行銷工作重點 II

品牌經理擔負著這八項繁重的行銷工作，從規劃、執行到考核追蹤等，可說非常辛苦，經常要每天加班到晚上，因為，在各品牌激烈競爭中，要維持既有成果或創造成長空間，都不是一件容易的事情。

因此，一個優良且成功的品牌經理人員，一定要具備如 236 頁下方所示的六項條件，加上公司或集團強大資源的投入支援，才能保持卓越。

五、商品正式上市活動及媒體宣傳

品牌經理必須提出整合型行銷傳播配套方案，不只是透過單一廣告媒體的宣傳，務使其各種行銷傳播工具或活動的進行，將新品牌知名度在極短的時間內，拉到最高。

六、銷售成果追蹤與庫存管理

產品改良上市或新品上市後，才是品牌經理挑戰的開始。品牌經理必須與業務經理共同負起銷售成果的追蹤，每天／每週／每月均密切開會，交叉比對各種行銷活動及媒體活動後的銷售成績，找出業績成長與衰退原因，並且立即研擬新的行銷因應對策，再付諸實施。另外，庫存數量的管理也很重要，庫存過多，影響資金流動；庫存過少，不能及時供貨給通路商。

實務上，除了檢討銷售業績外，對於各品牌別的損益狀況及全公司損益狀況，公司高層必然也會及時的在次月 5 日或 10 日前，展開當月別的損益盈虧狀況的檢討及分析，然後對品牌經理及業務經理提出資訊告知與對策指示。

七、定期檢視品牌健康度（又稱品牌檢測）

品牌權益價值常隨顧客群對本公司品牌喜愛度及忠誠度，時升時降，而有所改變。品牌經理必須注意到在幾個主要競爭品牌之間的彼此消長狀況如何。因此，通常每年至少一次或兩次，要做品牌檢測的市場調查報告，以了解本品牌在顧客心目中的變動情況，是更好或變差，或是維持現狀等，然後有因應對策。

八、準備防禦行銷計畫或採取攻擊行銷計畫

品牌經理其實最痛苦的是每天必須面對競爭對手瞬息萬變的激烈競爭手段。例如：常見競爭對手採取大降價、大促銷、大量廣告投入、全店行銷等各種強烈手段搶攻市占率、搶客戶及搶業績。在此狀況下，品牌經理有何防禦計畫或轉守為攻的攻擊行銷計畫，也都是品牌經理在產品上市或日常營運過程中，每天必然面對的無數挑戰。

品牌經理八大行銷工作重點（續）

(五) 正式上市活動與媒體宣傳（如果是新品上市或舊品改良）

- 1. 不只做廣告，要有整合行銷傳播配套措施。另外，廣告創意的有效度，也很重要。
  - (1) 五大媒體廣告組合的選擇及搭配
  - (2) 公關媒體報導
  - (3) 事件活動
  - (4) 代言人造勢
  - (5) SP促銷活動配合
  - (6)直效行銷配合
  - (7)話題行銷
  - (8)品牌／口碑行銷
- 2. 品牌經理擔任品牌發言人，回應媒體、客戶、通路的詢問。
- 3. 通路商或代理商的充分銷售支援，形成上、下游團隊努力。

↓

(六) 銷售成果追蹤與庫存管理

1. 產品上市後，才是品牌經理挑戰的開始。品牌經理需與業務經理共同面對業績壓力及市占率變動。
2. 品牌經理及業務經理每天／每週／每月均密切開會，交叉比對各種行銷活動及銷售成績，找出成長與衰退的原因，並且立即研擬因應對策，再付諸實施。
3. 庫存管理也很重要。影響庫存過多、不當或不足因素很多，包括市場淡旺季、經濟景氣變化、公司的廣告投入、公司的促銷活動等。甚至，競爭對手的一舉一動也影響本公司。
4. 每月必須定期檢討本品牌／本產品的損益績效狀況，即盈虧狀況分析。

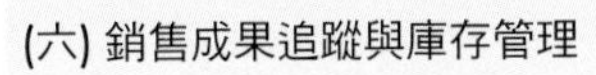

↓

(七) 定期檢視品牌健康度（品牌檢測）

1. 每季／每半年／每年，都要做顧客對本公司品牌喜愛度、認同度、知名度、聯想度及忠誠度的調查報告，了解品牌在消費者心目中的變化如何，作為因應。
2. 服務品質／客訴處理均會影響品牌形象的變化，應訂出會員服務計畫及會員經營計畫。

↓

(八) 準備防禦行銷計畫或採取攻擊行銷計畫

1. 面對競爭對手採取大降價、大促銷、大量廣告投入等活動搶攻市占率之下，本公司如何防禦、因應對策。
2. 本公司主動出擊，採取上述策略搶奪第一品牌。

↓

END

8-3 品牌經理人在新品開發上市過程中的工作重點 I

新商品開發及上市，是品牌經理的重大考驗。因為，這不像一般既有商品的操作，它們會比較單純，只是一種維繫性工作，只要能保住原有銷售業績成果，就可以向上級交差了事。而且，畢竟既有品牌也推出了好幾年，應有一些穩固的基礎了，尚不會在短時間內，產生太大的變化。但是，對於一個新商品的全面研發及上市則是一個全面性的任務及工作。不僅要打造知名度，而且還要賣得動，這多重任務及壓力，可說非常大。但是，公司又不可能沒有定期推出新產品，因為既有產品終究也會有老化或新鮮感失去的時刻。

因此，新商品開發及上市，當然是非常重要的事，也是考驗品牌經理有多大能耐與功力的時刻。

一般來說，品牌經理在新商品開發及上架過程中，扮演著主導性專案小組工作，大概可再細分為七項工作重點，以下說明之。

一、尋找切入點（商機何在？）

品牌經理應該要尋找到可以「商品化」的概念，此即「市場切入點」。

這些切入點的來源，包括了品牌經理對國內及國外（日本、韓國、美國等）市場與產業發展的最新趨勢（trend）和變化（change）的掌握及判斷，也可以是各種來源管道的商品創意提案等。

品牌經理一旦尋得切入點，即要加快速度，大膽投入，克服各種難題，取得先機。

二、品牌前測（上市前之工作）

在產品正式生產及上市之前，品牌經理還應該做好下列幾件事情，才算是準備周全：

(一) 找出產品特色：亦即找出產品特有的屬性、特色及獨特銷售賣點（unique selling point, U.S.P）。

(二) 評估出 S-T-P 架構：找出產品的區隔市場、目標客層及產品定位何在等策略決定。

(三) 測試新品：在試作品完成後，即應協同市調公司進行新品測試工作。例如：消費者對這個產品的口味、包裝、品名、包材、容量、設計風格、訂價等之反應，並針對缺失不斷調整改進，直到市調最大多數人的滿意為止。

(四) 要求外部協力單位提出新品上市計畫：要求廣告公司、公關公司、活動公司提出產品上市後，整合行銷傳播計畫及行銷預算支出的討論確定。

品牌經理在新品開發上市過程中七大工作重點

（一）尋找切入點（商機何在？）

1. 日常即應掌握好本身所處的產業最新動態，包括國內及國外市場。
2. 對市場趨勢與變化具有高度的敏感度及察覺度。
3. 應找到可以「商品化」的概念，此即「市場切入點」，即為商機所在。
4. 但商機應嚴格評估其可行性及未來性。只要是可行的、具前瞻未來的，不管有多大困難，均應努力克服，率先投入，取得先機。

↓

（二）產品前測（上市之前工作）

1. 找出產品特有的屬性、特色、獨特銷售賣點（包括物質或心理的屬性均在內）。
2. 評估出S-T-P架構（根據此種產品特色賣點，進一步找出區隔市場、目標客層及產品定位何在等，此即產品策略階段。）
3. 委託市調公司對新測試品的口味、外觀、品名、商標、包裝、包材、容量、設計風格、訂價合宜等之反應，加以改善到完美及具市場接受度為止。此階段一定要非常嚴格／嚴謹，寧可事前做好品質及需求滿足，也不要事後修改，浪費人力／財力／物力。
4. 廣告公司、公關公司、活動公司此時亦應參與討論，並且準備各種整合行銷傳播活動的創意提案及不斷討論與修正規劃案。另外，新商品上市行銷預算支出多少，也需做一個明確的定案。

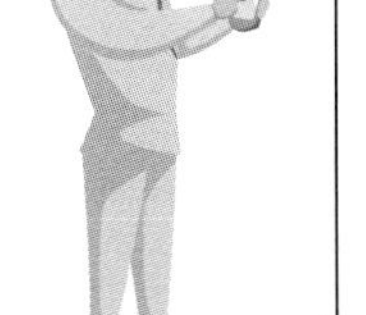

↓

（三）準備進入生產製造或委外代工生產

1. 根據銷售部門銷售預測，品牌經理向生產部門確認生產數量／生產排程及產銷協調等工作。
2. 物流配送作業協調開會。
3. 製造成本控制及紀錄。
4. 做出第一年損益表預估數據（分月／分季／分年）。

↓

（四）生產完成後，銷售部門即已安排好各種通路的配送及上架完成

品牌經理要求物流部門及銷售部門在確定時間內，完成各種通路準時上架的目標。

↓ （接下單元）

8-4 品牌經理人在新品開發上市過程中的工作重點 II

品牌經理必須在新品開發上市過程中，積極扮演好專案小組的主導角色。

三、準備進入生產製造或委外代工生產

品牌經理，此刻需與業務部門經理共同討論，以及做出前半年、前三個月的銷售預測，並納入生產排程，並且協調物流配送作業安排。

當然，此時除了產銷協調工作外，高層主管也會要求品牌經理配合財會部門的作業，提出新產品上市後每個月及一年內的預估損益表概況，以了解第一年的虧損容忍度是多少。有的公司，甚至會被要求做出兩年度的損益預估表。當然，年度愈長就愈不準確，因為市場狀況變化會很大。

四、生產完成後，準時通路上架完成

品牌經理在此階段，會要求業務部門一定要協調好各通路商，在期限內準備好新商品準時上架的目標。這也是一項複雜工程，很可能要求在短短幾天內，就要完成全省各縣市及各不同通路據點的上架。然後，才能做出全面的廣告宣傳活動。

五、全面展開整合行銷宣傳

接著，品牌經理就已經規劃好的行銷宣傳活動，即刻全面鋪天蓋地施展呈現，包括第一波五大媒體的廣告刊播、代言人宣傳、新商品上市記者會、媒體充分報導、販促活動舉辦、事件行銷活動舉辦等在內，希望一炮能打響此產品的知名度及促購度。

六、隨時緊密檢討第一波新商品上市後業績

新商品上市三個月，在貨架上大概就可以定生死了。賣得不行的，很快就會被便利商店體系通路退貨下架，不能再賣了，也有可能出現大賣的好狀況。但不管賣得好不好或普通，品牌經理及業務部門，一定要緊密的開會討論，並且蒐集通路商意見及消費者意見，研討如何趕快因應改善的具體措施，包括產品本身問題、價格問題、廣宣問題、行銷預算問題等各種可能的缺失或不夠正確性。

七、順利上市，再由另一組人，積極籌劃下一個新商品上市計畫

「人無遠慮，必有近憂」，沒有永遠的第一名，因為第二名、第三名總是虎視眈眈，設法搶攻第一品牌的位置。唯有不斷開發、不斷創新，公司才能保有半年到一年的領先優勢。

品牌經理在新品開發上市過程中七大工作重點（續）

（五）全面上市、上架，全面行銷宣傳

1. 展開第一波電視、報紙、廣播、雜誌、巨幅戶外看板、網路等各種適宜媒體上檔宣傳。在短時間內，打開知名度及聲勢。
2. 代言人宣傳／新商品上市記者會。
3. 媒體公關報導（全面見報／置入新聞）。
4. 事件活動舉辦（運動行銷／活動行銷……）。
5. SP販促、活動舉辦（大抽獎活動、送贈品、買大送小、買二送一等）。
6. 直效行銷（DM郵寄／e-DM／VIP day）。

↓

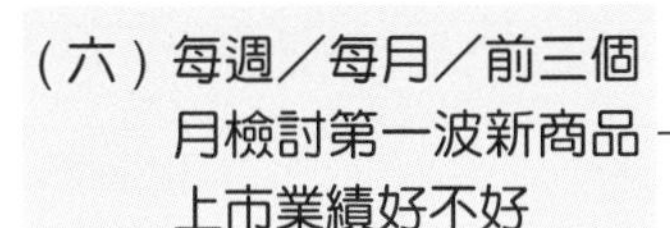

（六）每週／每月／前三個月檢討第一波新商品上市業績好不好

1. 業績不好，距離原訂目標有差距，應立即檢討問題出在哪一個P，哪一個環節上，並做出立即改善對策，以及考慮暫時停止廣告投入，以免浪費。
2. 業績普通，不好不壞，持續同上述改革。
3. 業績大好，超出預期目標，成為暢銷商品及暢銷品牌。此時，亦應檢討上市為何能夠成功原因，並且持續此種優勢，以避免對手也同樣在三個月後或半年後，跟上來競爭。
4. 展開品牌資產打造、累積及維護工作。

↓

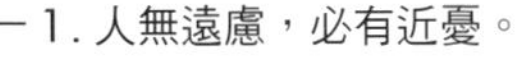

（七）準備一年後此類產品新商品開發研究的投入準備工作，以保持永遠持續性領先優勢

1. 人無遠慮，必有近憂。
2. 沒有永遠的第一名，只有不斷開發、不斷創新，才能保有半年到一年的領先優勢。

↓

END

8-5 品牌經理人必須藉助內外部協力單位

品牌經理在整個新商品開發、生產及行銷上市的複雜過程中，其實他扮演的是一個跨單位的資源整合者角色。換言之，品牌經理必須要有很多內部及外部各種專業人員的支援、分工及協助，才能完成新商品上市順利成功的工作任務。以下圖表即是顯示出品牌經理必須藉助的各公司專業資源。

	聯絡單位	工作內容
對外	廣告公司	1.工作內容指示　2.廣告策略討論 3.提案修改與確認　4.事後評估討論
	媒體服務公司	1.媒體策略討論　2.要求廣告報價 3.通知媒體購買　4.安排CUE表（媒體排期表） 5.事後評估討論
	公關公司	1.工作內容指示　2.公關策略討論 3.提案修改與確認　4.新聞內容資料提供 5.活動相關製作物確認　6.活動各項細節確認 7.事後評估討論
	市調公司	1.工作內容指示　2.提案修改、確認 3.市調細節確認　4.調查報告分析 5.擬定行動方案
	設計公司	1.工作內容指示　2.提案修改、確認
	活動公司	1.活動案確認及細節擬定　2.相關製作物製作 3.溝通公司內部相關部門配合　4.確認活動順利執行 5.事後評估討論
	各類廣告商	1.聽取提案　2.尋找評估合適媒體
	製作物／贈品公司	尋找合作廠商提供製作物／贈品
	印刷廠	1.印刷物材質選定　2.製作物打樣確認
	新聞媒體	1.新聞資料提供　2.新聞稿發布　3.接受媒體採訪
	業務部門／店務部門	1.行銷計畫報告　2.新商品計畫報告 3.促銷活動討論　4.銷售預估討論
對內	後勤生產部門	1.產品庫存狀況　2.產品到貨狀況查詢　3.包裝需求通知
	財務部門	1.產品成本與毛利計算　2.行銷預算控管　3.閱讀相關報表
	採購部門	1.提出購買項目　2.要求物品到達時間與數量
	品管部門	1.產品標示討論　2.客訴問題處理
	亞太地區／大中華區辦公室	亞太地區／大中華區專案討論與執行

品牌經理人必須藉助內外部協力單位支援而成功行銷

品牌經理人對外藉助單位——以某外商公司為例

① 廣告公司

(1) 廣告代理商（廣告 CF 企劃拍攝）
(2) 媒體服務公司（即媒體採購發展公司，例如：凱絡、傳立、電通）

② 公關公司

(1) 媒體公關
(2) 活動舉辦

③ 新聞媒體

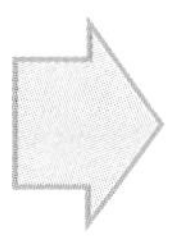

(1) 記者專訪／電話詢答
(2) 資料提供

④ 市調公司

市場調查、市場研究

⑤ 印製公司

印刷品、宣傳品印製

⑥ 贈品公司

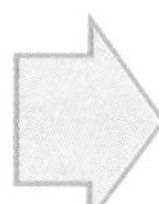

促銷贈品、包裝贈品

⑦ 設計公司

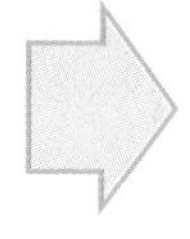

CI 設計／目錄設計／網頁設計／ DM 設計／包裝設計

⑧ 賣場活動公司

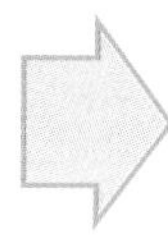

賣場 POP、試吃、試飲、賣場展示、賣場規劃

8-6 優秀品牌經理人的能力、特質及歷練

品牌經理人如何在專案小組積極扮演主導角色呢？當然有其應具備的能力、特質與相關歷練，才能勝任愉快！

一、品牌經理的四大能力

(一) 多元化專業能力：品牌經理是一個整合性工作，以及告訴合作夥伴應該如何做的指揮者。因此，必須有多元化的專業能力。這些專業能力包括了行銷專業知識、產品研發、業務銷售、產銷協調、廣告、公關及財務損益表分析等各種部門的歷練或開會學習成長。

(二) 溝通協調力：品牌經理必須面對很多的合作夥伴及內／外部協力單位，包括廣告代理商、媒體代理商、媒體公司、公關公司、賣場活動公司、產品研發工作室、市調公司、委外代工公司、藝人經紀公司、通路經銷商、記者，以及異業合作公司；另外，還包括內部各單位，如業務部、商開部、工廠等。因此，溝通協調能力、掃除本位主義、個人主義、利益共享原則、謙卑態度、站在對立思考等，均必須做到。尤其，行銷品牌人員與業務部人員的衝突性較大，一個是花錢單位，一個是背負業績壓力，彼此觀點、目標、作法、組織人員特質、利益等不太相同。

(三) 洞察力：品牌經理每天、每週接收來自各種管道的訊息、情報及市調報告等很多，如何抓取重點、抓取趨勢、見微知著，是一項考驗。而邏輯思考及見多識廣是洞察力兩大基礎。

(四) 守護品牌的決心：各種規劃、各種活動、各種傳達均需與品牌精神及品牌定位相一致性，不能模糊、不能衝突、不能不一致。

二、品牌經理的五大特質

品牌經理必須具備的特質有五點：一是對品牌充滿熱情及生命；二是工作能吃苦耐勞，經常忍受超時工作，具 7-Eleven 精神；三是頭腦靈活，懂得隨市場變化而變通；四是源源不絕的創意；五是不斷學習、追求深度及廣度成長。

三、品牌經理的四大考驗歷程

品牌經理需要經歷的考驗有四個歷程：一要曾經主導企劃並執行過新商品上市的活動及成功經驗；二要研擬過品牌長期的行銷策略（至少三年）；三要經常到通路及賣場上聽取店員、顧客及店老闆的意見及反映；四要面對競爭對手激烈挑戰，仍能維持市場占有率及市場領先的品牌地位。

品牌經理人四大能力

品牌經理人四大能力

1. 多元化專業能力

3. 洞察力

2. 溝通協調能力

4. 守護品牌決心

品牌經理人五大特質

1. 對品牌充滿熱情及生命！
2. 經常忍受超時工作！
3. 頭腦靈活，能隨時變通！
4. 高度創意！
5. 不斷學習能夠成長！

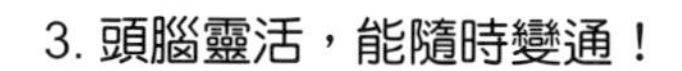

Date _____/_____/_____

第 9 章
品牌與行銷策略

9-1　品牌如何強化顧客忠誠度 I
9-2　品牌如何強化顧客忠誠度 II
9-3　提升品牌競爭優勢的成功對策組合 I
9-4　提升品牌競爭優勢的成功對策組合 II
9-5　提升品牌競爭優勢的成功對策組合 III
9-6　提升品牌競爭優勢的成功對策組合 IV
9-7　品牌對抗不景氣的行銷策略 I
9-8　品牌對抗不景氣的行銷策略 II
9-9　品牌對抗不景氣的行銷策略 III

9-1 品牌如何強化顧客忠誠度 I

最近，美國有一項調查報導指出，美國消費者對品牌的忠誠度有下降的趨勢，反而朝向低價商品購買。在不景氣時期，以及面對品牌忠誠度下降的趨勢，廠商有哪些措施可以強化顧客的忠誠度？以下簡述之。

一、發行會員卡

很多零售商或連鎖店都會發行會員卡，例如：Happy Go 卡、家樂福的好康卡等。這些會員卡都有折扣價格優惠或紅利積點回饋，確實能鞏固較高忠誠度的顧客。若活卡率高些，忠誠度提升，回購率也會跟著高些。

二、部分產品線降價回饋

面對顧客流失轉向低價品牌產品，廠商必然採取應對措施，即是針對部分產品線也採取降價回饋的對策，以挽留一些老顧客，這也是不得已的措施，至於降價的產品線及降價幅度，需視整個市場的景氣狀況再做深入分析。

三、定期舉辦大型促銷活動

廠商可以配合通路商的計畫或是由自己發動，推出大型的促銷活動。這些大型促銷活動，像會員招待會、週年慶、年中慶、特賣會，以及各種節慶活動，都可以推出折扣促銷、滿千送百促銷、滿額贈、大抽獎、免息分期付款等各式各樣促銷活動。促銷活動必然可以吸引顧客群、提振買氣，並且吸引顧客忠誠回購。

四、推出低價新產品，有物超所值感

廠商對產品的降價措施，自是不得已，因往後要再回升，恐怕也不容易。因此廠商可從推出另一低價品牌的新產品，以因應景氣低迷時代。當然這種低價產品的品質水準仍要顧及，要努力做到「平價，但東西仍好」的物超所值要求。

五、改善產品，持續強化產品力

廠商定期應對產品的包裝、包材、外觀設計、成分、內容等做出具體改良、革新與改變的措施，讓顧客有耳目一新的感覺，以留住顧客的忠誠度。產品力夠好，仍然可以吸引且留住大部分的顧客群，不至於有太大比例倒向低價品牌。

六、加強與通路商的合作及獎勵措施（見右圖說明）

七、強化服務的功能（見右圖說明）

八、推出全新產品

不景氣時期及顧客忠誠度下滑，廠商不應逃避，應正面迎戰，想辦法推出更具創新與迎合市場需求的產品。例如：美國蘋果電腦先推出 iPhone 之後，又推出 iPad 全新產品，對蘋果迷而言，更加鞏固他們的忠誠度。當然，全新產品必然要投入一段時間去規劃及研發，因此廠商要有時間的急迫感才行。

品牌如何強化顧客忠誠度

品牌如何強化顧客忠誠度

1. 發行會員卡、紅利點數卡

2. 部分產品線降價回饋
3. 定期舉辦大型促銷活動
4. 推出低價新產品，有物超所值感
5. 改善產品，持續強化產品力

6. 加強與通路商的合作及獎勵措施

通路商對廠商的銷售成績扮演重要角色，包括大型連鎖零售商或各縣市經銷商、代理商等，廠商都應該密切配合這些通路商，適時提出合作促銷案或獎勵經銷商辦法等，然後再由這些通路商發揮留住老顧客的功能。

7. 強化服務的功能

精緻與美好的服務，其實也是產品力的一環，顧客的忠誠度有時也會因完美的服務與比較好的服務，而固定使用某種品牌產品。因此，對於與顧客相關的購買前、購買中及購買後之服務，都一定要有很好的標準作業規範及優良員工的執行才行。因此，服務對顧客忠誠度有加分的效果。

8. 推出全新產品
9. 善用包裝式促銷方法
10. 選用適當的代言人
11. 發行會員刊物
12. 適當的廣告量投入，以維持曝光度
13. 適當媒體公關報導，提升企業形象
14. 通路多元化，更便利買到商品
15. 贈送與異業合作的折價券、優惠券、禮券

9-2 品牌如何強化顧客忠誠度 II

面對忠誠度下滑的行銷環境，如何提供更好品質、更多附加價值、更高物超所值感及更好的優惠價格給顧客，將是行銷人員的一項強力挑戰及努力方向。

九、善用包裝式促銷方法

顧客忠誠度有時是反映在賣場裡頭，因此，現在愈來愈多廠商都重視店頭的包裝式促銷方法，以買三送一、或買三特惠價、或買就附贈品等方式，以留住顧客的忠誠度。

十、選用適當的代言人

顧客忠誠度有時也會與優良的代言人產生連動性，例如：林志玲為 OSIM 代言「美腿機」、王力宏幫 SONY 手機代言等，都帶來不錯的銷售成績。

十一、發行會員刊物

有些化妝品、壽險、健康食品等廠商，會對他們的會員寄發會員刊物，透過這些會員刊物，希望鞏固更高的忠誠度與偏愛度。對部分消費者而言，此舉也會有些許效果。當然，在會員刊物裡也會對會員們有一些優惠的措施。

十二、適當的廣告量投入，以維持曝光度

忠誠度下降，也有可能是廣告量投入太少所引起，而被消費者遺忘。因此，即使在景氣低迷時，廠商應在適當的時間，投入適當的廣告量，以維持曝光度、形象度及忠誠度。

十三、適當媒體公關報導，提升企業形象

企業形象、品牌形象與顧客忠誠度仍是有高度相關性。好的企業形象，就能帶來更鞏固的忠誠度，因此，廠商必須透過適當的媒體公關報導，提升正面的企業形象。而適度的公益行銷活動，也是必要的支出項目之一。

十四、通路多元化，更便利買到商品

面對銷售通路的多元化，廠商應盡可能使銷售通路更加多元化，包括網路購物、電視購物及一些新崛起的實體通路購物等，均要努力上架，使消費者能更便利的買到東西，如此，便利與忠誠度才會連結在一起。

十五、贈送與異業合作的折價券、優惠券及禮券

消費者對廠商所施予的一些優惠措施，當然都是歡迎的，尤其是家庭主婦對這些都很喜歡。因此，廠商可以爭取一些異業合作的折價券、優惠券、禮券等，贈送給經常往來的顧客或會員們，也是鞏固忠誠度的作法之一。

提高顧客忠誠度作法

作法		結果		效果
精緻與美好的服務	→	難忘回憶	→	高忠誠度
率先推出全新產品	→	喜新厭舊	→	再購買
選用吸引人的代言人	→	印象深刻	→	再購買
企業形象良好	→	有好感	→	再購買
經常促銷活動	→	有好康	→	再購買

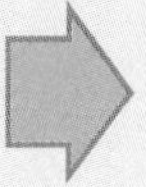

發行會員卡及紅利點數卡，增加顧客黏著度

Happy Go 卡

全聯卡

誠品卡

星巴克隨行卡

屈臣氏寵 i 卡

家樂福卡

9-3 提升品牌競爭優勢的成功對策組合 I

綜觀最新行銷競爭環境的變化，影響著企業界的經營發展與市場行銷甚鉅。企業要在這些行銷競爭環境變化的激戰中勝出，必須活用行銷競爭對策組合。

一、行銷競爭環境的變化

最新行銷競爭環境的顯著變化，包括 1. 內需市場規模受到侷限；2. 企業營收成長不易，低成長已成為常態；3. 微利時代及低獲利；4. 競爭者愈來愈多，分食市場；5. 促銷活動愈來愈頻繁，口味愈來愈重，支出愈來愈重；6. 消費者愈來愈精明，需求愈來愈多，要求愈來愈高；7. 低價戰不斷出現；8. 虛實通路相互競爭；9. 消費兩極化現象日益明顯；10. 分眾市場已成為常態；11. 消費者忠誠度下降中，以及 12. 集團企業行銷資源整合趨勢大。

二、二十項行銷競爭力對策組合

行銷競爭環境的變化，企業經營更加面臨嚴厲考驗與挑戰。企業未來要在激戰中勝出，持續保持市場領導地位，並使經營績效長青，必須從下列二十項行銷競爭組合對策中，全面的加碼、檢討、策進、產生競爭優勢，並超越競爭對手。

(一) 成本力對策：由於產品價格上漲不易，而向下走趨勢卻很明顯。為了因應價格下滑趨勢，製造業一定要力求製造成本下降，而服務業則力求進貨成本下降，以及管銷費用與人力費用的下降。企業界應該訂下成本下降的年度預算目標，並且訂下具體的推動計畫與時程表，全力 cost down。就行銷面而言，1. 廣告預算；2. 人員費用；3. 交際應酬費用；4. 進貨成本，以及 5. 無效益店面等，都是主要大宗成本刪減的優先對象。

(二) 規模力對策：適當的規模經濟體，當然可以具有多重的競爭優勢。在生產規模、服務規模、連鎖規模、直營規模、採購進貨規模、多品牌規模等，均是發揮規模經濟效益的六個努力方向。因此，企業營運及行銷活動，都必須以擴大規模為目標，才會產生競爭優勢。例如：統一超商的 5,020 家便利商店、新光三越 19 家分館百貨公司、王品餐飲的 18 個不同定位的餐飲多品牌經營、誠品 50 多家書店連鎖、屈臣氏 550 多家藥妝店、統一星巴克 350 多家咖啡店、家樂福 70 家量販店連鎖等，均充分發揮了規模經濟效益的競爭優勢。

(三) 差異特色力對策：如何在商品同質化的趨勢下，力求創造商品的差異化、特色化及獨特銷售賣點（U.S.P），才能有競爭優勢可言。像日月潭涵碧樓休閒飯店、臺北晶華大飯店、蘋果 iPod 數位隨身聽、臺北薇閣精品旅館、LV 精品店、Chanel 精品店、Lexus 高級車、信義計畫區的上億豪宅、蘋果日報、誠品信義大型旗艦店、新光三越 A4 女性館等，都稱得上具有商品差異化的代表。

面對激烈競爭時代下的二十項品牌行銷競爭對策

二十項行銷競爭對策組合

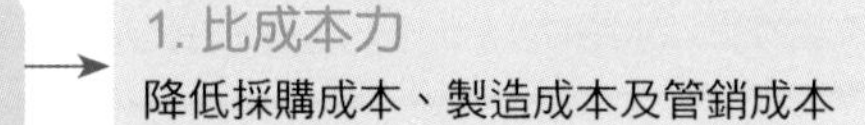

1. 比成本力
降低採購成本、製造成本及管銷成本

2. 比規模力
擴大連鎖規模、直營規模

3. 比差異特色力
創造商品差異化特色

4. 比品牌力
不斷有效強化及投資品牌

5. 比服務力
全面服務品質升級

6. 比異業資源力
加強異業結盟，充實資源

7. 比通路力
虛實通路並進，通路多元化、戰力提升

8. 比促銷力
持續性，波浪形大小促銷活動並進

9. 比創造力
持續產品的創新與改革

10. 比 CRM 力
全面顧客與管理操作

11. 比 IMC 力
有效施展，整合行銷傳播溝通作業

12. 比事業延伸力
從單一事業體，擴大延伸到多元化事業體

13. 比業務銷售力
全力強大業務組織戰力

14. 比消費者洞察力
有效、持續性的消費者研究及洞察

15. 比員工滿意力
唯有員工滿意，才會發揮戰力

16. 比速度力
速度永遠領先競爭對手

17. 比執行力
貫徹及做好執行面工作

18. 比顧客導向力
堅定、堅守顧客導向思維

19. 比全公司團隊戰力
行銷要成功，不能只依靠行銷企劃或行銷業務部門，必須仰賴其他單位協助。

20. 比公益力
善盡企業社會責任，建立優良企業形象

盡可能努力「同時」提升這二十項行銷對策組合工作

面對無情全球化競爭時代，已沒有單項行銷功能的突出及致勝可言。我們應該提升到一種全方位觀、整體觀及架構觀的視野，來看待上述二十項行銷對策組合，力求在「同時」及「同步」做好這二十項組合，並不斷進步及超越競爭對手。如此，才能在行銷層面永續的保持領先、第一品牌及優良的經營績效。

9-4 提升品牌競爭優勢的成功對策組合 II

企業做好品牌力、服務力、異業結合力、通路力、促銷力及創新力，即能提高品牌行銷競爭力。

二、二十項行銷競爭力對策組合（續）

（四）品牌力對策：品牌是一種策略性資產價值，而全球品牌亦是通往國際市場的一張通行證。唯有品牌才會有長遠百年的生命力，沒有品牌，就猶如人沒有臉孔一樣，只是一個不被人家肯定的空軀體而已。因此，打造自有品牌、提升知名品牌，邁向全球性品牌，都是國內外知名大企業努力的方向。總之，品牌代表消費者的依賴、情感、認同、喜愛、甘願及忠誠。

（五）比服務力：企業實戰中，有人歸納出最後行銷決戰點，只剩下品牌與服務這兩項可以凸顯差異化，其他的都已趨向同質化及模仿化了。唯有品牌及服務品質，是不容易被輕易複製的。因此，這反映出服務品質及服務策略的重要性。服務一定要高水準的人，來展現出高水準的服務品質，才能創造出服務的附加價值，也才能讓顧客親自感受到。因此，企業行銷實戰中，一定要從各方面投入資源力量，邁向全面服務品質升級不可。

（六）異業資源力對策：跨業資源結合與行銷活動結盟，已是一個重要趨勢，因為很少有一個企業能夠獨自擁有顧客所想要的全部東西。因此，擴大各種異業合作已是重要行銷策略。

（七）通路力對策：通路為主的時代已經來臨。統一企業集團成功的發展出 5,020 家統一 7-Eleven，另 70 家家樂福量販店等商品通路，成就食品與流通事業王國地位。通路最新的發展有幾項，一是實體通路業者跨向虛擬發展，虛擬業者亦跨向實體通路發展。二是通路的多元化發展；換言之，只是有利於消費者購物的便利性，都必須廣布多元通路。三是通路組織戰力的提升。

（八）促銷力對策：促銷活動已是在不景氣時代中，刺激買氣的必要措施了。消費者也很精明的等待各種促銷活動時，才展開大量的購買行動。因此，促銷活動的持續性、速度性、大手筆的投入，以及安排大小促銷活動的波浪型促銷，亦是在規劃中要做到的。促銷的確是有效刺激買氣與集客的行銷工具，它包括了全面折扣價、特惠價、滿千送百、刷卡禮、加購價、大抽獎、滿額禮、買二送一、免息分期付款、紅利積點、免費運送等作法。

（九）創造力對策：創新力應將重點放在產品的持續性改善及新商品上市的創新上。商品力是一切根本，好商品不太需要無限投入廣宣成本浪費，因為口碑傳播效果會散出去，好產品終究不會寂寞。唯有不斷在產品及服務上，力行創新與改善，才會滿足消費者的需求與喜新厭舊的習性，也才能領先競爭對手一步。

提高品牌行銷競爭力

6. 創新力

例如：蘋果iPad、名牌精品的新款式、超薄型筆記型電腦、液晶薄型電視機、4G手機、咖啡連鎖、藥妝連鎖、好萊塢電影、哈利波特、納尼亞傳奇的小說等都是創新成功的典範。

5. 促銷力

SALE!

例如：週年慶、年中慶、母親節慶、父親節慶、情人節慶、尾牙節慶、會員招待會慶、忘年感恩慶、中秋節慶、端午節慶、玩偶贈送、冬季購物節、夏季購物節、秋季購物節、名牌降價慶等各式各樣的促銷節日，幾乎每月都會安排。

4. 通路力

通路最新的發展有幾項：

(1) 虛擬與實體通路並進發展。
(2) 通路的多元化發展：例如：商品除了上架在百貨公司、量販店、超市、便利商店、專賣店、經銷店、加盟店、直營店、傳統商店外，尚需網路購物、電視購物、型錄郵購、預購，以及人員面對面銷售等多角化通路結構發展。
(3) 通路組織戰力的提升：廠商的銷售管道，當然不會完全仰賴自己的直營通路，它必然仍需藉助外部的代理商、經銷商、零售商、批發商等。因此，如何有效透過各種支援行動與管理機制，以提升這些通路商組織與人員的行銷戰力，將是很重要的事。

3. 異業結合力

例如：VISA卡、台新卡、花旗卡、中信銀卡、國泰世華卡、富邦卡等信用卡均紛紛與各種零售連鎖業、各大食、衣、住、行、育、樂服務業合作，即是明顯例子。此外，各零售流通業在週年慶或各種促銷活動時，經常與供應廠商及各信用卡公司等充分協調配合，提供各種折扣優惠、刷卡免息分期付款、刷卡禮、大抽獎活動等，亦是異業資源結盟合作的案例。另外，信用卡業者紛紛搶食各大連鎖店面的「聯名卡」權利，亦屬此例。

2. 服務力

國內曾舉辦過各種服務力評鑑，包括亞都麗緻飯店、Lexus汽車銷售與服務網、信義房屋、全家便利商店、君悅大飯店、王品牛排店、大潤發量販店、玉山銀行、統一7-Eleven、新光三越百貨等，都是貫徹No.1服務力的優良企業代表。

1. 品牌力

國內廠商最近也體會到品牌力的重要性，紛紛積極努力打造品牌工程，包括ASUS、Giant、Trend Micro、康師傅、正新輪胎等外銷廠商，以及更多國內服務業廠商等，亦都有不錯成果出現。

品牌行銷競爭力!!!

9-5 提升品牌競爭優勢的成功對策組合 III

企業做好 CRM 力、整合行銷傳播力、事業延伸力、業務銷售力、消費者洞察力、員工滿意力、速度力、執行力及全公司團隊合作力，即能提高行銷競爭力。

二、二十項行銷競爭力對策組合（續）

(十) CRM 力對策：在短兵相接的行銷環境，搶顧客以及與顧客建立良好感受關係，此時的顧客管理策略及顧客會員經營、顧客分級對待等，就是行銷的重點之一。CRM 就是希望能夠區別出來，哪些是對公司貢獻重大的超優良顧客、一般顧客及不太重要顧客，並且採取各種行銷作法，來鞏固及擴大更多的優良顧客。甚至於開發出新顧客群出來，以及避免既有顧客的流失。

(十一) IMC 力對策：產品要打造品牌，要創出高知名度，要引導成為消費者購買行動，這其中，有效的施展整合行銷傳播溝通作業，就成為重要之事。過去的傳播溝通，比較花費在電視與報紙的傳統呈現式廣告片或廣告稿而已。但如今，由於消費者閱讀訊息來源的多元化，以及分眾消費者不同媒介的偏愛，加上各式各樣新媒體不斷出來，亦使得傳播溝通不能再走單一大眾媒體了。因此，整合行銷傳播係透過一個行銷操作的「套裝」（package）如右圖所示，而施展出更大的消費者滲透度。

(十二) 比事業延伸力：從經營策略角度看行銷，應該具備策略行銷的眼光才行。換言之，單一事業體的行銷，長遠看是比不上擴大延伸及多元事業體的行銷戰力。因此，像金控集團的多元事業交叉行銷、統一流通次集團的多元行銷、王品餐飲集團 18 個品牌事業的行銷、東森電視購物／網路購物／型錄購物多元事業行銷、P&G 日用品線／化妝美容線／紙尿褲線等多元專業行銷等，都是集團化、多元化產品線的行銷戰力呈現。

(十三) 業務銷售力對策：很多服務業仍然仰賴人員面對面的銷售，然而有業務組織並不代表就是有業務戰力，因此，如何透過銷售人力素質提升、經驗傳承、教育訓練、業務領導、績效獎勵、人力配置、士氣提升、銷售工具支援等措施，以建立一支銷售力強大的組織，是行銷作業上的重點所在。因此，唯有銷售，才能使企業活下去。例如：國泰人壽 3 萬人銷售團隊、東森電視購物 300 人客服中心電話業務團隊、豐田汽車 Lexus 高級車經銷商專賣店、數百名 SK-II 美容專櫃銷售小姐、如新與雅芳的直銷團隊等，都是強勁有力的案例。

(十四) 消費者洞察力對策：在顧客導向及顧客滿意經營的行銷基軸，對消費者未來需求及變化的洞察（consumer insight），會深深影響到公司在 S-T-P 架構、行銷 4P 或 8P/1S 後續作為的正確性及有效性。因此，企業行銷部門必須進行持續性的消費者心理及購買行為之研究及洞察發現。

提高行銷競爭力

9. 全公司團隊合作力

行銷成功必須仰賴其他單位協助，例如：R&D研發部門、商品開發部門、生產製造部門、採購部門、品質保證部門、客服中心部門、物流配送部門、資訊部門、人資部門、法務部門、財會部門等，諸多水平與垂直部門的共同合力完成。因此，行銷的成功，必然植基在全公司團體戰力的共同發揮。

8. 執行力

7. 速度力

6. 員工滿意力

5. 消費者洞察力

例如：應該開發什麼新產品？應該以什麼價位？應該做哪些促銷活動？應該提供哪些專業服務？應該選擇哪位代言人？應該做什麼樣廣告？應該走哪些行銷通路？這些都必須深入洞察到消費者內心的想法，以及心理與物質上的需求滿足。

4. 業務銷售力

例如：人壽保險、基金理財、轎車銷售、電腦銷售、化妝品專櫃銷售、名牌精品銷售、房屋銷售、渡假村／飯店會員卡銷售，以及直銷／傳銷商品銷售等，人員銷售力扮演了重要的媒介角色。

3. 事業延伸力

2. 整合行銷傳播力

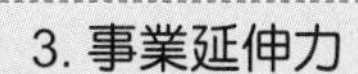

這些套裝內容包括電視廣告、報紙廣告、報紙廣編特輯、電視新聞置入、電影情節置入、舉辦事件活動、發展良好媒體發稿公關、有力促銷活動搭配、網路專案活動規劃、考慮適當的代言人、戶外大型包牆看板廣告、零售賣場的POP宣傳廣告牌、公關記者會、話題行銷引起、媒體專題報導、國內外各種榮耀競賽得獎訊息宣傳等之組合，都是IMC的總體力量。

1. CRM 力

很多公司都成立會員經營部、客服中心、顧客滿意部等組織，並全面推動會員制及聯名卡等措施；然後從中蒐集顧客基本資料及消費資料，以建立資料倉儲（data warehouse），然後展開資料探勘（data mining），希望促進有效的各種行銷計畫，擴大行銷戰果。

提升行銷競爭力!!!

9-6 提升品牌競爭優勢的成功對策組合Ⅳ

企業提高品牌行銷競爭力的最後，必須重視到公益行銷，以公益及慈善義舉，回饋這個社會，才能建立優良企業聲望及信譽。

二、二十項行銷競爭力對策組合（續）

(十五)員工滿意對策：唯有員工滿意，才會有長期不變的強有力組織戰力。如果員工不滿意，組織文化就會發生問題，組織體系也會動盪不安，好的員工與能幹的員工亦可能會被挖角，組織素質形成不良循環，最後組織戰力就會沉淪下去。國內王品餐飲集團有很好的每一個店利潤中心分紅制度，店長及店員所拿到的薪獎金額比別公司好上很多。因此，員工都很拼，也都滿意度很高，因此績效也自然發揮出來。如果老闆太小氣或想法不對，遲早無法擴大公司營運成長。

(十六)速度力對策：在激烈競爭廝殺下，速度力已成為競爭優勢來源。公司在經營、組織、管理、創新、行銷等各種作業上，都必須領先競爭對手一步，才能領導市場或取得商機。如果速度落後別人，就會處於挨打或毫無機會之狀況。唯有速度才能創造嶄新的可能機會。因此，行銷速度力亦是競爭力的來源之一。

(十七)執行力對策：有好構想、好策略、好計畫、好目標，是行銷成功的一半。但剩下的一半，則必須看執行力的貫徹性及品質性。如果行銷組織在執行貫徹與執行品質不夠好，那所有的行銷企劃亦屬枉然。而執行力不佳，亦代表著組織與人力都發生了問題。可能是人力素質問題，可能是制度問題，可能是領導與協調問題，可能是監督控制問題等。因此如何確保一種高效率與高效能的執行力，將是行銷思考上必須認真對待的問題，以及應積極謀求澈底改善的要求。

(十八)顧客導向力對策：在不景氣及顧客愈來愈進步的時代中，更加顯示企業應該重視顧客導向的落實及深度思考。凡行銷各種行動的思考原點及主軸，都應該堅守著顧客導向，真正為顧客解決問題、真正滿足顧客需求、真正讓顧客感動叫好、真正讓顧客物超所值感受，以及讓顧客讚嘆及忠誠信賴於我們。而這種忠誠與信賴是一輩子的影響。

(十九)全公司團隊戰力對策：行銷想要成功贏得市場，贏得顧客，坦白說，並不能只有依靠行銷企劃或行銷業務部門。而是公司整體作戰，是公司全部組織單位與人才團隊的共同合作表現。行銷成功必須仰賴其他單位協助。領導者必須創造出一種團結一致的企業文化與組織機制出來才行。

(二十)公益力對策：最後，企業還必須重視到公益行銷及社會行銷，以公益及慈善義舉，回饋這個社會，以善盡企業社會責任，才能建立優良企業聲望及信譽。公益行銷是為行銷工作再加入錦上添花的效果，也是避免財團擴大負面形象的一種防火牆及緩和劑。

提升品牌競爭優勢的二十種對策

品牌如何強化顧客忠誠度

1. 成本力對策

2. 規模力對策

3. 差異特色力對策

4. 品牌力對策

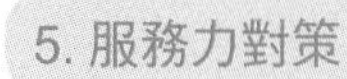
5. 服務力對策

6. 異業資源力對策

7. 通路力對策

8. 促銷力對策

9. 創造力對策

10. CRM 力對策

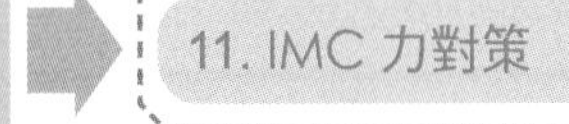
11. IMC 力對策

12. 事業延伸力對策

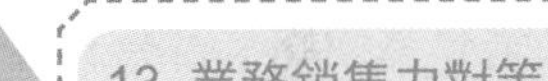
13. 業務銷售力對策

14. 消費者洞察力對策

15. 員工滿意對策

16. 速度力對策

17. 執行力對策

18. 顧客導向力對策

19. 全公司團隊戰力對策

20. 公益力對策

9-7 品牌對抗不景氣的行銷策略 I

面對當前的市場不景氣、買氣低迷及消費保守的嚴峻行銷環境下，廠商及行銷人員對抗不景氣有哪些行銷策略可以使用，是實務界大家所共同關心的議題。茲整理各行各業目前所做對抗不景氣的二十一個行銷策略，以下簡述之。

一、降低產品成本策略

消費低迷時代，有時各種行銷作為不一定能立即奏效，因此，面對營業收入衰退一、二成現象，導致可能當月分或當年度虧損的必然狀況。此時廠商根本之計，就只有朝降低產品成本及公司整體經營成本著手，以使虧損降到最低。

(一) 若是進口商、貿易商或代理商：則應跟原廠說明事實狀況，請求原廠降低產品成本的報價（即降價），降 3% 或 5% 都好，10% 最理想。

(二) 若是製造廠：則應向上游的原物料廠商或零組件廠商請求降價。

(三) 自己公司要節省降低的成本：

1. 降低人事成本：遇缺不補、裁員、減薪、休無薪假等措施。
2. 降低管理費用：包括影印費、電話費、房租費、交際費、公關費、加班費、文具費、電腦資訊費、保全費、保險費、交通費、座車費等各項費用。
3. 降低行銷費用：包括廣告費、業務人員業績獎金、宣傳費等。

二、降價策略

很多廠商在不景氣時期，最直接有效的行銷策略就是降價策略。把降價直接回饋給消費者，而減少廣告費及業務人員獎金比率。採取降價策略，要思考下列幾項問題：

1. 哪些品類、品項或品牌要降價？是全部或部分產品？
2. 要降多久？是長期一年以上均如此降價出售或短期幾個月的措施對策而已？
3. 要觀察競爭對手的價格策略如何？
4. 要評估降價後，最終對公司損益帶來的影響評估是如何？降價後，營收可能上升，但毛利率下降，最後損益（即盈或虧）是如何？
5. 降價策略是否已經配合產品成本已下降的相對措施，故有能力降價？

當然，直接降價且長期的降價是非常不得已的措施，這也只有在公司營收業績明顯且連續好幾個月都在衰退時才使用的對策。廠商如果成本降低了，價格自然也能夠配合降價，因此控制及降低成本是廠商要努力的。

三、促銷策略

促銷（sales promotion, SP）活動是不景氣時，廠商為提振業績經常使用的有效方法之一。像週年慶、年中慶、會員招待會、破盤四日招待、卡友招待會、特賣會、VIP 會員日、春季購物節、美國商品週、大抽獎活動等。至於促銷內容項目比較常見有效的，如右圖所列各種 SP 方式。

對抗不景氣的二十一個行銷策略

1. 降低產品成本策略
2. 降價策略
3. 促銷策略
4. 包裝促銷策略
5. 通路商激勵策略
6. 推出低價（平價）產品
7. 開發新產品線進入多角化新市場
8. 加強異業結盟活動
9. 會員卡紅利積點折現策略
10. 深耕市場策略（拓展更多的分眾化區隔市場）
11. 轉向拓展海外市場
12. 關掉虧錢門市店策略
13. 不斷推出物超所值新產品策略
14. 廣告投入不減少策略
15. 加強店頭行銷活動策略
16. 有效運用代言人策略
17. 提升銷售組織與銷售人員戰鬥力策略
18. 零售商發展低價的自有品牌產品策略
19. 守住主力明星產品，犧牲周邊產品策略
20. 加強媒體公關報導，維繫領導品牌市場地位策略
21. 強化與大型連鎖零售商的促銷合作活動策略

促銷項目比較常見有效的，包括折扣價、優惠價、免息分期付款、紅利積點回饋、大抽獎、大贈獎、集點送、刮刮樂、加價購、抵用券、滿千送百／滿萬送千等各種 SP 方式。

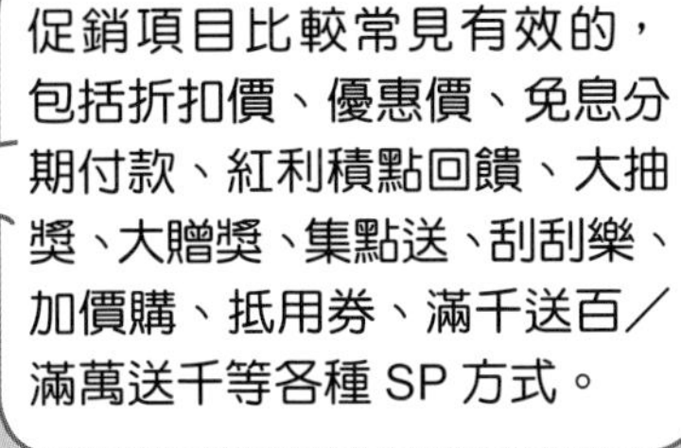

9-8 品牌對抗不景氣的行銷策略 II

四、包裝促銷策略

在零售店面內，包裝式促銷已成為最新的流行趨勢，例如：在包裝上強調買二送一、買三送一、加量不加價、買大送小、包裝附贈品等，都在賣場上經常可見。賣場是消費者實際取拿之處，面對不是品牌的忠誠者，而是價格或贈品的追逐者時，此時店頭的包裝式促銷操作就成為很有效的方法之一。不少消費者就是因為賣場的包裝式促銷，即轉而購買此類產品。

五、通路商激勵策略

這是指廠商對下游的經銷商或代理商或加盟店等通路商所採取的一些激勵措施，以使他們多銷售本公司產品。對中間通路商所採取的激勵措施，廠商經常推出競賽辦法，在此辦法中給予一些特別優惠，例如：現金折扣、數量折扣、免費招待出國旅遊、各種補助費等實質利益給通路商。

六、推出低價（平價）產品策略

廠商推出低價產品線也是經常可見的行銷策略，例如：手機、液晶電視機、西式速食漢堡等，都可見到低價產品線的影子。在不景氣時代，「低價唯利」、「低價當道」、「低價才能銷」已成為金科玉律，而且這也不影響到廠商原有較高價的產品線。因為低價有低價的目標區隔市場，兩者並不相衝突。

低價雖然毛利率低、獲利也較低，但如能迎合市場需求，以及不打擊到高價產品市場，即值得推出。像目前流行的低價小筆電，即受到市場歡迎。

七、開發新產品線進入多角化新市場

面對已經飽和及不再成長的既有產品市場，廠商即使花再多心力，也不易有成長空間，此時，廠商即應轉向新產品線的開發。例如：有些化妝保養品公司，即轉向洗髮精、沐浴乳與美容健康飲品等新產品線發展，以進入多角化新市場，追尋成長的新動能。

八、加強異業結盟行銷活動

例如：統一超商的思樂冰與變形金剛電影合作行銷，使思樂冰的銷售量增加二成。再如早期的 Hello Kitty 玩偶與統一超商促銷活動，City-Café 與柏靈頓熊玩偶的合作，都有不錯的成果。

透過異業結盟，可發揮 1+1>2 的綜效成果，故只要結盟對象具有話題性、吸引力及新聞性，就會發揮集客的行銷效果。

九、會員卡紅利積點折現策略

比較知名的遠東集團 Happy Go 卡、家樂福好康卡、全聯福利中心福利卡、屈臣氏寵 i 卡、誠品書店會員卡、星巴克隨行卡、統一超商 i-cash 卡、燦坤 3C 卡等均屬之。紅利積點可以折現或換贈品的誘因，使消費者養成更高的忠誠度及習慣性使用，在不景氣時期，會員卡的操作是鞏固消費者忠誠與習慣再購的重要工具之一，也是有效的行銷策略。

當然，對發卡公司而言，如何加速辦卡「總人數」及提升「活卡率」是行銷努力的重點所在。

十、深耕市場策略（拓展更多的分眾區隔市場）

例如：白蘭氏雞精的 80% 高市占率，主要是該公司成功的從老年人雞精市場，延伸拓展到白領上班族市場、學生市場及孩童市場，如此深耕市場，掌握雞精更多的分眾區隔市場，這就鞏固了高市占率。

因此，廠商當面對既有市場已飽和時，必須轉向另一個分眾市場進攻，即可增加新的營收及業績來源。當然，市場深耕活動，必須配合另一套的整合行銷活動的操作，例如：全新的 slogan、新的代言人、新的廣告宣傳、新的公關活動、新的品牌名稱、新的包裝、新的產品內容成分等之配合，才易於成功拓展新分眾市場。

十一、轉向拓展海外市場策略

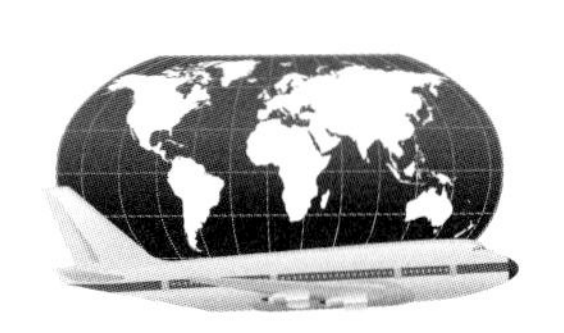

臺灣國內市場只有 2,300 萬人口市場，比起中國大陸的 13 億、美國的 3 億、日本的 1.2 億、韓國的 5,000 萬、印度的 10 億等地區人口，仍是很小規模的內需市場。因此，有些行業及廠商必然轉向海外市場或國際市場，開闢新成長的契機來源。

只是海外市場，也不是很容易做的，有些可以只靠出口貿易，有些則必須赴當地做生產及銷售工作，人力派遣、時間花費、資金準備，這些都是新的任務及新的挑戰。不過，這也是必然要走的一條路，像國內統一企業、統一超商、味全、85 度 C、星巴克、旺旺、王品等都已在中國市場登陸。

十二、關掉虧錢門市店策略

不景氣來源將使企業經營更加嚴格，對擁有直營門市店的公司而言，必然要壯士斷腕，對於長期不賺錢的門市店，成為公司的沉重包袱時，一定要勇於關掉這些門市店，務使每個店都能符合賺錢的經濟效益。寧願公司「小而美」，也不要「大而無當」，這是門市店重質不重量的政策貫徹。

9-9 品牌對抗不景氣的行銷策略 III

十三、不斷推出物超所值新產品策略

既有產品有時也會面臨品牌老化或產品老化的時刻，也會面臨消費者喜新厭舊的淘汰，也可能是競爭品牌超越過我們。因此，廠商每年度應保持固定幾項新產品的上市推出，以保持本公司產品組合陣容的競爭力，又能滿足消費者的需求及市場需求。

不過，新產品上市也不是一定會成功，失敗下架多的是，因此，新產品上市要成功，應要注意到下列幾點：

1. 是否真的物超所值？
2. 是否做過嚴謹的市調步驟？
3. 是否具有差異化特色？
4. 是否有廣告量的支撐？
5. 是否兼具品質及評價？
6. 是否能滿足顧客需求？

十四、廣告投入不減少策略

不景氣時，廣告經常被首先刪減。當然，對部分廠商而言，不景氣時廣告投入的效益可能是不佳的，或是也不會使業績回升，因此，廠商寧願使用在直接降價回饋的方式取代廣告投入。不過，對於部分廠商而言，其產品型態及廣告創意表現方式，以及有新產品上市搭配時，若能有適當的廣告宣傳費投入，將會把這支新產品捧紅，對公司帶來新增業績的收入。因此，這是要看如何有效操作的問題，而不是一律刪除。另外，維持一定的廣告量，也是為了維持品牌形象與品牌市場地位的作用。如果廣告量刪減太大，反而會造成反效果，使其他品牌追趕上我們，造成更嚴重的後果。

十五、加強店頭行銷活動策略

有人講不景氣時代，決戰的場所是在零售場所。很多的廣告招牌、試吃、廣告海報及陳列方式等都移到店頭去了。因此，「店頭行銷」或「店頭力」也就更被廠商看中。每家廠商都盡可能在零售賣場有更吸引人目光的演出，包括試吃、試喝、啦啦隊、陳列專區、代言人出現在賣場、宣傳海報、宣傳電視、包裝促銷等各式各樣的活潑呈現。事實也證明店頭行銷力的提升，對業績的提升或至少維繫不降，是有一定效果的。

十六、有效運用代言人策略

愈不景氣時，如果廣告減量、行銷費用支出也減少，代言人操作也取消，其實反而對業績帶來更負面的結果。有些行業及有些產

品類型，仍然會適合代言人的操作策略。例如：桂冠用五月天做代言人、白蘭氏雞精用王力宏做代言人，並且有好的 slogan 及完整的整合行銷傳播操作呈現，在不景氣時的業績，反而逆勢成長。因此，在不景氣時，若能有效選擇及規劃代言人及其整合行銷傳播的操作策略與呈現計畫，則對業績提升必有助益。

十七、提升銷售組織與銷售人員戰鬥力策略

例如：汽車業、保險業、專櫃產品銷售業、直銷業、直營門市店（如服飾）等各行業，他們在人員銷售組織戰力的呈現，對銷售業績的表現也有絕對的影響力。在不景氣時代，更是考驗這群第一線的銷售尖兵。因此，在人員甄選、人員培訓、人員汰弱扶強、人員獎金制度、人員銷售技巧、人員服務與待客等策略上，要有更新的變革與挑戰，然後人員的業績戰鬥力才可能提升。

十八、零售商發展低價的自有品牌產品策略

不景氣時代，更是零售商發展自有品牌（private brand, PB）的最佳時刻。

例如：家樂福、統一超商、屈臣氏、愛買、大潤發、全家等均積極發展「低價」的自有品牌產品，成果慢慢浮現，業績占比逐步提升。主要是低價訴求，滿足了市場與顧客的需求，故能形成一股趨勢。

十九、守住主力明星產品，犧牲周邊產品策略

公司一定會有明星主力產品及非明星產品，在不景氣時期，公司政策上一定要以明星主力產品為對象，支持其所需人力、物力、財力及廣告力，期使這一部分不要受到太大的影響，如此公司的獲利就不會怕下降太多。因此，一定要區別對待，集中力量與資源，以支撐公司的明星主力產品，讓它們能賣得更好。

二十、加強媒體公關報導，維繫領導品牌市場地位策略

不景氣時期雖然廣告量會少一些，但媒體公關的報導仍然不能少，要有一定的版面及則數露出。這些正面的露出，對維繫本公司的領導品牌地位與市場地位是很重要的。如果減少廣告量，再加上媒體公關報導減少，則將危及整個品牌的力道，最後就會影響到業績。

二十一、強化與大型連鎖零售商的促銷活動策略

大型零售商已占商品銷售業績愈來愈大的比重，其重要性日益上升。因此，必須強化與他們在促銷活動的密切友好推動與計畫。很多大型品牌廠商都已積極與大型連鎖零售商做好年度促銷活動的計畫工作。

Date ______/______/______

第 10 章
品牌與經營管理

10-1 品牌管理的意義

10-2 品牌發展經營的五個面向思考

10-3 品牌經營與品牌管理制度三大轉變

10-4 品牌管理部門工作方向與涉及組織單位

10-5 品牌管理的對象及六大重點事項

10-6 品牌經營成功的五大因素及品牌稽核

10-7 品牌應做好與顧客的接點及外部投資者關係管理

10-8 長期做好品牌經營與管理的六個全方位構面

10-9 品牌回春策略

10-10 品牌誕生的十二項經營管理準則

10-11 品牌管理的八項任務

10-12 品牌再生與品牌年輕化之翻身步驟

10-13 品牌再生十大要點與方向

10-14 品牌再生戰役：以克蘭詩化妝品為例 I

10-15 品牌再生戰役：以克蘭詩化妝品為例 II

10-1 品牌管理的意義

管理一詞，根據 Stephen P. Robbins（史提芬·羅賓斯）所著之《管理學》（*Management*）對管理的解釋是，「指一種透過他人有效完成活動的過程（process），此過程乃是管理者之功能或所從事的主要活動。功能常被標明為計畫、組織、領導及管控。」

一、管理的定義

上述提及管理功能常被標明為計畫、組織、領導及管控，茲說明如下：

（一）計畫（plan）：決定要做什麼及如何做。計畫功能包含預測功能、目標功能、時程功能、預算功能、制定政策功能、制定工作程序功能。

（二）組織（organization）：為組織目標及任務安排資源的運用。組織功能包含組織結構、授權。

（三）領導（leadership）：一種發揮安定人心的潛力。領導功能包含人際關係、決策、溝通、激勵、人力開發、制定作業標準。

（四）控管（control）：促使工作的結果符合預定的項目。控管功能包含衡量指標、評估績效、糾正改善。

「管理」有另一種簡單意義，即 P － D － C － A → Plan － Do － Check － Action →規劃－執行－考核－再行動。

二、品牌權益管理的定義

品牌權益管理一詞，根據以上定義彙整為「一個有組織為達成其既定目標，充分利用其資源並為區別其所提供之產品或服務與他家企業不同而做的一個品牌名稱、標誌、商標、插曲、包裝設計等品牌元素，並有效完成於規劃、組織、領導及控制管理活動的過程，使得品牌權益得以形成，並具有可資計算的價值。」

品牌管理如同企業管理一樣，皆是為了達成品牌價值化的最終目標，必須採取的一連串整體性、一致性有關的方法，以提升品牌知名度，建立品牌形象；強化品牌聯想，進而驅動品牌權益，達到品牌具有市場價值目的。

三、品牌管理一定是全方位、全面性的

品牌管理絕對是要注重全面性品牌管理，而不能只重視行銷組合中的一個環節，例如：只重視價格競爭，或是通路競爭。

品牌權益管理就是要對品牌做整體性管理，否則品牌是不可能成功的，就算初期上市的滲透率非常成功，也必須運用品牌管理維持永續不墜的消費者認定地位，畢竟消費者很少效忠一個品牌，而是在一些可選擇的品牌之中做選擇，所以一定要著重整體性品牌管理，不能忽視每一個與品牌相關的事務。

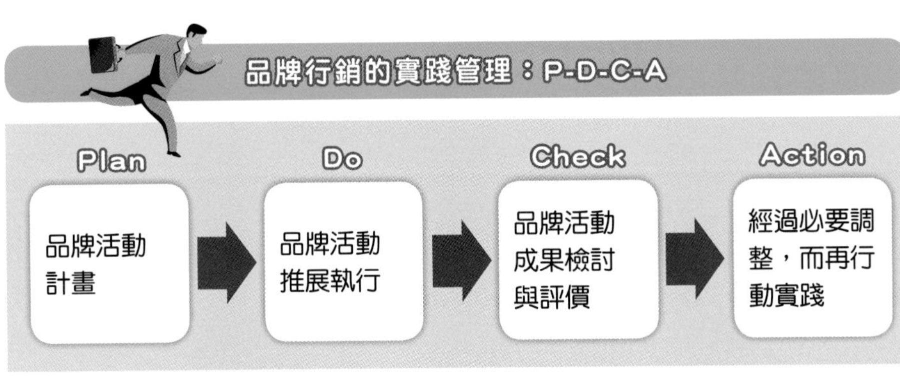
品牌行銷的實踐管理：P-D-C-A
Plan
品牌活動計畫
Do
品牌活動推展執行
Check
品牌活動成果檢討與評價
Action
經過必要調整，而再行動實踐

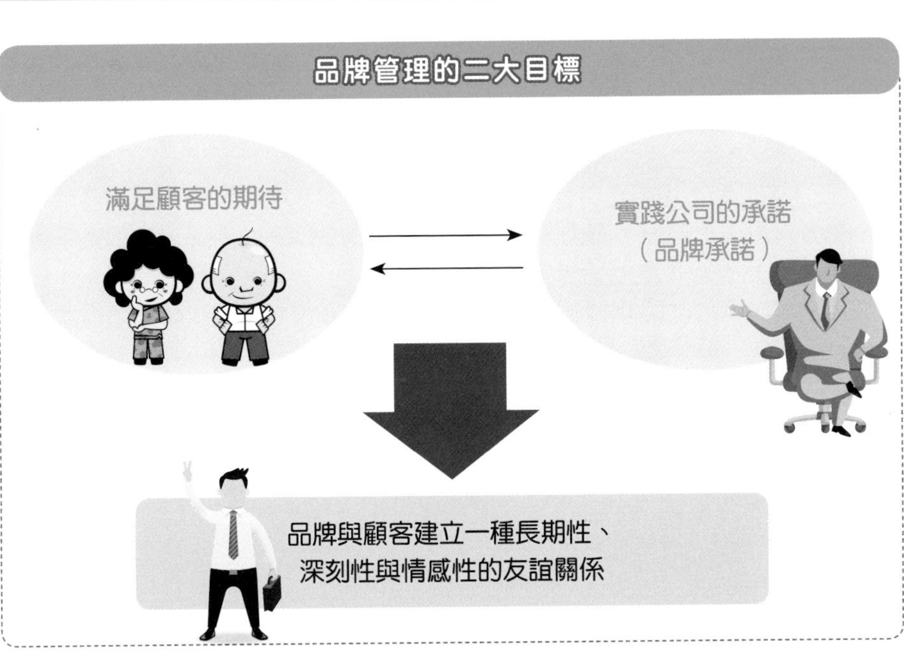
品牌管理的二大目標
滿足顧客的期待
實踐公司的承諾
（品牌承諾）
品牌與顧客建立一種長期性、深刻性與情感性的友誼關係

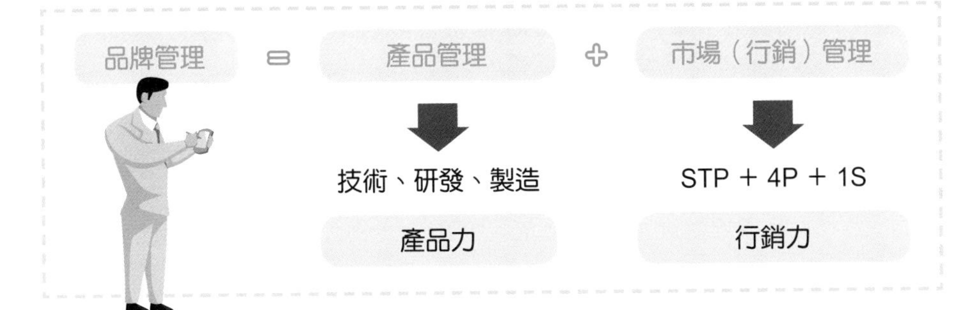
品牌管理是全方位及全面性
品牌管理
=
產品管理
+
市場（行銷）管理
技術、研發、製造
產品力
STP + 4P + 1S
行銷力

10-2 品牌發展經營的五個面向思考

品牌發展的完整五項思考面向，是由 David A. Aaker 教授所提出，茲說明之。

一、David A. Aaker 品牌發展的五項思考面向

(一)品牌組合：包括主要品牌、副品牌，以及聯合品牌。考慮重點為，是否要增加一個或數個品牌？品牌的增加要從整體觀點去部署，而非僅針對個別的需要，而且對於新增品牌應有一套評選標準。或者要考慮應該要刪除哪個品牌？品牌太多會分散資源，對於無效的品牌應忍痛割捨。例如：喜互惠（Safeway）超市原來有 25 個自營品牌，但因為品牌宣傳不足，品牌力很弱，銷售情況不佳，因此把它刪減為 4 個品牌，反而經營得更好。

(二)品牌角色：在品牌組合中，品牌角色包括策略性品牌、槓桿性品牌、招牌性品牌、金牛性品牌四種，詳細內容茲說明如右頁。

(三)商品和市場組合：針對不同的商品和市場組合，推出不同的品牌。例如：針對高爾夫球市場，羅夫．羅倫推出 POLO GOLF 的品牌。針對專業運動員推出 RLX 品牌或是透過結盟方式推出聯合品牌，例如：福特 Explore 休旅車標榜採用名服裝設計師 Eddie Bauer 設計的真皮座椅和內裝。或是凸顯產品的某個特色，提供顧客更好利益，例如：GE 電冰箱強調裝有濾水器，可濾出乾淨的水，製出更好的冰塊。

(四)品牌架構：在品牌組合中，每個品牌彼此之間存在一定關聯性，必須非常清楚整個架構的邏輯性，是否提供顧客清楚的認知，而不會感到混淆。品牌架構包括三個要素：

1. 品牌分類：要有特色，Ralph Lauren 以市場區隔（男、女、嬰、童）、商品（服裝、家飾、香水）、品質（設計師、高級）、設計（古典或現代）等特點來分類。
2. 品牌層級：可採取直向和橫向的發展，形成不同的層次。
3. 品牌範圍：直向和橫向擴張的範圍有多大？在橫向擴張中能跨入多少類別產品？在直向擴張中能涵蓋多大價格帶？品牌過度擴張會削弱品牌力，但擴張不足則損失許多銷售機會。

(五)品牌設計：品牌的商標和 logo 設計好壞，影響品牌形象。同時，品牌設計還可表現品牌和品牌之間的關係，是否具有一致性。

二、考量重點在於能否達到目的

在品牌經營上必須從上述五個層面去考量，考量重點在於能否達到以下目的，即 1. 創造有效和強而有力的品牌；2. 能產生綜效；3. 能清楚地表現產品提供的利益；4. 能有效提供資源給不同的品牌，以及 5. 能提供企業成長的機會和空間。

品牌發展的完整五項思考面向

1 品牌組合

主要品牌、副品牌、聯合品牌、自營品牌之合適數量及其組成結構。

2 品牌角色

(1) 策略性品牌→可以帶來未來的銷售和利潤。
例如：耐吉（NIKE）推出ACG產品系列，包括運動鞋、運動錶、運動背包等，讓耐吉成功打開戶外運動市場。

(2) 槓桿性品牌→能發揮槓桿作用，加強顧客對品牌的忠誠度。
例如：希爾頓飯店推出Hilton Rewards積點酬賓活動，讓老主顧不斷上門。

(3) 招牌性品牌→能夠創造、改變或維持品牌的形象。
例如：IBM推出Think Pad個人電腦，提升了IBM品牌形象。

(4) 金牛性品牌→這種品牌可以創造很大收入，而不需要再投資。
例如：妮維雅（NIVEA）面霜是妮維雅最暢銷的商品，可以利用金牛性品牌所創造的利潤來培養其他三種品牌。

3 商品與市場組合

針對不同的商品與市場組合，推出不同的品牌。

4 品牌架構

(1) 品牌分類
(2) 品牌層級
①橫向發展：例如豐田汽車分為Corolla、Camry、Avalon、Celica等不同車種。
②直向發展：例如Camry可分為CE、LE、XLE不同級數車子。
(3)品牌範圍

5 品牌設計

品牌商標、logo、圖形、顏色、字體、大小、位置、音樂等。

全員品牌行銷與管理（total brand management）

品牌 → 品牌定位 → 品牌內涵／元素 → 品牌承諾 → 品牌行銷操作與廣度公關 → 品牌創新 → 品牌管理與品牌考核 → 品牌策略 → 品牌

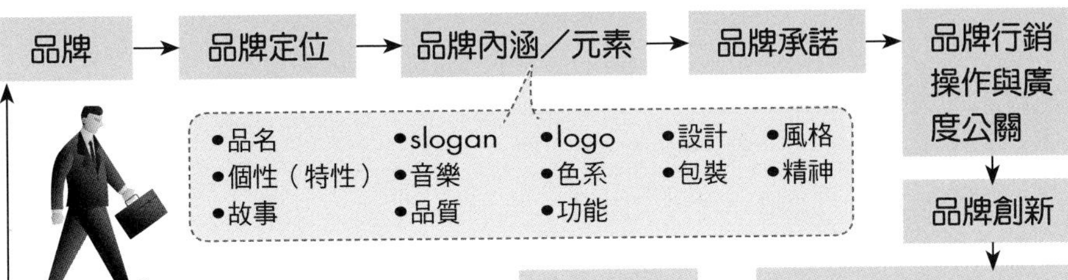

10-3 品牌經營與品牌管理制度三大轉變

大衛・艾格（David A. Aaker）認為品牌經營與品牌管理制度具有以下三大轉變。

一、由事務性轉為策略管理

品牌經理應具備策略性與前瞻性眼光，不只是從事日常事務性工作。他必須參與企業政策及品牌策略的制定。這種轉變反映在三點上：

1. 品牌職位的提升（邁向 CEO 之路）。
2. 從注重品牌形象建立，轉到品牌資產的扎根。
3. 從注重短期品牌的銷售與獲利目標，轉向品牌資產價值的衡量及提升，是一種對品牌認同、品牌忠誠的長期累積。

二、由狹窄轉為寬廣

而品牌經理如何擴大自己的層面呢？首先，從負責一個品牌、一個市場，轉向多項產品及市場範圍的擴大、延伸。其次，注重品牌類別（品牌群）的管理。再來，從單一國家視野到全球化視野。最後則是從單一廣告到整合行銷傳播，包括廣告、促銷、贊助、網路、公關、事件行銷、置入行銷。

三、由注重銷售轉為品牌認同

品牌經理應負責對顧客、競爭者及企業政策有全盤了解：

（一）在顧客方面： 要了解目標消費者是誰？如何區隔市場？顧客的購買動機和行為如何？

（二）在競爭者方面： 要了解主要競爭者是誰？競爭者行銷策略為何？如何和競爭者有所差異化？

（三）在企業政策方面： 要了解企業對消費者的承諾為何？如何透過品牌行銷來達成企業承諾和建立聲譽？必須認清顧客對企業品牌的認同，是企業能夠維持長期優勢的基石。

結語

1. 由執行面→轉為策略面。
2. 為單一品牌→轉為多品牌、品類管理。
3. 由單一市場→轉為多樣市場、全球市場。
4. 由追求短期績效→轉為長期優勢的建立。
5. 由中階經理人→轉為高階行銷主管，甚或 CEO 人選。

品牌經營與品牌管理之轉變

品牌經營管理轉變

1. 由事務性轉為策略管理
2. 由狹窄面轉為寬廣面
3. 由單一品牌轉為多品牌管理
4. 由注重短期績效轉為長期優勢建立
5. 由中階管理轉為高階管理
6. 由單一市場轉為多市場管理

公司全體部門與人員必須共同負責品牌責任

品牌維繫管理

1.研發部 → 2.設計部 → 3.採購部 → 4.製造部與品管部（工廠） → 5.倉儲物流部 → 6.行銷企劃部 → 7.業務部（營業部、門市部） → 8.客服部、售後服務部 → 9.其他幕僚部門 → 1.研發部

品牌管理部門四大工作方向

1. 品牌策略的分析、評估及建議 → 2. 品牌行銷計畫的具體研訂及推動 → 3. 品牌績效成果的考核、追蹤 → 4. 品牌策略的再調整與改變 →（回到1）

品牌經理的工作任務

品牌經理人（brand manager）

1.品牌策略計畫（brand strategy plan）
2.商品計畫（product plan）
3.訂價計畫（pricing plan）
4.通路與銷售計畫（channel & sales plan）
5.廣告計畫（advertising plan）
6.促銷計畫（promotion plan）
7.公關計畫（PR plan）

10-4 品牌管理部門工作方向與涉及組織單位

品牌需要經營，而經營需要管理，因此品牌管理部門的工作究竟包括哪些？而其所涉及的組織單位又有哪些？才能成為一個完整無缺的品牌管理部門。

一、品牌管理部門的四大工作方向

綜合來看，品牌管理部門的四大工作方向，如下所述：

(一) 策略面管理工作：針對品牌年度策略、戰略的分析、評估及建議。

(二) 行銷面管理工作：針對品牌行銷 4P/1S 計畫的具體研訂及推動執行，包括產品計畫管理、通路計畫管理、訂價計畫管理、推廣計畫管理，以及服務計畫管理五種。

(三) 績效面管理工作：針對品牌資產、品牌業績營收、品牌獲利、品牌市占率、品牌地位排名、品牌聲望、品牌口碑、品牌滿意度等之考核追蹤。

(四) 策略戰略面精進管理工作：品牌策略、戰略再修正、再調整、再改變及再精進等管理工作！

二、品牌管理所涉及的組織單位

一個完整無缺的品牌管理所涉及的公司組織單位是非常全方位的，包括如下的產銷等多個單位，都要負起責任來：

1. 研發部。
2. 設計部。
3. 採購部。
4. 製造生產部。
5. 品管部。
6. 行銷企劃部。
7. 營業部。
8. 會員經營部。
9. 客服中心部。
10. 維修部。

小博士的話

讓消費者記住「第一位」的五件事

1. 人們只記得一件事，因此不管你的品牌具有多少特點，只要強調一件人們能夠記得的特點。
2. 必須提出別人沒有的、與眾不同的主張，譬如你是最安全的汽車（VOLVO 富豪汽車）、速度最快的晶片（Pentium 奔騰晶片）等。
3. 第一位當然不只一個，但是可以在各個類別裡找到屬於自己第一的位置。譬如微軟是所有軟體的第一位，但諾頓（Norton）則是防毒軟體的第一位。Quicken 是個人理財軟體的第一位；甲骨文（Oracle）則是資料庫軟體的第一位。
4. 如果你不是第一位，就要想辦法改變遊戲規則，自創一格，成第一位，譬如速霸陸（Subaru）推出具有休旅車和貨車二者合一的車種，成為休旅型貨車的第一位。
5. 找出任何第一位的事實，宣稱第一位，譬如銷售第一、品質第一、口味第一、服務第一等。

品牌管理所涉及的組織單位

品牌管理所涉及的組織單位

1.研發部（R&D）
2.設計部（工業設計）
3.採購部（原物料／零組件）
4.製造部（製程）
5.品管部（Q.C）
6.行銷企劃部
7.銷售業務部
8.會員經營部
9.客服中心（call center）
10.維修部

常見專案組織的名稱

1. 品牌推動委員會
2. 品牌戰略室
3. 品牌企劃室
4. 品牌管理室
5. 品牌推進室
6. CI委員會
7. 品牌戰略會議

品牌管理的組織設計

品牌管理的組織設計

1. 單獨成立品牌部（品牌行銷部或品牌管理部）
2. 隸屬在某個事業部門轄下的專責單位→例如：統一企業乳品飲品事業部轄下的茶裏王品牌經理、純喫茶品牌經理、麥香紅茶品牌經理、瑞穗鮮奶品牌經理。
3. 隸屬在經營企劃部門
4. 隸屬在公關宣傳部門
5. 成立 cross functional 部門（跨部門小組，或稱矩陣式組織）→例如：品牌發展委員會、品牌促進專案小組（project team）等。

10-5 品牌管理的對象及六大重點事項

如何才能讓品牌屹立於不墜之地位？除了組織一支堅強的品牌管理隊伍之外，也要做到維護優良品牌的重點事項。

一、品牌管理的對象

就實務面而言，品牌管理的具體對象，應該要管下列六大對象，包括 1. 管好「人」；2. 管好「品質」；3. 管好「服務」；4. 管好「活動」；5. 管好「創新」，以及 6. 管好「顧客滿意度」。

只要把這六大對象與目標澈底管好，品牌經營就應該不會有太大問題。

二、優良品牌管理的重點事項

一個優良的品牌，至少應該做到下列六大重點事項的品牌管理，才能維護優良品牌：

1. 管理好第一線人員的高品質水準工作。
2. 管理好工廠製造的高品質水準工作。
3. 管理好客服中心、售後服務中心的人員高水準工作。
4. 管理好訂價與產品之間的高性價比、高 CP 值及高物超所值感工作。
5. 管理好行企部的所有行銷操作活動的精確性工作。
6. 管理好所有部門高創新水準的表現工作。

三、藉由投入與產出，創造高的品牌資產價值

如右圖所示，品牌管理，即在重視及管理好所有資源的投入（input）及運用過程（process），以能夠產出好的商品及服務；而此種過程操作，即是創造品牌資產價值的核心重點所在。

最後一哩的爭戰——店頭行銷

整合型店頭行銷已成為當今實戰行銷上必要的一環，這是與顧客荷包距離最近一哩（last mile）的戰爭，廠商必然要把它納入整合行銷計畫與行動的一環才可以。

1. 店頭行銷崛起原因

大部分的人，往往是到了賣場才決定要買什麼品牌，所以這是最後一哩爭戰。

2. 三種店頭行銷影響消費者的選擇

(1) 看到促銷活動。

(2) 看到特別陳列。

(3) 看到廣告宣傳招牌。

對維護優良品牌「管理」的六大重點事項

1. 管理「第一線人員」的品質水準 → (1)專櫃人員 (2)門市店人員 (3)加盟店人員
2. 管理產品「高品質」水準（工廠品管水準、採購品管水準）
3. 管理客服中心、售後服務中心「人員」品質水準
4. 管理訂價與產品、性價比之「物超所值感」
5. 管理所有行銷企劃部「行銷操作活動」的正確性與精確性
6. 管理所有部門「創新」水準的表現

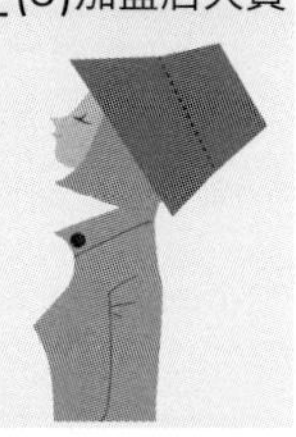

品牌管理六對象

品牌管理的任務使命在創造高的品牌資產價值

帶動企業品牌的價值提升

input		corporate brand		output（資源產生）
資源投入	• 企業營運流程（business process）	品牌資產	• 企業營運流程（business process）	• 商品 • 服務

- 人力
- 物力
- 財力

在營運流程中，涉及了相關所有的部門作業，包括技術研發、工業設計、生產製造、品管、物流、行銷企劃、銷售、售後服務、收款等，其中有不斷的各種創新活動、改革活動、價值提升活動，均在使顧客滿意及滿足。

最終呈現在消費者眼前是最好的商品及最完美服務的展現水準。

10-6 品牌經營成功的五大因素及品牌稽核

品牌要如何經營，才能離成功很近呢？除了從高度及宏觀面來看之外，品牌經營的重要部門也要各自發揮所長，彼此合作、同心協力，而定期市場調查，以了解消費者對本公司的品牌認知、好感度、偏愛度，以及忠誠度，也是相當重要的事。

一、品牌經營成功的五大宏觀因素

如右圖所示，品牌要經營成功，從高度及宏觀面來看，主要立基於下列五大宏觀面因素的掌握：

(一) **人方面**：有沒有好的「人才團隊」？

(二) **公司理念方面**：有沒有對品牌打造經營的「熱情、理念、信念」？

(三) **制度面**：公司有沒有好的對品牌操作的「一套制度或機制」？

(四) **領導人決心方面**：有沒有強勁的「領導人決心」？領導人到底對品牌經營懂不懂？觀念正不正確？

(五) **企業文化方面**：有沒有好的企業文化或公司文化？文化制度上，大家是否有心打造品牌的文化？

二、品牌經營的六大重要部門

品牌經營當然是全公司、全部門、全體人員的工作，但是若挑出其中更為重要的部門，則如以下所示的六個部門，並各自負擔著各自的專長、專業任務與工作。

(一) **研發部**：技術創新領先。

(二) **設計部**：時尚流行設計領先。

(三) **行企部**：品牌包裝、廣宣、公關、代言人等行銷活動操作成功。

(四) **業務部**：第一線業務人員銷售推廣成功。

(五) **客服中心**：服務水準高，頂級服務。

(六) **製造部**：製造高品質產品能力高。

三、品牌稽核（brand audit）

所謂品牌稽核或品牌檢測，就是指廠商每年應該至少一次透過各種電話、網路、面談等工具之調查，以了解我們的顧客到底對本公司的品牌喜好度、忠誠度、好感度、知名度等是否已有改變？是更好？或更差了？或維持不變？然後了解其中原因，做出行動對策，以提升我們的品牌健康度！

品牌經營六大重要部門

「品牌經營」成功五大宏觀面因素

優良品牌

① 人 — 人的素質、水準與能力
② 公司理念、信念、熱情
③ 制度（機制）
④ 領導人的決心
⑤ 企業文化 — 建立品牌的組織文化、企業文化

品牌稽核監測（brand audit）

每年一次，定期做市調，了解消費者對本品牌的認知、好感度、偏愛與忠誠度。

- 維持不變 / 變得更好 → 持續努力保持佳績！
- 變得不好 → 分析原因，檢討改善，訂定對策。 → 加強執行！ → 回復品牌既有績效！

10-7 品牌應做好與顧客的接點及外部投資者關係管理

企業品牌應從「顧客觀點」與「顧客接點」（contact point）來努力提升企業品牌價值；同時，還要努力留給外部投資者對本公司品牌的好印象。

一、與顧客有接觸的第一線從業人員

品牌應做好與顧客接點的管理，如右圖所示，企業品牌形象的形成與影響，是多元化的，但是又以顧客與員工直接的接洽、接觸占有很重要的成分及影響。這些與顧客有接觸的第一線從業人員，包括有：

1. 專櫃小姐、先生。
2. 直營店人員。
3. 門市店人員。
4. 加盟店人員。
5. 經銷店人員。
6. 客服中心人員。
7. 售後服務中心人員。
8. 線上網路回應人員。
9. 零售賣場展示人員。
10. 大型展覽會人員。

廠商應該做好這些第一線人員的教育訓練工作與接待客人的禮儀態度等工作及內涵，才能為品牌形象加分。

二、品牌應做好與外部投資者的關係管理

另外，從外部投資機構、投資人股東等法人單位的觀點看，企業應注意加強與這些關係人的服務及解答，才能贏得投資者的好評，也才能提振廠商的股票價值。廠商有下列這些事項要注意做好：

1. 定期提供新聞稿。
2. 儘量接受訪談及參觀。
3. 提供制式年報資訊。
4. 提供及時財務報表更新。
5. 定期舉辦法人説明會（法説會）。
6. 設有專人接待窗口，隨時回應。
7. 所有營運資訊應公開透明，勿有隱瞞。
8. 應全力落實公司治理。

應從「顧客觀點」與「顧客接點」來努力提升企業品牌價值

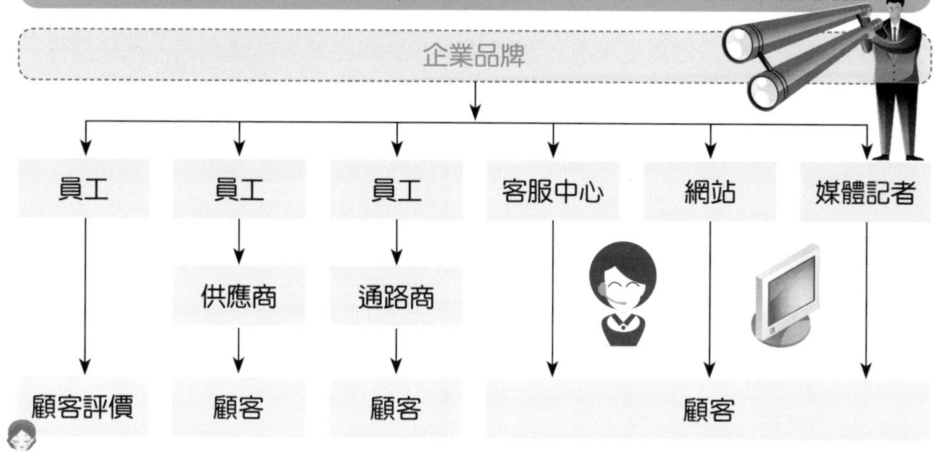

顧客接點　顧客接受到服務點、銷售店、零售陳列店、直營店、加盟店、享用點、詢問點等，各種接觸點的感受如何？

顧客觀點　顧客在想些什麼？顧客需要些什麼？顧客受什麼觀念影響？

應從外部投資者觀點來努力提升企業品牌價值

Corporate Brand

1. 提供新聞稿
2. 接受訪談及參觀
3. 提供年報
4. 提供及時財務報表
5. 「法人說明會」定期舉辦
6. 專責人員接待窗口
7. 所有營運公開透明
8. 落實公司治理

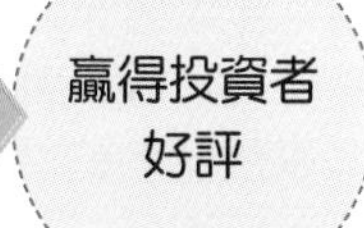

贏得投資者好評

問題思考

為什麼企業要做這些行動？為什麼高科技公司做得比較好？
為什麼有些公司做得比較好？公司在組織方面要如何做？

10-8 長期做好品牌經營與管理的六個全方位構面

從實務面及全方位角度來看，長期要做好品牌經營，具體來說，應該做強、做大、做好下面這六大構面與內涵。

一、產品

1. 特色化
2. 差異化
3. U.S.P.（獨特銷售賣點）
4. 物超所值
5. 價值感
6. 尊榮感
7. 滿足物質與心理需求

(1) 品名
(2) logo（商標／標誌）
(3) 設計
(4) 包裝
(5) 包材
(6) label（標籤）
(7) 品質／耐用
(8) 功能
(9) 利益
(10) 口味
(11) 配合
(12) 工藝水準

二、通路

1. 通路的策略及政策是什麼？；2. 通路的選擇；3. 通路的普及；4. 通路人員教育訓練；5. 旗艦店號召；6. 專賣店質感；7. 專櫃質感；8. 賣場專賣區設計。

三、顧客

1. 對消費者（目標市場）的分析與洞察；2. 對消費者購買行為的了解；3. 對品牌的知名度／了解度／好感度／忠誠度／聯想度／價值度；4. 解決他們的困擾或問題。

四、形象與聲譽

1. 公司整體經營績效好不好？2. 公司治理情況好不好？3. 公司股價好不好？4. 媒體記者的評價好不好？ 5. 專業投資機構評價好不好？ 6. 企業社會責任善盡情況好不好？ 7. 各種比賽／競賽／評鑑得獎狀況好不好？ 8. 過去以來企業形象與品牌形象好不好？ 9. 負責人形象好不好？

五、廣宣

1. 廣告媒體做得好不好？ 2. 媒體報導宣傳做得好不好？ 3. 公關活動做得好不好？ 4. 置入行銷做得好不好？ 5. 運動行銷做得好不好？ 6. 公益行銷做得好不好？ 7. 事件行銷做得好不好？ 8. 話題行銷做得好不好？ 9. 網路／數位行銷做得好不好？

六、視覺

1. 圖像感覺；2. 色彩感覺；3. logo 感覺；4. 設計風格感覺；5. 設計意象感覺；6. 時尚感；7. 珍藏感；8. 價值感。

品牌經營六大構面

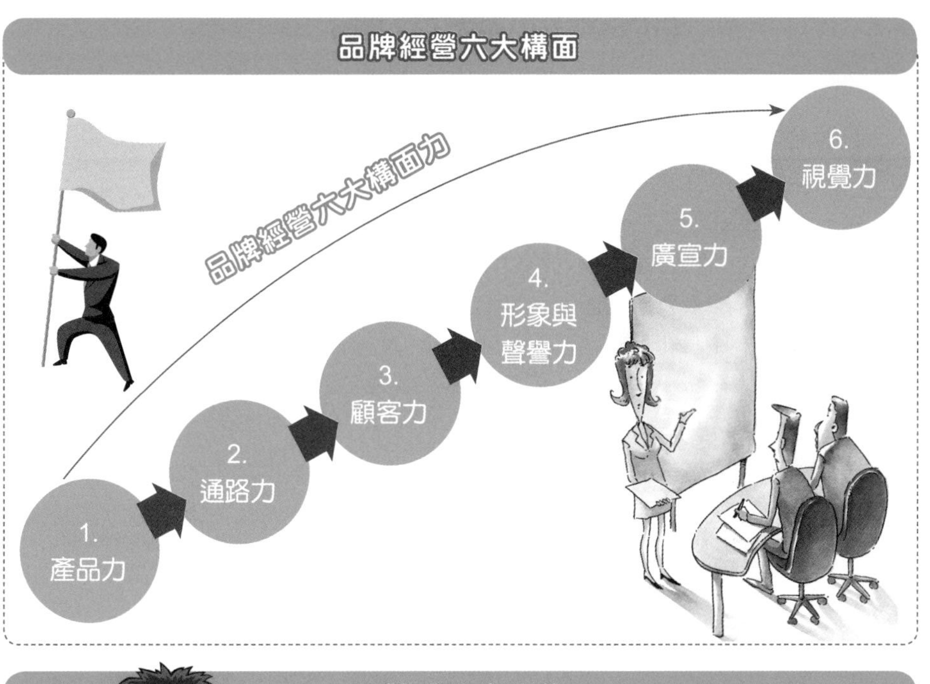

品牌成功六要件

10-9 品牌回春策略

公司品牌，老了嗎？為什麼產品品質沒問題，但消費者卻不買單？這意味著品牌正面臨老化的危機。此時，為老品牌注入新活力確實有其必要。

一、老品牌新活力

大衛．艾格（David A. Aaker）幫老品牌注入新活力的四種方式：

1. 為老品牌加入新外觀設計、新包裝、新色彩。
2. 為老品牌加入新產品。
3. 為老品牌尋找新世代名人代言，賦予品牌新的時代意義。
4. 為老品牌注入新行動，例如：大型展覽、事件活動、網站、博物館等。

問題思考

請你試著尋找一些案例，說明這些老品牌如何注入新活力，然後妙手回春。

二、品牌回春的策略方向

1. 更新老品牌，利用新的品牌識別（CI）。例如：換新的品標、商標、slogan、logo 等 CI 元素。
2. 改變配方或口味，推出新配方、新口味、新商品。
3. 改變新包裝方式與設計。
4. 重新定位。
5. 轉向新的潛力市場拓展。
6. 發現產品的新使用方法。
7. 加入新的品牌元素附加價值。

問題思考

當貴公司品牌老化時，可以考慮這些品牌回春／年輕化的幾項作法。

三、品牌回春策略應注意之問題

雖然品牌回春策略能為企業帶來第二春，但經理人必須學習如何認清注入新產品之機會，以下五步驟會減少可能之問題及增加產品改造成功之機會：

1. 導致產品衰退之原因是否因資源限制、較差之管理，未能帶給消費者價值？
2. 檢驗總體環境力量是否支持回春策略？
3. 檢驗產品要向消費者溝通什麼？
4. 探索是否可能有潛在市場區隔，競爭者之優勢如何？
5. 檢驗是否可創造消費者之價值；總體環境大趨勢如人口、經濟、政治、技術、法律與社會是否帶來回春機會？

品牌活化的十項方法／作法

品牌活化的十項方法／作法

1. 改變 logo（識別體系）
2. 改變包裝與設計
3. 推出創新產品、新品牌
4. 改良與升級既有產品功能、配方與品質
5. 領先走在市場趨勢的前端
6. 採用品牌代言人
7. 重新定位（repositioning）
8. 大量投入廣宣預算
9. 強化通路據點
10. 內部組織企業文化的革新與改變

品牌再生／再造的規劃步驟

Step1 危機分析或 SWOT 分析

Step2 市場洞察與市場切入點

Step3 品牌重新定位

Step4 產品更新配合

Step5 鋪天蓋地整合行銷傳播執行

Step6 行銷成果

➢TVCF（電視廣告）	➢ 戶外廣告	➢ 旗艦店
➢MG（雜誌廣告）	➢ 名人代言	➢ SP（促銷）
➢RD（廣播廣告）	➢ 公關媒體報導	➢ 網路行銷
➢NP（報紙廣告）	➢ 異業合作	➢ 手機行銷

10-10 品牌誕生的十二項經營管理準則

企業在創立品牌初期是如何進入市場的？全球權威品牌價值調查機構Interbrand 針對全球 100 大品牌做了以下調查。

一、品牌初期進入市場的調查

品牌價值調查機構 Interbrand（國際品牌集團）針對全球 100 大品牌，調查他們在創立品牌初期是如何進入市場的，初期都採取低調的方式，加強企業內部優勢，包括技術、人才、經營團隊；對外形象建立，則是先從顧客、合作廠商、附近居民建立良好關係，企業獲得正面的認同後，才逐一加碼。

二、品牌誕生的十二項經營管理準則

(一) 給品牌一張會說話、有表情的臉：以宏碁為例。1987 年宏碁將英文名稱 Multitech 改為 Acer，除因應國際化趨勢外，也受美國數據機廠商同名的壓力，要求宏碁改名，並藉此給自己一個機會。

(二) 品牌特性要能由內往外呈現出來：長榮集團在人才培育上強調二、三年輪調職務，以培養具國際觀的人才，員工晉用大學以上的畢業生為主。

(三) 品牌價值鏈管理，消費者感受得到：從產品研發、設計時，技術上就必須考慮到，以及站在使用者的角度思考。

(四) 建立良好的供應商與通路關係：建立海外市場最大的挑戰是時間，故了解新市場與通路商成為良好的「經營團隊」，更可了解其新市場。

(五) 好的品牌經營來自好的經營團隊

(六) 領導階層堅持品牌路線：例如：宏碁、耐吉、雀巢。堅持定位與價格的同時，產品也要具備新功能或其他優勢，才能在市場上屹立不搖。

(七) 品牌行銷全球從哪裡開始：從鄉村再發展到城市。

(八) 一開始就選對市場定位與利基點：失敗品牌常犯的錯誤是因應市場的變化，不斷的改變品牌名稱，以改變市場的地位與利基點，但此舉往往讓品牌價值下滑，猶如人名一樣。

(九) 鎖定市場定位持續耕耘：例如：在大陸成功的康師傅。

(十) 精耕通路：經銷商控制零售店的鋪貨量，若零售店達不到預期的基本數量時，後續投入的品牌宣傳費用，就無法達成預期的銷售量，相對投入成本會變高。

(十一) 建立品牌龐大資金從何而來：收購、控股、政府。

(十二) 品牌發展優勢從技術領先做起：研發技術是臺灣現階段的利基點，也是品牌發展有利的切入點。

品牌誕生的十二項經營管理準則

12. 品牌發展優勢，從技術領先做起

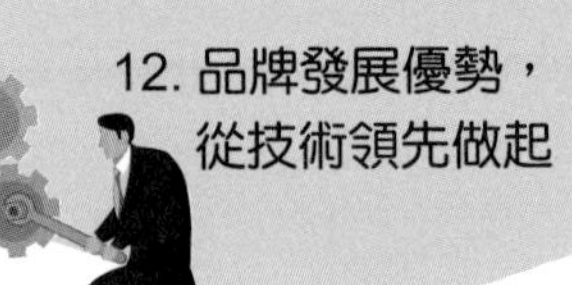

11. 品牌投入資金從何而來

10. 精耕通路

9. 鎖定市場定位，持續耕耘

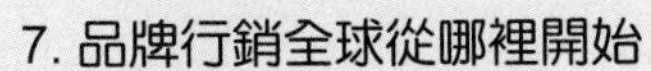

8. 一開始就選對市場定位與利基點

7. 品牌行銷全球從哪裡開始

6. 領導階層堅持品牌路線

5. 好的品牌經營來自好的經營團隊

4. 建立良好的供應商與通路關係

3. 品牌價值鏈管理，消費者感受得到

2. 品牌特性要能由內往外呈現出來

1. 給品牌一張會說話、有表情的臉

品牌誕生！

10-11 品牌管理的八項任務

英國知名的 Interbrand 品牌顧問公司總監安迪．密利根（Andy Milligan）根據他多年輔導成功的國際性品牌的管理經驗，提出了下列八項品牌任務：

(一)了解建立品牌的角色與機會，以創造企業價值：建立品牌對任何事業而言都很重要，但建立品牌所能增加的價值對各公司而言不盡相同，因此針對品牌價值進行一次澈底而具策略性質的分析，就顯得重要非凡。身為品牌管理人，你該做一件重要的事，便是問對的問題、找對的資料；品牌認知程度和偏愛程度的研究固然有用，仍需配合輔佐數據，才能呈現人們真正的行為內容及需求動機。

(二)決定你的品牌結構：過去，公司曾經創造過多個品牌名稱和副品牌名稱，通常也伴隨各自獨特的商標與圖案設計，然而沒有人想過消費者是否真的需要這麼多品牌，也未深究這些品牌是否為業務所需？每個品牌都像個飢餓的小孩，需要餵哺大量行銷預算才能存活，因此如果想在市場上得到任何斬獲，你擁有的品牌愈多，投資也愈多。事實上，企業建立品牌時，保持簡單明瞭是關鍵，善用「少即是多」的技巧，因此該竭力減低自有品牌的數量——假如你能把數量降成一個，就像寶馬（BMW）汽車一樣，那就再好不過了。

(三)為品牌決定一個持久的平臺：品牌是「情緒建構物」（emotional constructs）而非實體產品，為一個品牌定位，並不是決定把產品擺在架上的什麼地方，或決定它屬於市場哪一塊，而是決定你想要這個品牌在人們心目中代表什麼意義。例如：迪士尼、蘋果電腦、萊雅等品牌所代表的「價值」非常重要，因為這些價值決定了它們為什麼樣的產品與服務背書，也說明它們如何去實踐。

(四)創造區隔化、具關聯性、可以保衛的品牌本尊身分：行銷和業務人員喜歡討論策略和簡報圖表，但消費者喜歡接觸的是品牌名稱、商標、設計、廣告及理所當然的產品本身。因此你為自有品牌所選的名字、你的品牌外在形象和溝通方式，都要能一眼讓人區分你和競爭對手不同之處，而且必須和目標受眾有關聯，使他們深受吸引；你還必須在法律上保衛這個品牌，讓人很難模仿或抄襲。

(五)內部溝通　(六)外部溝通　(七)確保承諾實現無誤

(八)評估建立品牌價值的策略是否有效：企業必須評估為落實品牌策略所付出的心力，是否真正提升了該品牌對公司事業的價值。值得一提的是，這些評估必須把焦點放在價值創造上，而且品牌績效的好壞，一定要與事業的財務績效相連。只採納品牌認知和形象等軟性評估項目是不夠的，銷售數字的評估也不夠扎實，甚至可能有誤導嫌疑，真正重要的是獲利能力；換言之，整個評估的最終目標，要問的正是我們建立這個品牌的方式，究竟有沒有讓我們賺更多錢？品牌管理是持續不斷的過程，評估品牌的結果，將導引企業修正或改變先前的努力方向，這樣的努力必須自始至終回應顧客的需求，也要因應市場的善變。

品牌管理的八項任務

任務1 了解建立品牌的角色與機會，以創造企業價值！

你必須先了解目前自己公司品牌的價值為何？該價值是如何創造的？
要怎麼做才能提高其價值？這個品牌的機會何在？

任務2 決定你的品牌結構！

你的財力負擔得起幾個自有品牌？你和你的消費者或顧客實際上需要、想要或珍視多少個品牌？

任務3 為品牌決定一個持久的平臺！

(1)迪士尼（Disney）代表神奇與家庭娛樂。
(2)蘋果電腦（Apple）代表創意與人類潛能激發。
(3)萊雅（L'OREAL）代表自我價值與自信。

任務4 創造區隔化、具關聯性、可以保衛品牌本尊身分！

蘋果電腦在創造區隔化、具有關聯性、可以保衛的名牌與本尊身分上有口皆碑，方能讓這個品牌二十年來地位維持不墜。

任務5 做好組織內部良好溝通！

在你向消費者和顧客推出任何新品牌或有關品牌的任何活動以前，必須確定自己員工已經事先知情，尤其公司內部必須了解品牌的平臺，而且負責運作品牌的人員（行銷、產品開發顧客服務等）也必須清楚自己怎樣做，才能讓這個品牌在消費者或顧客面前大獲成功。

任務6 做好組織外部溝通！

廣告活動推出前後是大多數人與品牌的關係建立最密切的時刻，廣告活動的重要性在此不贅述，然而要擊中目標對象還有許多別的辦法，因此了解何者是最為有效的方法，就顯得至為重要。
舉例來說，你必須思考公關是不是比電視廣告更有效的媒介？郵寄廣告呢？電子郵件或手機行銷活動又如何？是否用得上愈來愈熱門的打游擊式或地下管道式行銷？這類口耳相傳的品牌建立方式，是透過複雜的人際網絡推薦品牌。對品牌管理人很重要的一項原則，是確保外部溝通必須明確打出獨特品牌，傳遞正確的品牌訊息，並且運用最有效的媒體，即使這意味不採用電視之類的傳統媒體。

任務7 確保承諾實現無誤！

這項任務需要品牌管理人在組織內創造一個委員會，成員包括來自企業任何影響顧客的部門所指派的代表，品牌管理人必須確保這些代表：
(1) 了解並贊同品牌策略。
(2) 開發出特定行動計畫使其部門能配合上述品牌策略。
(3) 相互協調行動計畫，使得該品牌產品在對的時間出現在對的地點，並在對的促銷活動支援下，有對的人員來支援。

任務8 評估建立品牌價值的策略是否有效！

10-12 品牌再生與品牌年輕化之翻身步驟

很多品牌都會面臨品牌老化或品牌再造的狀況，而使業績及市占率下滑，嚴重影響市場生存與企業獲利。行銷人員面臨著如何使品牌年輕化或使品牌重定位再生的契機。就實務而言，可有六個步驟，以下說明之。

一、品牌再生六步驟

(一) 危機分析或 SWOT 分析：首先，必須針對本品牌所面臨的危機進行深入的自我反省檢討，列出明顯的不利危機點，以及有哪些因素造成這些危機。另外，經常做 SWOT 分析（企業或品牌的強項、弱項、商機與威脅）。從 SWOT 或危機分析中，可以引導出更為完整的品牌經營現況與未來何去何從。

(二) 市場洞察與市場切入點：其次，行銷人員應針對此行業的市場現況，展開全面性的洞察與分析，以尋找出市場還存在哪些可以切入的空間或作為。

(三) 品牌重定位：接著，在找出品牌可以切入的空間之後，即進行品牌重定位（repositioning）的陳述及定義。

(四) 產品更新配合：品牌重定位必須要有新產品配合更新才行，透過新產品的獨特性、差異化、特色化，以及與品牌重定位精神相契合的好產品，如此品牌重定位或品牌再造才有著力點可做。

(五) 鋪天蓋地整合行銷傳播執行：最後，有了品牌重定位及產品力的更新配合之後，接下來，就是要把這種新定位及新產品，透過如右圖所示的 360 度全方位的整合行銷傳播工作，將新定位、新品牌、新產品全力傳播出去。

(六) 行銷成果：最後，就是觀察行銷成果是否有了充分的改善，包括業績是否提升、市占率是否提升、品牌知名度是否增加、通路商是否表示滿意等。

二、MAZDA 汽車的品牌再造翻身步驟

(一) 危機分析：進行產業分析，了解 MAZDA 目前在市場上面臨缺乏品牌形象、市占率低，以及其他同樣日系汽車（TOYOTA、NISSAN）等的強大競爭危機。

(二) 市場洞察：透過市場調查與焦點團體等方法，發現臺灣消費者對日本文化好感度很高並熱愛日系產品，認為是品質優良的代表。

(三) 品牌定位：1998 年開始，決定用「日式人文精緻路線」作為主要品牌定位，凸顯具有日本血統的特性，與其他國際形象的日系車做出區隔。

(四) 產品更新：MAZDA 產品力強，從每年不斷推陳出新的明星產品便可得知。除了車型簡約俐落外，更強調靈活的操控性，完全改變以往的卡車形象。

(五) 整合行銷傳播：整個 MAZDA 的行銷策略，都圍繞在「日式人文精緻路線」為訴求，分別應用在廣告、公關、通路及產品上。

(六) 行銷成果：市占率從 1998 年的 0.7%，一路上升到 2006 年的 6.6%。

品牌再生與品牌年輕化之行銷步驟

Step1：危機分析或 SWOT 分析

Step2：市場洞察與市場切入點

Step3：品牌定位

Step4：品牌更新配合

Step5：鋪天蓋地整合行銷傳播執行

——TVCF（電視廣告）	——公關媒體報導露出
——MG（雜誌廣告）	——異業合作
——RD（廣播廣告）	——旗艦店
——NP（報紙廣告）	——SP（促銷活動）
——Outdoor（戶外廣告）	——網路行銷活動
——吸引人的名人代言	——通路行銷活動

Step6：行銷成果

MAZDA品牌再造翻身

1. 展開危機分析

2. 深入市場洞察

3. 推出新的品牌定位

4. 新產品推出

5. 展開整合行銷傳播

6. 獲致行銷成果

10-13 品牌再生十大要點與方向

品牌再造的目的在於重新勾起消費者起初願意購買的美好回憶，我們可以根據這十項品牌再生法再做延伸，不但可擴大市場，品牌更可因此顯得朝氣蓬勃。

一、品牌再生十大要點

(一)老產品新用法：利用巧思創造老產品的新用法，例如：吉列（Gillette）刮鬍刀推出女性除毛刀。

(二)轉移目標市場：利用品牌價值開發新的目標市場，例如：製造香水的法國名牌迪奧（Christian Dior）、香奈兒（Chanel）等，發展時裝、配飾市場。

(三)發現產品新用途：轉移產品市場，開發新用途，例如：明星花露水成為外勞返鄉的禮物。

(四)開發工業品市場：原先是消費品市場，在接近市場飽和時，開發工業品市場，例如：電視機轉移為電視牆，成為旅館、餐廳的視聽娛樂工具。

(五)老品牌的傳奇故事：藉著人們思古之幽情，訴說老品牌的傳奇故事，讓消費者心儀而對品牌產生好感，例如：郭元益的古老傳說，把喜餅變成符合傳統的特殊品牌。

(六)新包裝創造新市場：利用新穎包裝或改變產品形狀，開拓新市場，例如：川貝枇杷膏改為喉糖式包裝、果凍改為一口式小包裝。

(七)利用當紅明星延續品牌壽命：聘請當紅演藝人員充當品牌代言人，但不時更換明星來延續品牌形象與壽命，例如：麗仕（Lux）香皂用不同的國際紅星代言，SK-II 從劉嘉玲開始採用當紅明星，延續品牌壽命及活力。

(八)置入式行銷以求生活化：讓產品搭上當紅連續劇或電影的便車，例如：臺灣亞太電信的手機廣告，每次使用同一演員，每次廣告都有新劇情，讓消費者有所期待。

(九)尋找策略夥伴強化品牌：與知名品牌進行策略聯盟，強化彼此的品牌活力，以吸引新客源，例如：鼎泰豐與中華航空攜手合作，在臺日航線上供應小籠包吸引日本乘客；港龍航空則與小南國餐廳合作，在航班上供應餐點。

(十)促進高用量策略：向重量級使用者促銷，例如：嘉義油飯「呷七碗不要錢」。

二、品牌再造的兩大方向

品牌再造的目的在於重新勾起消費者的回憶，並進一步引起消費者購買的意願，最終達成刺激銷售量的目標。Keller（1999）便提出品牌再造的兩大方向，一是在購買和消費過程中，藉由提高消費者對品牌的回憶及認識，來擴大品牌知名度的深度與廣度。二是強化品牌的獨特性、強度、優異性，並建立品牌形象。

品牌再生十大要點

8.置入式行銷以求生活化！

5.老品牌傳奇故事！

3.發現產品新用途！

9.尋求策略夥伴強化品牌！

1.老產品新用法！

6.新包裝創造新市場！

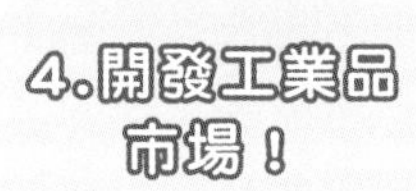

4.開發工業品市場！

10.促進高用量策略！

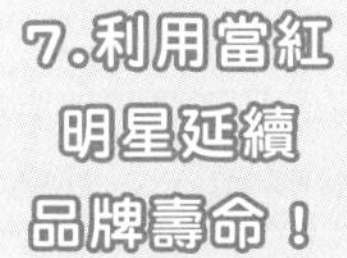

2.轉移目標市場！

7.利用當紅明星延續品牌壽命！

1. 強化品牌獨特性、優異性！

2. 勾起消費者回憶與再認同！

10-14 品牌再生戰役：以克蘭詩化妝品為例 I

本研究個案探討內容摘述自法國克蘭詩化妝保養品在臺分公司的「品牌再生戰役」。

一、SWOT 分析

先用心、認真、坦誠、客觀的檢視 SWOT 在自己品牌的現況。

(一) 強項：包括 1. 產品力強，重研發；2. 試用品大量發送；3. 價位適中，以及 4. 專業美容護膚 know-how。

(二) 弱點：包括 1. 知名度弱；2. 品牌老化、形象不鮮明；3. 廣告預算低；4. 櫃位（在百貨公司一樓的專櫃位置）不佳；5. 商品認知度低（只有美白產品，但無彩妝產品），以及 6. 有被百貨公司撤櫃之虞。

(三) 商機：切入 niche（利基）商品市場。

(四) 威脅：包括 1. 面對市場各種新品牌大舉引進；2. 百貨公司過度促銷，價格優惠戰激烈，以及 3. 消費者缺乏忠誠度。

二、危機浮現（2001 年起）

因業績長期的不理想，法國克蘭詩化妝保養品在臺百貨公司櫃位差，形象與櫃位交互惡性循環，且客層老化。

2001 年為其品牌低潮期，品牌排名在全部三十三種化妝品牌的排名落居第十九名。尤其撤出忠孝 SOGO 百貨公司影響最大，傷害重。

三、如何化危機為轉機？

法國克蘭詩化妝保養品在臺分公司的「品牌再生戰役」，究竟是如何展開並成功化危機為轉機呢？以下五種策略為其成功要素。

(一) 創新的產品策略導入：切入蘋果光筆彩妝新產品及超勻體精華液保養品。新品上市，一舉成功。

(二) 採用本土代言人策略：原先法國總公司不同意用本土藝人為代言人，認為有損法國品牌形象，但後來被說服了，聽從臺灣分公司的意見。

1. 2001 ～ 2004 年：用 Makiyo 為代言人。
2. 2005 ～ 2006 年：用小 S 為代言人。
3. 2006 年～：用楊丞琳為代言人。

鑑於報紙廣告稍縱即逝，女性雜誌又太多、分眾化了。因此改用壹週刊雜誌，並且用廣編特輯方式呈現，而非單調廣告稿。當時，也採用一部分臺北市公車車廂廣告，補強克蘭詩品牌的廣告強度。

克蘭詩化妝品品牌再生戰役圖示

(一)主要行銷傳播目標

1. 重新打造品牌形象及品牌知名度
2. 挽救日益下滑的業績及被撤櫃

(二)品牌再生的整合行銷傳播作法

1. 商品力
   - 切入利基產品
   - 蘋果光筆及超勻體精華液
2. 代言人策略
   - Makiyo、小S及楊丞琳代言成功
3. 廣編特輯策略
   - 大膽採用八卦式及報導式廣告，並結合代言人呈現，引出話題性
4. 旗艦店策略
   - 在花園設計的頂級美妍中心
5. 樣品贈送策略
   - 每年花費2%占營收預算的免費贈品策略
6. 專櫃人員銷售策略
   - 不強迫推銷
   - 服務加強

(三)五年來重生的成果

1. 營收業績顯著成長
2. 市占率提升
3. 品牌地位排名提升
4. 專櫃據點數增加

(四)面對未來——持續成長的艱辛挑戰

危機浮現

1. 客層老化
2. 被撤櫃
3. 櫃位差
4. 業績大幅下滑

10-15 品牌再生戰役：以克蘭詩化妝品為例 II

克蘭詩化妝品法國總公司認為不需要投資電視廣告太多，做一部分即可。

三、如何化危機為轉機（續）？

(三)廣編特輯策略：由於正常各大報及各主要雜誌的公關報導，都沒有好版面提供出來（給別種公司用），廣告效果也有限，且報社美容版編輯也不推薦。因此在壹週刊，第一階段採取大膽八卦式及報導式的廣告，包括報導代言藝人的各種八卦生活及彩妝，甚至不少電視新聞主播臉上也要用蘋果光筆抹抹擦擦會更上鏡頭，廣編特輯引起了蘋果光筆彩妝的話題出來；另外，在版面設計上，要求產品放小一些，但藝人話題、八卦故事放大一些，引人想看。在第二階段，則以第一人稱方式呈現版面設計。以小S代言直接來講產品，例如：我這麼漂亮，因為臉上有克蘭詩蘋果光；再如，我身材超棒，因為我用克蘭詩超勻體精華。第三階段，代言人的部落格，小S懷孕後待在家，每週由公司代替寫一篇日記心得，後來小S自己寫。此時廣告的slogan為：「帶球走也很美麗。」部落格點閱人數超過20萬人次。

(四)旗艦店策略：開設克蘭詩「美妍中心」旗艦店，打造新品牌形象。每家美妍中心店花費1,000萬元投資裝潢，把它視為形象之廣告投資。為配合克蘭詩產品注重植物成分，故要求美妍中心要加入花園的設計，而不是室內而已。事後，每家美妍中心在三年內，均回收投資成本了。

(五)制定促銷策略：

1. 提供試用品：法國總公司堅持每年花2%營業額做「試用品」（sampling）之促銷活動。新顧客每年送四件，舊顧客平均送二件。

2. 堅持廣告預算為業績營收的固定比例，但隨業績成長，此比例也會下降些。

3. 不強迫推銷：教育第一線專櫃小組，不能強迫推銷，誠心誠意，長長久久的生意。不期望顧客第一次買很多，但願多來買幾次，頻率（frequency）要高些，代表她對此品牌的喜愛與忠誠、習慣。

4. 法國總公司並不認同投資電視廣告太多，做一部分即可，這是政策。

四、品牌重生戰役的成果

(一)市占率：從2001年的1.4%提升至2005年的3.9%。

(二)品牌地位排名：從2001年的第十九名提升到2005年的第十一名，2006年更晉升為第八名。

(三)業績（營收）成長：近五年成長率依序為18%、38%、61%、52%、24%。

(四)全省據點數：從二十四個櫃位增加至三十一個櫃位。

(五)廣告占營收比例：從0.6%提升到2.7%。

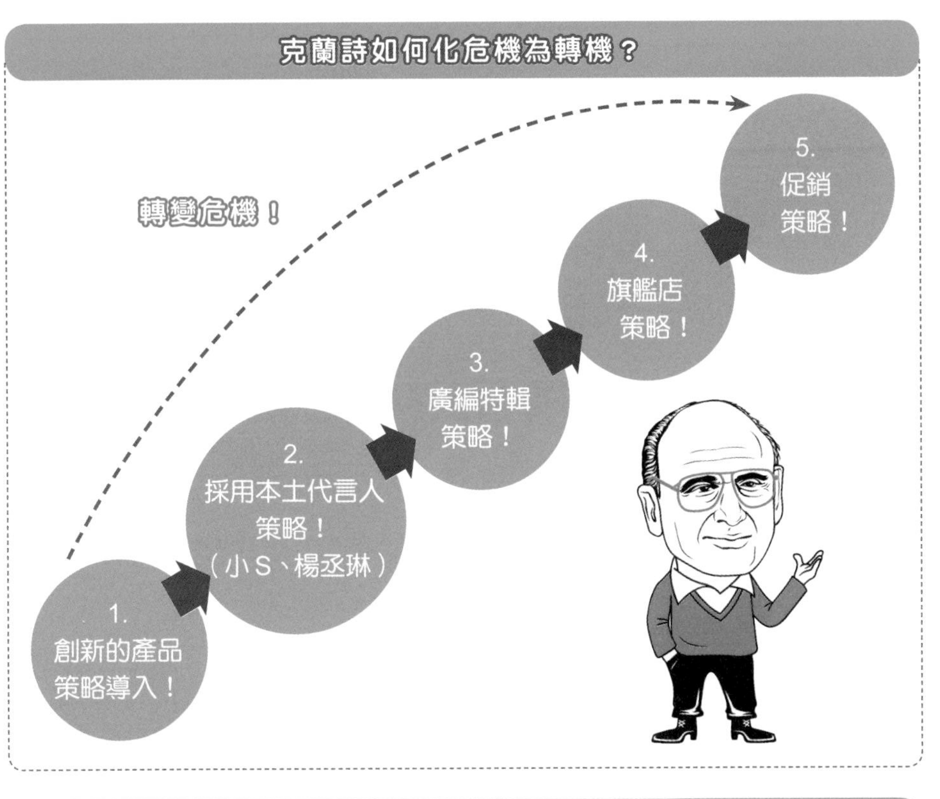
克蘭詩如何化危機為轉機？
轉變危機！
1.
創新的產品
策略導入！
2.
採用本土代言人
策略！
（小S、楊丞琳）
3.
廣編特輯
策略！
4.
旗艦店
策略！
5.
促銷
策略！

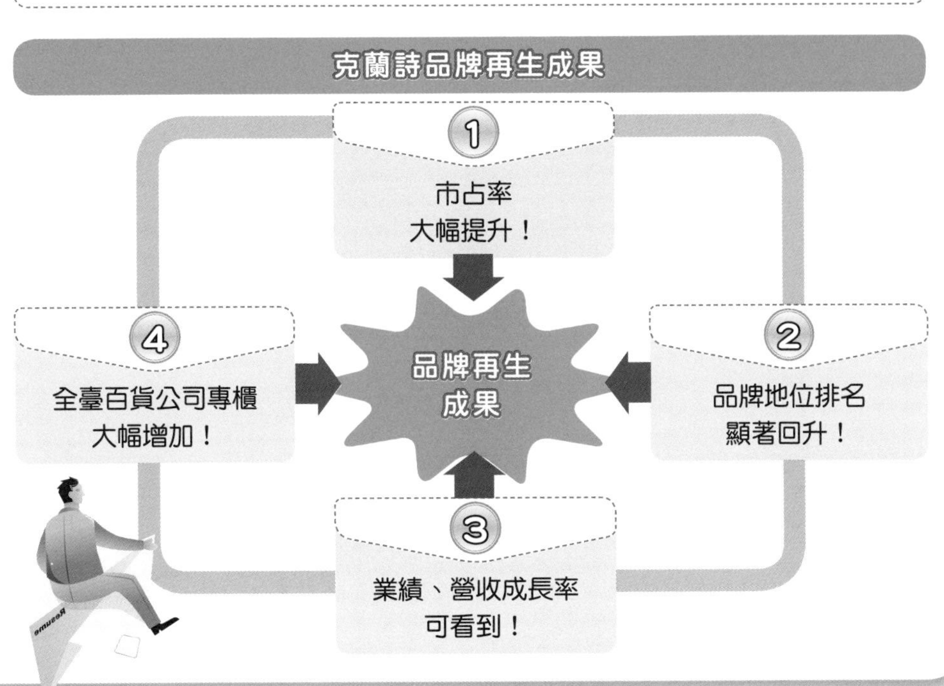
克蘭詩品牌再生成果
①
市占率
大幅提升！
②
品牌地位排名
顯著回升！
③
業績、營收成長率
可看到！
④
全臺百貨公司專櫃
大幅增加！
品牌再生
成果

Date ______/______/______

第 11 章
品牌策略概述

11-1 品牌策略的本質與思考角度
11-2 品牌自我 SWOT 檢測分析
11-3 確定品牌策略四大要素
11-4 品牌策略的類型
11-5 推出多品牌策略原因及注意點
11-6 品牌延伸策略之原因、優點、缺點及誤區
11-7 推出副品牌策略的原因、意義及特點
11-8 零售商推出自有品牌的意義及原因
11-9 國內各大零售商推出自有品牌狀況 I
11-10 國內各大零售商推出自有品牌狀況 II
11-11 日本零售商發展自有品牌概況
11-12 品牌策略的形成步驟 I
11-13 品牌策略的形成步驟 II

11-1 品牌策略的本質與思考角度

品牌策略的擬定，必須了解其背後的意義，也就是品牌策略的本質為何？並循著本質予以分析自己品牌最適合的品牌策略。

一、品牌策略的本質

（一）品牌策略要以消費者最高滿意度與最大喜愛度為依歸：讓消費者在功能面、價格面、心理面及服務面等，均能對我們的品牌感到最高滿意與最大喜愛的目標。

（二）品牌策略是長期的：打造品牌沒有短期的、沒有速成班、沒有抄捷徑的，也沒有不勞而獲的。沒有五年、十年的下功夫，品牌策略是不會成功的。

（三）品牌策略必須具備競爭力：打造品牌必須具備自身的差異化特色、獨特銷售賣點、成本競爭力、研發設計競爭力、行銷投資競爭力等為本質基礎。然後在這些基礎上，挑出幾個力量，超過競爭對手。

二、品牌策略形成的三個思考角度

（一）從消費者角度加以分析（consumer insight，消費者洞察）：消費需求趨勢、消費動機、消費者結構及消費者分析等。例如：華碩電腦推出頂級設計、高級皮革筆記型電腦，為 NB 加入時尚，名牌與流行的精品擁有需求，成為精品電腦的品牌目標，目前售價 7 萬元。再如，選擇代言人、廣告 CF 拍攝、旗艦店、VIP 會員招待等，均需滿足消費者。

（二）從競爭者角度加以分析（competitor）：從競爭者品牌的優點、缺點、現況及未來，尋找可以獲勝的利基空間、區隔空間、品牌空間及行銷操作方向與作法，例如：壹咖啡、85 度 C 咖啡與星巴克有所區別。

（三）從本公司自我角度加以分析（company）：檢視自己公司及自己品牌，了解自己、評鑑自己、勿自欺欺人、勿不知自己所長所短。針對自己的弱處，及時加以補強，趕上競爭對手。定期進行品牌檢測，以了解本身自我公司的狀況。

優質品牌經理應具備六項條件

1. 對市場變化，具「敏銳性」。
2. 對行銷計畫推動，具「彈性因應」。
3. 對致勝祕訣，具「創意性」。
4. 對內外部支援協力單位，具良好的「溝通協調性」。
5. 對整體營運發展趨勢，具「前瞻性」。
6. 最後對每天長時間超時的工作，具「耐操性」。

品牌策略三本質

品牌策略的本質

1. 品牌策略要以消費者最高滿意度與最大喜愛度為依歸！

2. 品牌策略是長期的！

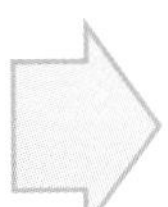

3. 品牌策略必須具備競爭力！

品牌策略形成的三個思考角度

1. 從消費者角度加以分析

2. 從競爭者角度加以分析

3. 從公司自我角度分析

品牌策略是什麼？

11-2 品牌自我 SWOT 檢測分析

一、檢視自我品牌狀況如何？

1. 目前的品牌形象坐落在哪一個指標上？

2. 所有與公司相關利害關係人士如何看待我們目前的品牌？

3. 品牌聯想為何？看到我們品牌，就會想到什麼？

4. 在競爭者環伺之下，品牌是如何將自己區隔出來的？區隔出自己可以存活的定位、利基及特色？例如：貝納頌咖啡飲料、薇閣精品旅館、涵碧樓、茶裏王綠茶、桂格燕麥片、PChome 等。

5. 目前品牌所承襲的重點為何？

6. 不同層面、不同目標市場的消費者，又是如何看待目前我們這個品牌？

7. 目前品牌的優缺點有哪些？是帶給企業正面形象，還是負面形象？

8. 品牌在組織中的地位是很重視？還是被忽略？

9. 與其他相關因素，使用者的情境、使用者的感覺、自我表現程度為何？連結程度又為何？

10. 目前品牌所擅長的是什麼？不足的是什麼？

11. 透過組織資源所能給予品牌的資源為何？可實現及支援的又是什麼？無法實現的又是什麼？

問題思考

請各位檢視你們公司品牌在這十一個項目的狀況是如何呢？

二、品牌的自我 SWOT 分析

很誠實的做自我品牌檢視，然後才會有正確及有效的對策與改善成果。

(一) 品牌的自我強項、優勢 (S)

1.________________

2.________________

3.________________

(二) 品牌的自我弱勢、劣勢 (W)

1.________________

2.________________

3.________________

(三) 品牌的環境商機 (O)

1.________________

2.________________

3.________________

(四) 品牌的環境威脅 (T)

1.________________

2.________________

3.________________

品牌內部自我SWOT分析

自我優劣勢分析

S（優勢）	W（劣勢）
O（商機）	T（威脅）

外部環境分析

品牌外部檢視

1. 外部消費者

2. 外部通路商

3. 外部媒體

4. 外部供應商

5. 外部競爭者

如何看待我們？

我們又該如何因應？

11-3 確定品牌策略四大要素

品牌策略有其擬定本質，以及依循本質去思考適合自己品牌的品牌策略；再來是品牌自我 SWOT 檢測分析；之後，則進入品牌策略之確定。

一、確定品牌核心價值

確定品牌的核心價值是什麼？是否會堅定不移的去固守？組織成員是否大家信守，並成為企業文化？

例如：SK-II、ASUS、Giant、Starbucks、McDonald、NIKE、Gucci、LV、TOYOTA、7-Eleven、P&G 等品牌的核心價值是什麼？請想一想。

二、制定品牌核心的訊息

確定品牌核心價值之後，就必須要制定品牌核心訊息，目的是要向外界做明確的溝通。在制定品牌核心訊息時，必須注意以下事項：

(一)訊息一定要和品牌核心的價值產生一致性：在做品牌訊息傳遞時，一定要謹記絕對不能違背品牌核心價值，以免消費者產生混淆。

(二)訊息一定要簡單明瞭，一看便知道品牌要傳達的意念是什麼：例如，耐吉的「Just do it」（做就對了），就是在傳達「活動」的概念。

(三)訊息必須是真實的、有信用：所要傳達的訊息，一定要是真實可靠，就連所屬的員工都要確認無疑。FedEx 的「使命必達」所傳達的訊息就屬真實性。

(四)訊息的訴求及傳遞一定要和目標市場的消費群產生緊密關聯性：品牌所要傳達的訊息必須和消費者需求切身產生最大關聯性及實用性，絕對要避免使用空洞用語。

(五)要有區隔化：品牌訊息是要傳達企業獨一無二的品牌核心價值，所以一定要與競爭者加以區隔，千萬不要讓消費者好不容易記下了品牌訊息，卻認為競爭者才是品牌訊息傳遞者。

三、定義一個獨特的品牌個性

例如：信賴、熱情、風趣、歡樂、獨立自主、關懷、酷、樂觀、自信、速度、品味、剛強、流行、時尚、頂級、榮耀等品牌個性。

四、制定象徵品牌形象的標誌、商標

(一)易記的品牌名稱。

(二)獨具巧思的視覺形象。

(三)獨特聲響的聽覺形象。

(四)觸覺形象。

(五)獨特味道的嗅覺形象。

(六)味覺形象。

確定品牌策略四大要素

品牌策略四大要素

1. 確定品牌核心價值

2. 制定品牌核心訊息表達

3. 定義一個獨特品牌個性

4. 制定象徵品牌形象標誌

品牌訊息表達要點

1. 品牌訊息要與品牌的核心價值一致性！不能違背核心價值！
2. 品牌訊息一定要簡單明瞭！不要太複雜！
3. 品牌訊息要真實！要有信用！
4. 品牌訊息訴求要與目標消費者緊密關聯！
5. 品牌訊息要有區隔化！

11-4 品牌策略的類型

品牌策略有下列五大類型，尤其當你想採用家族品牌策略及新的個別品牌策略時，有其應當考量之處。

一、品牌策略有五大類型

(一)家族品牌策略：企業集團的每一個產品皆採取同一個單一化的家族品牌名稱。例如：歐洲的維京（Virgin）企業集團，包括維京航空、維京快遞、維京鐵路、維京可樂、維京牛仔褲、維京音樂，均採同一個單一化的家族品牌名稱。而國內的大同家電公司，其不論電視、冰箱、電鍋、電扇等，均取名為大同。

(二)多品牌策略：每一個產品皆賦予一個獨立不同的品牌。例如：P&G 公司旗下有 80 多種品牌，每一個品牌都各自獨立。再如，法國萊雅（L'OREAL）化妝美容保養集團，全球有 17 個知名品牌。

(三)分類產品的家族名稱：係指某一相關系列產品均採同一名稱，但不同系列則採不同名稱。例如：美國 Sears 百貨公司的家電用品之品牌一律為 Kenmore。

(四)公司名稱聯結個別產品名稱：例如：美國第二大日用品公司高露潔（Colgate）就經常以「高露潔」名稱連上個別產品名稱。P&G、花王、聯合利華等日用品公司，以及 TOYOTA 汽車、三菱中華公司、NISSAN 汽車等也是採此方式。

(五)副品牌策略：副品牌策略即是在面對市場強力競爭者以低價進入市場，造成我方市占率可能損害時，或是當我方公司想進入低價市場時，就得推出另一個副品牌。例如：Uniqlo（優衣庫）公司推出更低價服飾 GU 品牌，可視為副品牌策略。

二、欲採用家族品牌策略及個別品牌策略之考量

(一)採用家族品牌策略時：如果你想採用家族品牌策略，必須考量到：1. 家族品牌是否能增加產品價值？例如：卡文．克萊（Calvin Klein）的香水可以符合原有品牌時尚、性感的象徵；2. 家族品牌是否具有可信度？例如：惠普代表品質、蘋果代表創新、賓士代表高級；3. 家族品牌是否能增加產品能見度？以及 4. 家族品牌是否能增加傳播有效性？例如：統一的廣告量大，對於新品牌的支持容易。

(二)採用多品牌策略時：如果你想採用新的個別品牌策略，必須考量到：1. 新品牌是否具有創新功能，能夠提供獨特的消費利益？例如：一匙靈的洗衣粉代表用量少、洗淨力強；2. 是否有很大的潛在市場可以發展？例如：豐田公司推出凌志（Lexus），因為高級汽車的市場銷售量驚人；3. 是否有足夠經費可以支持？從商品開發到上市，新品牌必須投注大量費用，上市後更需宣傳和推廣，若經費不足，不可冒然推出新品牌，以及 4. 是否要擺脫原有品牌的限制？GAP 服飾推出產品客層以青少年為主，為了要吸引上班族人士的消費，它另有 Banana Republic 的品牌，以便與 GAP 形成區隔。

品牌策略的五大類型

1.家族品牌策略

例如：國泰世華銀行、國泰人壽、富邦銀行、Nokia手機、三星產品、Dell電腦、微軟產品等。

2.多品牌策略

3.分類品牌策略

例如：美國Sears百貨公司，其家電用品之品牌一律為Kenmore；女性服飾類品牌一律為Kerrybrook；家庭設備類品牌為Homart。

4.公司名稱聯結個別產品名稱

5.副品牌策略

品牌策略

多品牌策略

法國萊雅化妝保養品集團	全球 17 個知名品牌
美國 P&G 集團	全球 80 個知名品牌
歐洲雀巢食品集團	全球 70 個知名品牌

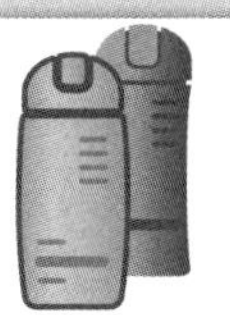

11-5 推出多品牌策略原因及注意點

品牌策略有前述五大類型，究竟什麼原因讓企業決定採用多品牌策略呢？

一、採用多品牌（multi-brand）策略的七大原因

（一）商品陳列架的空間有限：零售市場商品陳列架空間有限，每個品牌競爭激烈，各產品可分配的空間也有限，而多品牌陳列加總，所占的空間自然較多。

（二）可抓住一些品牌轉換者的消費群：所謂消費者的忠誠亦成疑問，消費者為了嘗試新產品，經常轉換品牌以比較優劣，廠商推出多品牌，可以抓住這些品牌轉換的消費群。

（三）較易激發組織內部的效率和競爭：從廠商本身而言，多推出新品牌，較易激發組織內部的效率與競爭。例如：寶僑公司和通用汽車公司的多品牌政策，可激勵品牌間的士氣和效率競爭。

（四）利於不同市場區隔：廠商運用多品牌策略，較利於不同的市場區隔。消費者對各種訴求和利益有不同的反應，不同品牌間縱然差異不大，但也可以激起消費者的反應。

（五）對總業績有幫助：寶僑公司的洗髮精產品共推出五個品牌，包括采研、海倫仙度絲、潘婷、飛柔和沙宣。品牌相互競爭後，個別品牌的市場占有率可能略損，但五者總銷售量卻增加了。雖然許多人認為，多品牌競爭會引起企業內部各兄弟單位之間經營各自品牌而自相殘殺的局面。寶僑則認為，最好的策略就是自己不斷攻擊自己。這是因為市場經濟是競爭經濟，與其讓對手開發出新產品去瓜分自己的市場，不如自己向自己挑戰，讓本企業各種品牌的產品分別占領市場，以鞏固自己在市場的領導地位。

（六）尋求更高市場占有率：廠商為尋求更高市場占有率之目標與更大之銷售利潤。

（七）新品牌終有一天也會變成舊品牌：為了確實把握未來之市場，必須不斷的推陳出新，永遠讓客戶感覺是一家創新與活力之廠商。

二、多品牌策略應注意要點

多品牌策略應注意要點有下列幾點：一是品牌定位與目標市場之方向應與原有品牌有所區別；如果沒有顯著區別，應考慮是否會搶走原有品牌之客戶，而無法達成銷售量增加之目的。二是如果實施多品牌策略之後，每個品牌只占很小之市場占有率，並且沒有一個是特別獲利的；此時，應檢討是否投注了太多資源在許多不太成功的品牌上，有資源使用效率不佳之處。三是新品牌在實質上或行銷手法上，是否與原有品牌有若干區別，而能讓消費者接受。

採用多品牌策略七大原因

7. 新品牌終究也會變舊品牌

6. 為尋求更高市占率目標

5. 對總業績有幫助

4. 有利於不同市場區隔

3. 可激發組織內部的效率與競爭

2. 可抓住一些品牌轉換者消費群

1. 商品陳列架空間有限

多品牌策略原因

多品牌策略注意要點

注意要點

1. 定位及目標市場要有所區隔！

2. 避免相互殘殺！

3. 行銷操作手法要有所不同！

11-6 品牌延伸策略之原因、優點、缺點及誤區

調查雖顯示利用品牌延伸要比推出全新的品牌更容易成功，但實際運作上也不盡如此，還是有其風險存在。

一、採用品牌延伸之原因

(一) 容易為新產品打開市場：由於既有品牌已獲取相當地位與印象，如果新產品能經由這一途徑，將易於讓消費者有所認識與信賴。

(二) 減少推廣費用支出：使用品牌延伸，可減少一個完全新的品牌在推廣費用上的支出，而又能達到預期之銷售目標。利用品牌延伸要比推出全新的品牌更容易成功，其理由十分明顯：

1. 根據凱菲爾 1992 年的報告指出，只有 30% 的新品牌能存活三年以上，但是如果是依附在既有品牌下問世，存活率則提高到 50%。

2. AC 尼爾森（AC Nielsen）的報告，針對 114 件新產品上市的案子進行的研究，則顯示新產品在上市兩年後，全新品牌的產品和依附既有品牌的產品相比，前者的市場占有率為後者的二倍。

3. 另一項報告則指出，引進美國超市十年以上的日常消費用品中，銷售能超過 1,500 美元以上的成功商品，有 2/3 是既有品牌的現狀延伸。

二、品牌延伸的誤區（陷阱）

陷阱之一：損害原有品牌的高品牌形象。

陷阱之二：品牌淡化（推出太多品牌，強調太多重點，會使人亂掉）。

陷阱之三：心理衝突。

陷阱之四：蹺蹺板效應（一邊產品變好，一邊產品變差）。

三、品牌（產品）延伸的優點

(一) 節省廣宣成本。

(二) 增加貨架陳列面及空間，開拓市場領域。

(三) 滿足消費者對新產品的欲望。

(四) 增加競爭者進入障礙。

(五) 強化品牌聯想。

(六) 降低產品上市失敗風險。

(七) 擴大企業發展版圖。

四、品牌（產品）延伸的缺點

(一) 失焦現象：易使消費者對品牌產生混淆及失焦現象，以致削弱原品牌的聯想。

(二) 稀釋現象：延伸若失敗，將可能造成稀釋家族品牌的不利結果。

(三) 分散資源：品牌過多，將分散公司投入的資源配置及選擇。

品牌延伸策略的案例

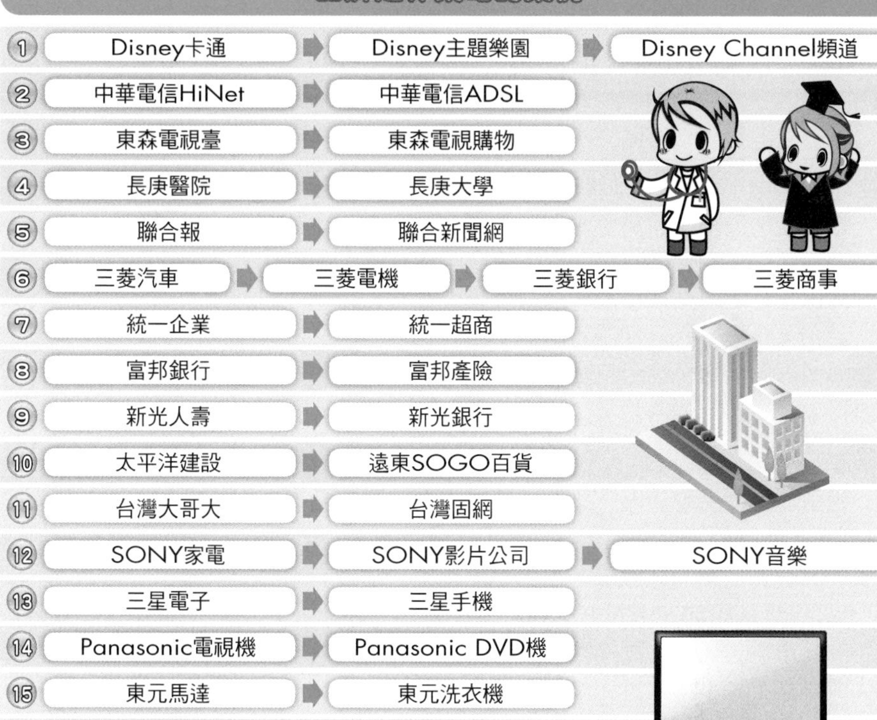

①	Disney卡通	Disney主題樂園	Disney Channel頻道	
②	中華電信HiNet	中華電信ADSL		
③	東森電視臺	東森電視購物		
④	長庚醫院	長庚大學		
⑤	聯合報	聯合新聞網		
⑥	三菱汽車	三菱電機	三菱銀行	三菱商事
⑦	統一企業	統一超商		
⑧	富邦銀行	富邦產險		
⑨	新光人壽	新光銀行		
⑩	太平洋建設	遠東SOGO百貨		
⑪	台灣大哥大	台灣固網		
⑫	SONY家電	SONY影片公司	SONY音樂	
⑬	三星電子	三星手機		
⑭	Panasonic電視機	Panasonic DVD機		
⑮	東元馬達	東元洗衣機		
⑯	六福客棧	六福村		
⑰	台塑企業	台塑石油		

品牌延伸矩陣圖

產品類別

品牌名稱		
新增	新產品（new product）	側翼品牌（flanker brand）
既有	品牌延伸（franchise extension）	產品線延伸（line extension）

品牌延伸之優點

品牌延伸優點

1. 節省廣宣成本！
2. 增加貨架陳列，開拓市場領域！
3. 滿足消費者新需求！
4. 易於提高新品品牌知名度！
5. 降低上市失敗風險！

11-7 推出副品牌策略的原因、意義及特點

所謂副品牌，是指一方面擁有自己的品牌，另一方面又伴隨著主要品牌名稱，作為品牌權益的後盾。

從本質上來說，副品牌是一種品牌延伸策略，是運用消費者對現有品牌知名度、聯想度，推動副品牌產品的銷售。

一、副品牌所扮演的角色

換句話說，副品牌是要站在主要品牌的基礎上，再採用其他品牌的名稱。副品牌角色往往是運用主要品牌權益影響消費者對該品牌的照顧。

若企業企圖進入延伸的新市場，可試探新市場之接受度，又避免失敗後影響到主要品牌的信譽，則可以運用副品牌策略與消費者做溝通，也就是說副品牌具有進可攻、退可守的角色。

二、副品牌之特點

相對於其他品牌策略，副品牌策略具有以下特點：

(一)品牌的延伸策略：副品牌是一種品牌的延伸策略，是利用消費者對現有成功品牌的信賴和忠誠度，再另行推動另一個品牌產品的銷售。

(二)具進可攻、退可守的特點：副品牌一方面可藉由主要品牌的信譽與名聲發展新市場，另一方面又可維護主要品牌的聲譽，避免受到自相殘殺或遭到競爭失敗之苦。

(三)藉由副品牌傳遞主要品牌訊息：可藉由副品牌進入新的市場，並採用不同的訴求，但仍能表達主要品牌的品質及形象。

(四)可帶給消費者獨特又新鮮的感受：主要品牌已經定型，不容輕易改變其品牌個性，但是副品牌卻可以常變更面貌，創造全新品牌主張，賦予消費者既獨特，又新鮮的感受。

三、推出副品牌策略的主要考量因素

(一)副品牌表現不佳時：當副品牌表現不佳，對主要品牌來說不是資產，反而是負債，不如推出新品牌。

(二)副品牌能否補足主要品牌的弱點：例如：三洋推出媽媽樂洗衣機，能夠凸顯商品利益，拉近和顧客的距離。

(三)副品牌和主要品牌形象是否一致：副品牌的形象高，可以帶動主要品牌；反之，副品牌的形象低，則會損害主要品牌。

副品牌的意義與功用

狀況

面對競爭對手
推低價強力競爭！

對策

也推出低價的
副品牌應戰！

狀況

想搶食
更多平價市場！

對策

也推出低價副品牌
搶攻新市場！

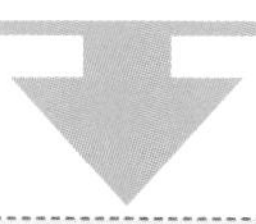

結論：進可攻，退可守！

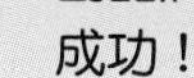

副品牌之特點

副品牌特點

1. 可視為品牌延伸策略的一種變形！

3. 副品牌應該有其獨特性，才會成功！

2. 副品牌上市若失敗，應不會傷及主品牌！

4. 副品牌若成功，可提高整體市占率！

11-8 零售商推出自有品牌的意義及原因

為什麼零售通路商要大舉發展自有品牌放在貨架上與全國性品牌競爭呢？以下說明其意義以及原因。

一、通路商自有品牌之意義

通路商自有品牌其意義係指由通路商自己開發設計，然後委外加工，或是研發設計與委外代工全交外部工廠或設計公司執行的過程，然後掛上自己的品牌名稱，此即通路商自有品牌的意思。

二、通路商自有品牌的利益點或原因

（一）自有品牌產品的毛利率比較高：通常高出全國性製造商品牌的獲利率。換言之，如果同樣賣出一瓶洗髮精，家樂福自有品牌的獲利，會比潘婷洗髮精製造商品牌的獲利更高一些。過去，傳統製造商成本中，以品牌廣宣費用及通路促銷費用占比頗高，幾乎達到 40% 左右。但零售商自有品牌在這 40% 的兩個部分，幾乎可以省下來，最多只支出 10%。因此，利潤自然高出三成至四成，既然如此，何必全部向製造商進貨，自己也可以委託生產來賣，這樣賺得更多。當然，零售商也不會完全不進大廠商的貨，只是要減少一部分，而以自己的產品替代。

（二）微利時代來臨：由於國內近幾年國民所得增加緩慢，貧富兩極化日益明顯，M 型社會來臨，物價有些上漲，廠商加入競爭者多，每個行業都是供過於求，再加上少子化及老年化，以及兩岸關係停滯，使臺灣內需市場並無成長的空間及條件。總的來說，就是微利時代來臨了。面對微利時代，大型零售商自然不能坐以待斃，因此，尋求自行發展具有較高毛利率的自有品牌產品。

（三）發展差異化策略導向：以便利商店而言，小小 30 坪空間，能上貨架的產品並不多，因此不能太過於同質化，否則會失去競爭力及比價空間。便利商店於是紛紛發展自有品牌產品。

（四）滿足消費者的低價或平價需求：在通膨、薪資所得停滯及 M 型社會形成下，有愈來愈多的中低所得者，尋求低價品或平價品。所以到了各種賣場週年慶、年中慶、尾牙祭，以及各種促銷折扣活動時，就可以看到很多消費人潮湧入，包括百貨公司、大型購物中心、量販店、超市、美妝店或各種速食、餐飲、服飾等連鎖店均是如此現象。

（五）低價可以帶動業績成長，又無斷貨風險：由於在不景氣、M 型社會及 M 型消費下，零售商或量販店打的就是「價格戰」（price war）。因此，零售通路業者可以透過他們自己低價自有品牌產品，吸引消費者上門，帶動整體銷售業績的成長。另外，更重要的是，此舉也可以避免全國性製造商業者，不願配合量販店促銷時的斷貨風險。

零售商推出自有品牌的原因或利益

自有品牌（零售商）

此處的通路商，主要指大型零售通路商為主，包括便利商店（7-Eleven、全家）、超市（頂好、全聯）、量販店（家樂福、大潤發、愛買、COSTCO）、美妝藥妝店（屈臣氏、康是美）；此外，也包括百貨公司自行引進的代理產品（新光三越百貨、遠百、SOGO百貨等）。

1. 自有品牌毛利率比較高！利潤也高！

某洗髮精大廠，一瓶洗髮精假設製造成本100元，加上廣告宣傳費20元及通路促銷費與上架費20元，再加上廠商利潤20元，故160元賣到家樂福大賣場去，家樂福自己假設也要賺16元（10%），故最後零售價訂價為176元。但現在如果家樂福自己委外代工生產洗髮精，假設製造成本仍為100元，再分攤少許廣宣費10元，並決定要多賺些利潤，每瓶想賺32元（比過去的每瓶16元，增高1倍），故最後零售價訂價為：100元+10元+32元=142元。此價格比跟大廠商採購進貨的176元訂價仍低很多。因此，家樂福自己提高了獲利率、獲利額，也同時降低了該產品的零售價，消費者也樂得來買。

2. 面對微利時代來臨的威脅！

3. 有利差異化特色的展現！

例如：統一超商有關東煮、各式各樣的鮮食便當、Open小將產品、7-11茶飲料、嚴選素材咖啡、City Café現煮咖啡等上百種之多。

4. 能滿足消費者對平價或低價的需求！

5. 低價可以帶動業績成長！

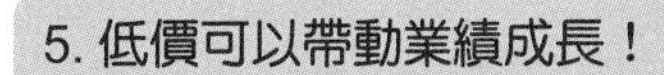

知識維他命

通路商品牌與製造商（全國性）品牌之區別

早期的品牌，大致上都以製造商品牌（或稱全國性品牌）為主，英文稱為 manufactor brand 或 national brand（MB 或 NB）。包括像統一企業、味全、金車、可口可樂、P&G、聯合利華、花王、味丹、維力、雀巢、桂格、TOYOTA、東元、大同、歌林、松下、SONY、Nokia、裕隆、Moto、龍鳳、大成長城、舒潔、黑人牙膏等均屬於全國性或製造商公司品牌，他們都是擁有自己在臺灣或海外的工廠，然後自己生產並且命名產品品牌。

而到了最近，通路商自有品牌出現了，英文名稱為 retail brand（零售商品牌）或 private brand（自有、私有品牌）等，此意係指零售商開始想要有自己的品牌與產品。因此委託外部的設計公司與製造工廠生產，然後掛上零售商所訂定的品牌名稱，放在貨架上出售，此即通路商自有品牌。目前，包括統一超商、全家便利商店、家樂福、大潤發、愛買、屈臣氏、康是美等已推出自有品牌。

11-9 國內各大零售商推出自有品牌狀況 I

一、統一超商經營自有品牌現況

(一)自有品牌占總營收二成，約 200 億元，是 make profit 主要來源：7-Eleven 自有品牌產品以鮮食食品、飲料及一般用品為主，目前已有 200 種品項，2009 年度約占總營收占比的二成，約 200 億元。7-Eleven 希望從高價值感來做切入，發展自有品牌，以獨特性及與消費者情感的連結度，以「創意設計、安心、歡樂感」為主軸，滿足消費者平價奢華的需求，破除一般消費大眾認為自有品牌即是「量多價低」的觀念。2009 年，7-Eleven 以低於一般商品售價的包裝茶飲料切入市場，並邀請日本知名設計師為產品及包裝設計操刀，一上市即拿下銷售第一，近來，包括包裝水、咖啡及奶茶等較不受季節性影響的飲料，也已陸續上市，通路自有品牌，對於既有的市場將出現洗牌作用，已經讓所有製造業者倍感壓力。依照過去統一超商上市公司的財務年報來看，其毛利率約 30%，而稅前獲利率約在 5% ～ 6% 之間。未來，如果自有品牌營收占比提高到三成、四成或五成時，其毛利率及稅前獲利率也可能會跟著拉高。故自有品牌產品，在統一超商內部也被稱為「make profit」（創造利潤）的重要來源。

(二)統一超商自有品牌與品項：包括 1.City Café（現煮）；2. 思樂冰；3. 鮮食商品：御便當、飯糰、關東煮，飲料、光合農場（沙拉）、速食小館（米食風港點、餃類、麵食、湯羹）、麵店（涼麵）、巧克力屋（黑巧克力、有機巧克力等）；4.Open 小將：經典文具收藏品、生活日用品、食品、飲品、零嘴；5. 嚴選素材冷藏咖啡；6. 7-11 茶飲料，以及 7. 其他（陸續開發中）。

二、家樂福自有品牌經營現況

家樂福的自有品牌涵蓋類別很廣，從飲料、食品、橫跨到文具、家庭清潔用品、大小家電，應有盡有，品項約有 2,000 多種，占總營收的一成五。其提供自有品牌的三大保證如下：

(一)傾聽心聲，確保新品開發符合需求：傾聽消費者的期待，經專業的市場分析後，進行開發新產品。

(二)嚴格品選，確保品質合乎期待：與市場領導品牌比較後，品質同等或優於領導品牌，但售價低於市價 10% ～ 15%。

(三)精選製造廠，確保製程嚴格控管：家樂福委託 SGS 臺灣檢驗科技股份有限公司專業人員進行評核及定期抽檢，以控管其作業符合標準。SGS 集團服務於檢驗、測試、鑑定與驗證領域中，遍布全球 1,000 多個辦公室及實驗室，提供全球性網狀服務，以及品質與驗證服務。

統一超商成功推出自有品牌

7-Eleven 超商

① iseLect

② 7-11

③ Open 小將

占總業績已逼近20%！

家樂福三種自有品牌

白底搭配紅色商標，是賣場中最低價系列「家樂福超值商品」（Carrefour value），品項涵蓋數量超過 600 種，以低於市場領導品牌 20%~30% 的價格，吸引沒有特定品牌喜好的消費者，包括衛生紙、洗衣精、米等。

藍底或是反白商標設計的「家樂福商品」（Carrefour product）強調品質與市場領導品牌不分軒輊，但價格低 10%~15%，目前有 1,600 種商品。

黑底加上金色 LOGO 是特別標榜高品質及獨特性「家樂福精選商品」（Carrefour premium），從產品概念、原料、生產流程都以符合嚴格標準為原則。

11-10 國內各大零售商推出自有品牌狀況 II

三、屈臣氏自有品牌經營現況

屈臣氏自有品牌的品項大約占店內商品的 5% 左右，營業額占總營收的一成以上，包括藥物、健康副食品、化妝品和個人護理用品，以及時尚精品、糖果、心意卡、文具用品、飾品和玩具等，自有品牌品類幾乎橫跨所有 17 個品類，單是 2009 年就增加 52 個新品項，總計也有 400 個品項，平均每十位來店的顧客就有一位選購屈臣氏的自有品牌商品，以銷售業績來看，自有品牌商品過去三年營業額每年都以二位數字成長。

屈臣氏自有品牌名稱與品項如下：

1. Watsons：吸油面紙、濕紙巾、衛生紙、袖珍面紙、紙手帕、廚房紙巾、盒裝面紙、衛生棉、免洗褲、免洗襪、輕便刮鬍刀、輕便除毛刀、嬰兒用品系列、電池。
2. Miine：沐浴用品、美妝用品、髮梳用品、棉織品。
3. 小澤家族：洗髮精、沐浴乳、護髮霜、造型系列、染髮系列。
4. 蒂芬妮亞（護膚系列）：洗面乳、化妝水、乳液、面膜、吸油面紙、護手霜等。
5. 歐芮坦（家用品系列）：洗衣粉、洗衣精、室內芳香劑、衣物芳香劑、除塵紙。
6. 男人類 MANLY：洗面乳、洗髮精、沐浴乳。
7. 吉百利食品：甘百世食品。
8. Okido：凡士林。
9. 優倍多：保健食品。

四、大潤發

大潤發的自有品牌「大拇指」，目前有 1,500 多項，如衛生紙、家庭清潔用品、個人清潔用品、燈泡、礦泉水、包裝米、飲料沖調食品、休閒零食、罐頭、泡麵、調味料、內衣襪帕等，應有盡有，滿足顧客生活需求。以食品類最多，其中，業績最好的是寵物類商品，其次是照明與家具類。其他商品以抽取式衛生紙賣得最好。

五、愛買

愛買「最划算」的品牌，以平均低於領導品牌 10% 到 20% 的價格，推出食品雜貨、文具、五金、麵條、醬油等日常用品，其中衛生紙銷售量居所有自營品牌商品之冠。商品總數約 400 支，平日「最划算」系列業績可達整體的 2 % 左右，每週二會員日則可飆高至 5%。未來會主推酒類的自有品牌，還將衛生紙、飲用水等產品占比提高至 30% ～ 35%。

屈臣氏自有品牌

屈臣氏

1 Watsons

2 蒂芬妮亞

3 小澤家族

4 男人類

5 Miine

占總業績 15%！

大潤發、愛買

大潤發 → 大拇指品牌

愛買 → 最划算品牌

低於一般產品價格 10%～20%之多！

11-11 日本零售商發展自有品牌概況

日本零售流通業發展自有品牌歷史比臺灣要早一些。目前日本 7-Eleven 公司的自有品牌營收占比已達到近 50%，遠比臺灣統一超商的 20% 還要高出很多，顯示臺灣未來成長空間仍很大。另外，日本大型購物中心永旺零售集團旗下的超市及量販店，在最近幾年也紛紛加速推展自有品牌計畫，從食品、飲料到日用品，超過了 3,000 多個品項，目前占比雖僅 5%，但未來可達到 20%。

一、日本通路商發展自有品牌，有助廠商提升成本競爭力

日本零售流通業普遍認為 PB 自有品牌的加速發展，對 OEM 代工工廠而言，很明顯帶來的好處之一，就是它可以有效的帶動代工工廠的成本競爭力之提升，各廠之間也有了切磋琢磨的好機會與代工競爭壓力。

（一）PB 時代環境日益成熟：從日本與臺灣近期的發展來看，我們似乎可以總結出臺灣零售通路 PB（自有品牌）時代確實已來臨。而此種現象，正是外部行銷大環境加速所造成的結果，包括 M 型社會、M 型消費、消費兩極端、新貧族增加、貧富差距拉大、薪資所得停滯不前、臺灣內需市場規模偏小不夠大，以及跨業界線模糊與跨業相互競爭的態勢出現及微利時代等，均是造成 PB 環境的日益成熟。而消費者要的是「便宜」、「平價」，而且「品質又不能太差」的好產品條件，此乃「平價奢華風」之意涵。

（二）全國性廠商也面臨 PB 的相互競爭壓力：PB 環境愈成熟，全國性廠商的既有品牌也就跟著面臨很大的競爭壓力。全國性廠商的品牌市占率必然會被零售通路商分食一部分。

（三）全國性廠商的因應對策：而到底會分食多少比例呢？這要看未來的各種條件狀況而定，包括不同的產業／行業、不同的公司競爭力，以及不同的產品類別等三個主要因素而定。但一般來說，PB 所侵蝕到的有可能是末段班的公司或品牌，前三大績優全國性廠商品牌所受到的影響，理論上應不會太大。因此，廠商一定要努力：1. 提升產品的附加價值，以價值取勝；2. 提升成本競爭力，以低成本為優勢點；3. 強化品牌行銷傳播作為，打造出令人可信賴且忠誠的品牌知名度與品牌喜愛度。此外，中小型廠商可能必須轉型為替大型零售商 OEM 代工工廠的型態，而賺取更為微薄與辛苦的代工利潤，行銷利潤將與他們絕緣。

二、製造商從抗拒代工，到變成合作夥伴

最早期的製造商是採取抵制、抗拒、不接單的態度，如今，已有部分大廠商改變態度，同意接零售商的 OEM 訂單，成為「製販同盟」（製造與銷售同盟）的合作夥伴。包括：永豐餘紙廠也為量販店代工生產衛生紙或紙品；黑松公司、味丹公司等也代工生產飲料產品。主要原因有右圖所列三點。

通路商自有品牌市場已成熟

日本7-11	自有品牌占總業績 50%！
臺灣7-11	自有品牌占總業績 20%！

自有品牌對大家的好處

對消費者	享受更平價產品！低 10%~20%！
對供應廠商	努力降低生產製造成本！
對通路商	提高營收及獲利！

迎接PB時代來臨

PB！（private brand）

① 消費者歡迎！

② 通路零售商大力推動！

③ 製造商配合成本降低！

製造商為何配合的原因？

(1) 製造商體會到低價自有品牌產品，已是全球各地的零售趨勢，這是大勢所趨，不可違逆。
(2) A製造商如果不接，那麼B製造商或C製造商也可能會接，最後，還是會有競爭性。既然如此，為何自己不接單生產，多賺一些生產利潤呢。
(3) 製造商若抗拒不接單配合生產，往後在通路為王時代中，將會被通路商列入黑名單，對往後的通路上架及黃金陳列點的要求，將遭到通路商拒絕。

11-12 品牌策略的形成步驟 I

品牌策略的形成有下列四個步驟，因版面因素，分兩單元說明之。

一、設定品牌承諾（set up brand commitment）

品牌承諾是建立品牌的基石，開發品牌承諾的目的是在創造、開發或提升一個全新，或是既有品牌的基本概念，讓現有與潛在顧客在使用該品牌的產品（服務）後，能夠獲得預期的利益（包括功能上、心理上及情感上），以創造競爭優勢。品牌承諾應傳達三種基本訊息：

（一）一定會執行某種好的事情：比如說，麥當勞強調提供 Q、S、C、V「quality（品質）、service（服務）、cleanness（清潔）、value（價值）」的管理給消費者；星巴克咖啡提出家裡及辦公室之外的「第三地」論點，就是一種讓消費者放鬆、充電的綠洲。

（二）要傳達出某種保證：比如說，FedEx（聯邦快遞）提出「使命必達」的保證。

（三）要對未來傳達卓越及成就的願景：比如說，Promus（普摩斯）國際飯店對消費者所做的承諾，不但包含了目前承諾，還包含未來承諾：「我們的承諾是無條件的、一視同仁的，並有我們的滿意保證為後盾。」也就是說，普摩斯國際飯店所承諾的，不是偶然一次才會提供好的服務給顧客，而是永遠都會為每位顧客提供最好的服務。

二、創造品牌藍圖（create brand map）

品牌承諾是在腦海中生成的信念，是一種訊息，必須透過規劃一一達成，規劃的階段、路線、架構、內容，統稱為「品牌藍圖」。

品牌藍圖之敘述如下：

1. 經過詳細規劃的方式，並用創造、設計、傳播等方式傳達品牌形象。
2. 決定品牌風格與特性。
3. 勾勒出品牌承諾的具體計畫，並為品牌賦予品牌名稱、特性，讓品牌具有生命。

品牌藍圖的目的是在為品牌傳播做架構，所以由其中所創造的任何一個品牌元素，都必須反映出品牌承諾的主要信念。

品牌藍圖最主要的品牌元素，包含品牌名稱、圖形標誌、符號、標語、性格、插曲、包裝設計。每一個品牌元素都可以獨立成為單一的元素，但在運用之時，都必須具備「口徑一致」的特性，不能單打獨鬥，無論該元素是以何種型態或面貌出現時，都必須具備有效而且能夠正確的將品牌訊息傳達給消費者，以及達到提升品牌的價值。

品牌策略形成步驟

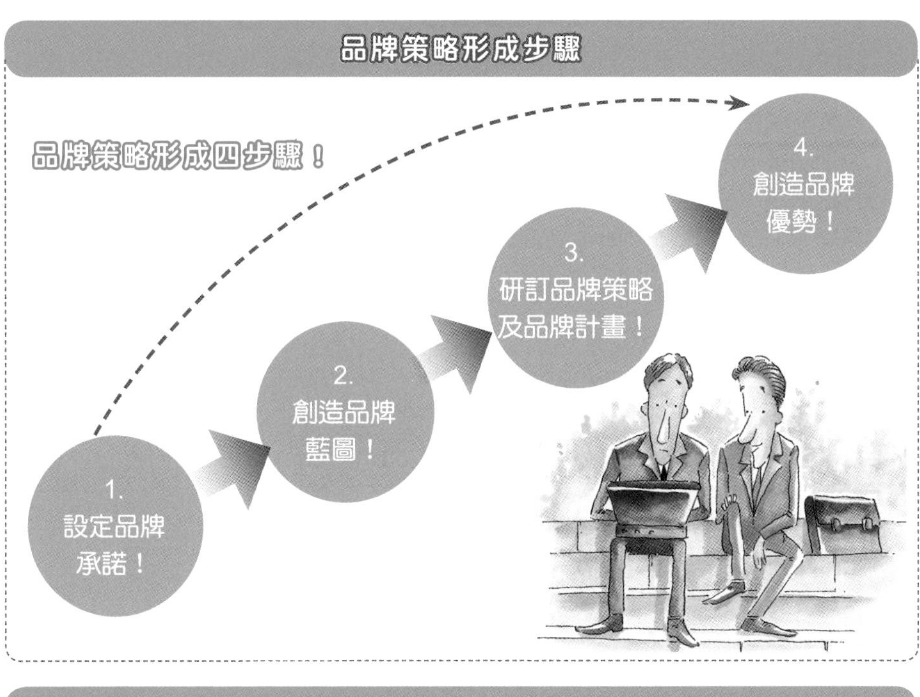

品牌承諾傳達三基本訊息

1.
一定會執行某種好的事情！

2.
要傳達出某種保證！

3.
要對未來傳達卓越及成就的願景！

品牌承諾
訊息表達！

11-13 品牌策略的形成步驟 II

三、擬定品牌策略及品牌計畫

擬定品牌策略是要陳述品牌競爭優勢及所採行的競爭策略為何，而不是一種行銷組合濃縮、目標陳述或是一般性焦點。

例如：SK-II 化妝品、保養品及面膜，年度代言人的藝人選擇，一定是要極具高知名度、良好藝人形象、能獲得消費者認同的藝人或名模才行。要找，就要找最好的。這是品牌代言人的基本原則。

品牌計畫之擬定是根據品牌策略加以完成，品牌計畫包含產品策略、價格策略、通路策略、促銷策略、現場環境策略、廣告策略、公關策略、人員銷售策略等的組合。

所謂計畫不僅是要描述功能、特性，還必須要涉入許多消費者心理學的觀感、認知、排斥、抗拒等過程。在計畫中除了要站在消費者立場述說，還需要考量競爭者品牌的行銷計畫，以避免讓消費者產生混淆的情形出現。

四、創造品牌優勢

要創造品牌優勢的方法有很多可以運用，包括以下幾種：

1. 品牌延伸。
2. 品牌聚焦集中。
3. 品牌結盟。
4. 副品牌。
5. 創造未來品牌。
6. 品牌價值。
7. 品牌網路化。
8. 品牌代言人。
9. 品牌區隔定位等方式，讓品牌能夠搶占消費者的心理地位。

每天要消費者在琳瑯滿目的品牌中一直選擇同一品牌，的確是很不容易的事，要能夠保持長久優勢，讓消費者記得品牌的好處，並成為品牌愛好者，就必須要創造品牌優勢。

最大的品牌優勢就是差異化，但是在產品（服務）同質化的時代，要在功能、性能上創造差異化實屬不易，還需從消費者生活型態、行為模式、思想模式、情感需求方面做考量。另外，經過市場變遷、科技不斷研發，今日的差異化往往到了明天已經變成劣勢，因此實施品牌差異化時，必須要隨時注意檢視差異化是否仍具有優勢。

擬定品牌策略思考

品牌策略思考

1.
陳述品牌競爭優勢！

2.
所採行的競爭策略！

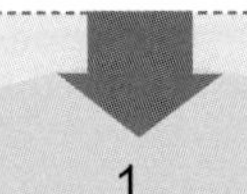

擬定品牌計畫項目

① 產品計畫
② 訂價計畫
③ 通路計畫
④ 廣宣計畫
⑤ 公關計畫
⑥ 人員銷售計畫
⑦ 代言人計畫
⑧ 網路計畫
⑨ 促銷計畫
⑩ 服務計畫
⑪ 報導計畫

品牌執行十一項計畫

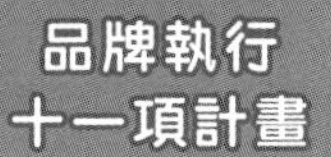

Date ______/______/______

第 12 章 打造品牌價值的步驟、法則及鑑價

12-1　成功打造品牌價值的四堂必修課

12-2　品牌策略思考六大面向與品牌願景

12-3　成為 No.1 的十五項品牌法則 I

12-4　成為 No.1 的十五項品牌法則 II

12-5　建立品牌發展策略之六步驟

12-6　建立強勢品牌四步驟 I

12-7　建立強勢品牌四步驟 II

12-8　透視品牌資產價值的日本企業經營策略 I

12-9　透視品牌資產價值的日本企業經營策略 II

12-10　透視品牌資產價值的日本企業經營策略 III

12-11　品牌如何鑑價？

12-12　臺灣前十大國際品牌鑑價四階段

12-1 成功打造品牌價值的四堂必修課

奧美整合行銷傳播董事長白崇亮接受媒體訪談關於如何成功打造品牌價值的課題？他提出有下列四堂必修課。

一、主張——清晰傳達品牌價值

建構品牌第一件事在於是否可以提出一個非常清晰、有力量，並對消費者有意義的價值主張，品牌價值主張必須與競爭者區隔，有堅定的企業支撐力和產品支撐力，對消費者溝通傳達。

二、承諾——全力實踐品牌價值

需要消費者不斷地實踐企業對於品牌價值的承諾，贏得消費者的信任，白崇亮提出 360 度觀點：

① 你的產品是否夠強，消費者有共鳴嗎？

② 從聲譽來看，你的產品功能是否足以支持品牌？

③ 從視覺上看，你的品牌呈現是否一致？

④ 從形象上看，你的品牌是否有具影響力的人背書，且被目標社群接受？

⑤ 顧客是否忠誠，且持續購買？

⑥ 從通路上來看，品牌是否發揮槓桿效應？

三、持續——更新溝通品牌價值

溝通不只限於廣告，要全方位的，在任何時間和地點都要有讓消費者印象深刻的行為和態度，要參與消費者生活的各種層面，不只是創造短期銷售，要忠於品牌精神核心價值，持續溝通。

四、共識——全力維繫品牌價值

要營造公司內部共識，形成堅強的品牌文化，讓員工都能投入和承諾，再來是創造成功的產品，這是最佳的品牌魅力。

打造品牌價值四堂課

① 主張
清晰傳達品牌價值！

② 承諾
全力實踐品牌價值！

打造品牌四堂課

③ 持續
更新溝通品牌價值！

④ 共識
全力維繫品牌價值！

贏得消費者信任六項面向

1. 產品夠好！

2. 聲譽（reputation）良好

3. 視覺一致！

4. 形象受肯定！

5. 顧客具忠誠度！

6. 通路很方便、很普及！

消費者信任

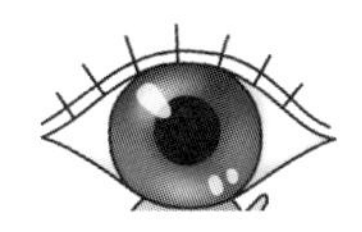

12-2 品牌策略思考六大面向與品牌願景

執行一個品牌時的行銷策略思考，可以從六大面向來思考。如果能夠同時做好這六大面向的各細項，就代表很完整的考慮到很多打造品牌的細節中的細節。

而這也是奧美廣告集團，曾提出要站在更高的戰略點，來分析、規劃、評估及推動品牌打造之後的六個面向，包括產品面、通路面、顧客面、形象與聲譽面、廣宣面，以及視覺面等。其內容細項如右圖所示。

一、奧美集團以品牌管家為信念

奧美集團以品牌管家為信念，矢志為客戶創造 360 度的品牌資產。從品牌的宏觀策略著手，針對目標對象透過多元的傳播技能，選擇關鍵時刻傳遞適時的品牌行銷訊息，並藉由即時互動的傳播機制，協助品牌與目標對象建立長期而深遂的關係。

二、NIKE（耐吉）賣的是一個願景

耐吉賣的是一個願景：一個買了耐吉之後，你可以跳得跟喬丹一樣高、跑得跟美國短跑名將瑪麗安．瓊絲（Marian Jones）一樣快的願景。

耐吉賣的更是一個情感的共同點：你或許不能和老虎伍茲同場打球，但卻可以穿和老虎伍茲（Tiger Woods）一樣的高爾夫球鞋。

在臺灣，一個勾勾代表「更棒的自己」。耐吉推出的 Air Max360 時，上市第一天就有耐吉迷一早在西門町的零售店外等著搶購。一雙 4,000 多元的氣墊鞋，一個禮拜就熱賣斷碼。你就是相信穿上耐吉，我可以是最棒的。

三、迪士尼樂園的品牌願景

迪士尼樂園的品牌願景為 The happiest place on earth.（全地球最快樂的地方），透過品牌願景的描繪，不論遊客是踏入美國加州的迪士尼、東京的迪士尼，還是香港迪士尼樂園，都可以具體感受到迪士尼要帶給大家歡樂的用心。

比如說，裝扮成米老鼠、唐老鴨、高飛狗的卡通人物會熱情地與遊客打招呼，裝置各種機關的冒險船帶領著遊客遊歷探險之島，讓遊客親身經歷冒險過後的刺激快感。

品牌策略思考六大面向

品牌策略思考六大面向

	目標	內涵
（一）產品	1.特色化 2.差異化 3.U.S.P.（獨特銷售賣點） 4.物超所值 5.價值感 6.尊榮感 7.滿足物質與心理需求	(1)品名 (2)logo（商標／標誌） (3)設計 (4)包裝 (5)包材 (6)label（標籤） (7)品質／耐用 (8)功能 (9)利益 (10)口味 (11)配合 (12)工藝水準
（二）通路	1.通路的策略及政策是什麼？ 2.通路的選擇 3.通路的普及 4.通路人員教育訓練 5.旗艦店號召 6.專賣店質感 7.專櫃質感 8.賣場專賣區設計	
（三）顧客	1.對消費者（目標市場）的分析與洞察 2.對消費者購買行為的了解 3.對品牌知名度／了解度／好感度／信賴度／忠誠度／聯想度／價值度 4.解決他們的困擾或問題	
（四）形象與聲譽	1.公司整體經營績效好不好？ 2.公司治理情況好不好？ 3.公司股價好不好？ 4.媒體記者的評價好不好？ 5.專業投資機構評價好不好？ 6.企業社會責任善盡情況好不好？ 7.各種比賽／競賽／評鑑得獎狀況好不好？ 8.過去以來企業形象與品牌形象好不好？ 9.負責人形象好不好？	
（五）廣宣	1.廣告媒體做得好不好？ 2.媒體報導宣傳做得好不好？ 3.公關活動做得好不好？ 4.置入行銷做得好不好？ 5.運動行銷做得好不好？ 6.公益行銷做得好不好？ 7.事件行銷做得好不好？ 8.話題行銷做得好不好？ 9.網路／數位行銷做得好不好	
（六）視覺	1.圖像感覺 2.色彩感覺 3.logo感覺 4.設計風格感覺 5.設計意象感覺 6.時尚感 7.珍藏感 8.價值感	

12-3 成為 No.1 的十五項品牌法則 I

國內行銷專家陳偉航在一篇專論中，參考了美國大衛國際品牌顧問公司兩位創辦人比爾·史克利及卡爾·尼可斯，他們都曾替美國 P&G 及可口可樂等大企業擔任品牌行銷顧問工作。他們兩位共同總結出要打造 No.1 的品牌地位，應遵循十五項必要法則。在陳偉航的專論中，提到這十五個法則，以下分述之。

一、成為 No.1 的十五項「品牌法則」

(一)成為第一位：成為第一位是最具有威力的品牌行銷法則。例如：人們記得第一位登陸月球、發現新大陸、飛越大西洋的人，而不記得第二位。在各種比賽中，第一名的獎金遠超過第二名。事實上，第二名和第一名的實力相差不遠，但人們只重視第一名。同樣的狀況，選美比賽最後入圍的五名佳麗，人們也只記得贏得后冠者，其他的都很快被遺忘。「No.1 is everybody. No.2 is nobody.」品牌策略也是如此，只有第一名的品牌被消費者牢牢記住。

(二)有力的名稱：好的品牌名稱，代表品牌的一切，因為你應該給品牌取一個好記又富有意義的名稱。例如：NIKE 取名自希臘的勝利女神；Apple 簡單好記；Google 取名自 googol，意即 10 的 100 次方或天文數字，代表搜尋功能的強大。

(三)訴求集中：品牌的特點說得愈多，人們就記得愈少；反之，說得愈少，人們就記得愈深。它來自第一條法則的第一點，因此，集中訴求在一個別人沒有的特點上，才能讓消費者的印象深刻。例如：金頂電池（Duracell）強調的是壽命最長的電池，ESPN 代表運動電視臺，CNN 代表新聞電視臺，勞力士（ROLEX）代表高級錶，賓士（BENZ）代表高級車。

(四)第一個被消費者認同：最早推出新商品沒有用，最早被消費者認定的品牌才是 No.1。IBM 不是第一個發明大型電腦的公司，IBM 卻是第一個被消費者認定為大型電腦的 No.1 品牌。

(五)必須是顧客真正想要的：不管你的賣點有多好，如果不是顧客想要的，就不具任何意義。在網路興起時，有許多達康（.com）公司紛紛成立，雖然賣點很好，卻因為不是顧客真正想要的而失敗。

(六)具有可信度：光是主張你的品牌具有獨一無二的賣點還不夠，你不但要讓消費者相信，而且也可以說到做到。消費者對許多品牌都有既定的觀念，如果你想推出比原有品牌更好的產品，消費者通常都會抱著存疑的態度。因此豐田汽車（TOYOTA）在推出高級車時，便很聰明的不使用豐田，而使用凌志（Lexus）的品牌名稱。反觀 VW 一向以小型的金龜車出名，卻不自量力地推出大型豪華車 Phaeton，結果銷售不佳。因此，品牌必須具有可信度，才能贏得消費者認同。

(七)提供無法拒絕的利益：你的品牌賣點必須具有右圖第 7 點所列的八個特點之一，同時訴求要很直接與有力。

成為No.1的十五項品牌法則

1. 成為第一位！
2. 有力的名稱！
3. 訴求集中！
4. 第一個被消費者認同！
5. 必須是顧客真正想要的！
6. 具有可信度！
7. 提供無法拒絕的利益！
8. 容易了解！
9. 感性訴求
10. 具有一致性！
11. 明確訴求！
12. 顯而易見好點子！
13. 實至名歸！
14. 客觀的驗證
15. 贏得信任

例如：李維（Levi's）以產銷牛仔褲聞名，但它準備推出上班族穿的休閒褲時，就不用李維卡其褲的名稱，改用Dockers的品牌，結果銷售非常好。

每個人都希望你提供的產品能帶給他：(1)更快樂、(2)更聰明、(3)更健康、(4)更富有、(5)更安全、(6)更安心、(7)更吸引人，以及(8)更成功等。

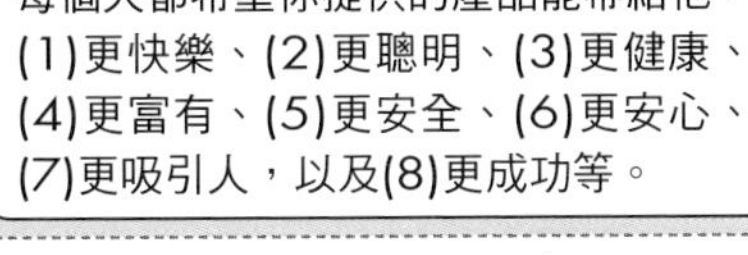

第一品牌！
讚！

12-4 成為 No.1 的十五項品牌法則 II

微軟的視窗軟體所以能夠獲得 80% 以上市占率，就是它容易了解和操作。

一、成為 No.1 的十五項「品牌法則」（續）

(八) 容易了解：不管產品設計或訴求都要簡單，愈容易了解愈好，廠商往往會站在專業立場推銷自己的產品，但消費者往往很難了解或被一些專業術語給弄糊塗了，因此要站在消費者立場，以消費者能懂的語言來訴求。例如：上述微軟。

(九) 感性訴求：人是感情的動物，因此感性的訴求比理性更具有威力，能夠讓消費者留下深刻印象。美國牛奶推廣協會在推廣牛奶時，不是登廣告說牛奶多好喝、多有營養，而是找了許多名人拍照，每個人的嘴巴都留下一道牛奶鬍子，廣告的主題只有簡單的兩個字「got milk」，讓人露出會心微笑。

(十) 具有一致性：品牌所傳達的訊息和產品的特點、服務的內容都必須具有一致性，才能讓顧客感覺滿意。美體小鋪（Body Shop）標榜所有產品都是採用天然原料做成，整個店和商品的主要色系都是綠色，具有天然的感覺，而且它強調不用動物做實驗，更贊助「保護雨林」活動，從商品到宣傳都具有一致性。

(十一) 明確訴求：再也沒有比明確的訴求更令人心動，例如：全面四折特價、零下 4 度 C 的感覺、堅硬如 14 克拉的鑽石、環法自由車賽冠軍得主藍斯．阿姆斯壯（Lance Armstrong）專用腳踏車等，因為明確更加具有說服力。

(十二) 顯而易見的好點子：往往靈機一動，第一個想到的點子就是最好的點子。有許多顯而易見的特點常常被廠商所忽視，反而鑽進牛角尖。VW 公司推出金龜車時，只簡單訴求「Think Small」強調小則美，結果一炮而紅。

(十三) 實至名歸：品牌的訴求要和商品的特點相符，才是 No.1 品牌的最佳保證。品牌產品從設計、製作到銷售都追求完美，才能維持品牌的信譽。香奈兒（Chanel）和 LV 都讓人有實至名歸的感覺。

(十四) 客觀的驗證：再好的想法都必須得到消費者的認同才能經得起考驗，因此不要閉門造車、一廂情願地認為顧客一定會同意你的看法。在訴求你的產品特點之前，最好先徵詢消費者的意見才進行。

(十五) 贏得信任：消費者對品牌的信任最重要，不管你的廣告或宣傳多麼有趣或具有娛樂性，如果消費者不信任你的品牌，就不會買你的商品。因此，要和顧客建立長久的親密關係，顧客才會信任你的品牌而不動搖。

二、結語：打造唯一品牌及抓住消費者法則運用

上述第 (一) 條到第 (六) 條，是打造你的品牌成為獨一無二、與眾不同的法則，而第 (七) 條到第 (十五) 條，則是讓你的品牌滲透和抓住消費者心理的法則。

品牌行銷操作案例：7-Eleven City Café

品牌行銷操作案例：7-Eleven City Café

1. 品牌代言人桂綸鎂
2. 電視廣告
3. 促銷活動

4. 店頭行銷
5. 公關活動
6. 藝文講座活動
7. 官網行銷
8. 臉書粉絲行銷
9. 記者會行銷

10. 公關發稿
11. slogan
12. 門市人員訓練
13. 通路店面裝機普及
14. 紙杯設計
15. 訂價策略
16. 口味產品策略
17. 品牌命名

City Café

18. 品牌定位
- 24 小時現煮咖啡就在你身邊
- 都會風情咖啡
- 平價咖啡

19. 品牌關鍵成功因素（K.S.F）

(1) 便利（通路普及）
(2) 便宜（平價）
(3) 好喝
(4) 廣宣成功
(5) 命名成功

12-5 建立品牌發展策略之六步驟

臺灣奧美集團董事長白崇亮提出建立品牌發展策略六項步驟如下，請思考你們公司的品牌價值、品牌承諾、品牌文化是什麼？

一、提出品牌價值主張（brand value proposition）

（一）**LV 的品牌主張**：LV 代表一個 premium（超值）品牌。

（二）**Nokia 的品牌主張**：科技始終來自於人性。

（三）**可口可樂的品牌主張**：擋不住的暢快。

（四）**海尼根的品牌主張**：就是要海尼根。

二、全力實踐品牌價值的承諾（do your brand commitment）

要傾企業之力，實踐讓消費者一再經驗品牌承諾的價值，包括全公司政策、全公司制度、全公司企業文化、全公司各部門、全公司人員、全公司上游供應商及下游通路商等均需納入。

三、持續溝通品牌價值，進入消費者內心世界

每一次的接觸，傳遞更合適的訊息，使消費者對品牌有更豐富的經驗。也就是說，讓心占率提升，但溝通管道要靠各種多元的、適當的媒介工具及宣傳，以傳達到更多人的眼裡及心裡。

四、營造企業內部共識，形成堅強的品牌文化

例如：美國 P&G 公司訂每年 4 月 23 日為「消費者老闆日」。而臺灣統一 7-Eleven 訂每年 7 月 7 日為全員工下店面現場服務日。

五、創造成功傳奇是最佳品牌魅力

做品牌有三個層次，依序是外顯、內涵以及神話。

其中成功的故事最動人，也最能為品牌加分。例如：Starbucks（星巴克）、Lexus（凌志）、acer 等均具有成功傳奇故事。

六、嚴格管理品牌識別的一致性

所有品牌出現的時間及空間，其視覺表現與個性表現是否一致。任何人及任何部門，均不能破壞此種一致性。

例如：星巴克、麥當勞、美體小鋪、屈臣氏、燦坤 3C、新光三越百貨等店面設計。

建立品牌發展策略六步驟

建立品牌發展策略六步驟！

6. 嚴格管理品牌識別一致性！
5. 創造成功傳奇，是最佳品牌魅力！
4. 營造企業內部共識，形成品牌文化！
3. 持續溝通品牌價值，進入消費者內心世界！
2. 全力實踐品牌價值的承諾！
1. 提出品牌價值主張！

全力實踐品牌價值的承諾

品牌價值承諾

1. 全公司政策！
2. 全公司制度！
3. 全公司企業文化！
4. 全公司員工！

12-6 建立強勢品牌四步驟 I

品牌建立是一場馬拉松長跑賽，而不是百米的短跑競爭，所以一定要講品牌願景，然後決定品牌形象、發展品牌管理策略，以及建立支持品牌的組織文化。

一、發展品牌願景（brand vision）

透過品牌願景，企業可以向消費者及所有與品牌相關的支援者描繪及承諾未來願意達成的目標，更可以為企業創造營收及利潤。而品牌願景必須和企業理念相契合，企業理念彰顯的是企業最高的指導原則，是帶領企業往正確方向前進的藍圖，實踐企業理念的方法很多，而品牌願景則是實踐方法之一。

就如公司的願景般，品牌願景也是公司重要的一環。透過品牌願景，公司必須承諾它將來願意達成的事。好的品牌願景，必須描繪出它可以為公司達到的策略及財務成長目標。要如何建立品牌願景？首先，召集公司的高階主管開會。整個管理團隊都應該參與討論的問題，包括：

1. 我們想進入的市場、產品線，以及通路是什麼？
2. 公司的政策及財務目標是什麼？品牌又在這些目標裡扮演什麼樣的角色？
3. 今天，我們品牌的地位如何？明天又是怎樣？
4. 為了品牌，我們可以投入多少資源？
5. 現在的品牌可以讓我們達到預期目標嗎？或是我們需要再定義產品？

在設立品牌願景時，不只要蒐集內部的聲音，更要注重外部的資訊，例如：深度探討公司最重要的兩個競爭者。

問題思考

1. 請問貴公司的品牌願景是什麼？有沒有訂出來？做得到嗎？
2. 品牌願景：(1) 迪士尼：「全地球最快樂的地方」（The happiest place on earth.）；(2) 星巴克：「品味咖啡、品味人生最佳的場所」；(3) 家樂福：「一站購足最便宜的購物超市」；(4) LV：「讓您走在流行與時尚尖端的精品人生」，以及 (5) SK-II：「帶您進入美麗人生與美的旅程」。

二、決定品牌形象

高階主管開完會議達成共識後，再來就是要決定「品牌形象」，品牌形象代表產品在顧客心中的樣貌。它的決定因素很多，例如：產品的外觀、屬性、等級、設計風格、功能，以及產品在消費者生活中的角色，它代表了什麼樣的人格。

戴維斯指出，產品的外觀雖然重要，但如果產品在消費者心中沒有產生價值，就不會產生作用。

建立強勢品牌四步驟

1. 發展品牌願景 → 2. 決定品牌形象 → 3. 發展品牌管理策略 → 4. 建立支持品牌的組織文化

品牌願景

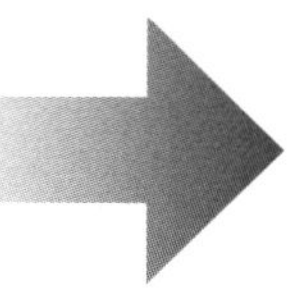

迪士尼	全地球最快樂的地方！
LV	讓您走在流行與時尚尖端的精品人生！
SK-II	帶您進入美麗人生與美的旅程！

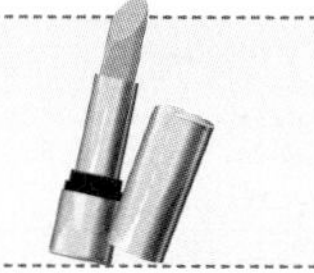

品牌願景四來源

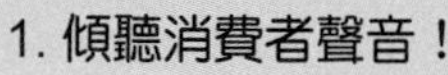

品牌願景

1. 傾聽消費者聲音！
2. 分析競爭對手！
3. 蒐集組織內部的意見
4. 參考廣告公司的提案

12-7 建立強勢品牌四步驟 II

產品外觀雖然重要，但如果無法在消費者心中占有一席地位，也是枉然。

二、決定品牌形象（續）

品牌形象的決定，重要的是建立消費者對品牌的「聯想」（associations）。例如：羅夫・羅蘭（Ralph Lauren）是著名的服裝設計師，當其他設計師以提供高品質、耐心、經典的服裝時，羅夫・羅蘭卻能以個性化為訴求，打入消費者的心坎，讓消費者穿他設計的衣服時，都能感覺很愉快。

除了品牌聯想之外，品牌形象的另一個決定因素是「品牌人格」。這兩個因素合起來，決定品牌在消費者心中的形象。品牌人格指的是當消費者看到你的產品時，會聯想到什麼人？什麼性別、價值觀、外觀，甚至是教育程度？這些聯想會將產品深入到消費者的生活中，讓消費者覺得和這個品牌就像朋友般。當你的品牌人格很吸引人時，就可以轉換成產品的「獨特銷售賣點」（unique selling proposition），如果你的品牌缺乏這樣的特性，消費者也不會想和產品發生關聯。

決定品牌形象後，再來要擬定你的「品牌承諾」（brand's commitment）。根據市場反應，列出一長串你想對顧客達成的承諾。列出清單的原因，是為了提醒自己，顧客對你的期望與感覺是什麼，也讓經理人更誠實面對自己的品牌。例如：星巴克咖啡所定的品牌承諾如下：1. 在市場上提供高品質的咖啡；2. 提供多樣性的咖啡選擇，以及搭配的食物；3. 溫暖的、友善的，就如同家裡一般的環境，適合顧客談天或閱讀；4. 顧客享受喝咖啡的經驗，勝於喝咖啡；5. 友善而直率的員工，迅速處理訂單，以及 6. 成為上班地點與家庭兩地間，最佳的第三個場所。

為了達到這些承諾，星巴克僱用直率的員工、增加新產品、教育顧客關於咖啡的常識，並且在各分店提供品質一致的咖啡。

三、發展品牌管理策略

當你決定好你的顧客是誰，以及他們想要的是什麼後，就可以開始為「品牌定位」。首先，找出你追求的目標市場，品牌所在的產業或事業，陳述你的品牌與其他品牌的關鍵差異點，以及可以提供給消費者的利益。接著，擬定你的成長策略，確保你的品牌在消費者心中的地位。要注意的是，品牌定位也必須為公司帶來收入及利潤。

四、建立支持品牌的組織文化

將品牌列入策略規劃中，參與的層級也會提高。對員工的獎勵，也會依據他們對品牌建立的貢獻程度而定。

品牌管理策略思考

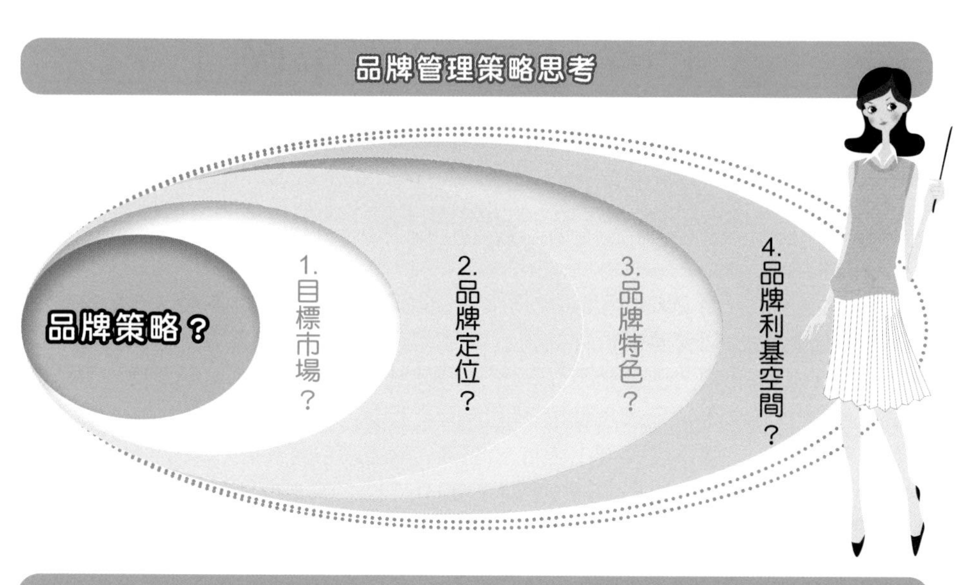

建立支持品牌的組織文化

老闆每天提示！耳提面命！

全員接受教育訓練！大洗腦！

支持品牌組織文化！

公司各辦公室張貼宣示標語海報！

賞罰、獎懲配套措施！

12-8 透視品牌資產價值的日本企業經營策略 I

由英國 Interbrand 品牌鑑價公司所做的 2013 年度，世界品牌價值的排行榜中，前 21 名僅有 3 家日本公司（TOYOTA、HONDA 及 SONY）進入排行榜內。而美國的企業，則占了 16 家之多，此舉引起了日本大型企業的反省與重視。

一、企業價值的核心：品牌價值

日本大型企業自 2004 年開始，掀起一股關心品牌價值的風潮，一時之間，品牌戰略課程及品牌資產價值經營課程等受到高度的歡迎與重視。日本企業為何開始重視品牌經營呢？主要是基於一種被逼趕的壓力，這種壓力來自於中國大陸的低價格製造成本競爭，以及韓國與臺灣的產品表現日益精良。再加上又缺乏美國企業的全球性品牌價值資產，因此，使得日本各大企業均憂心忡忡。

以日本 SONY 公司來看，SONY 在 2002 年 11 月 19 日時的股票總市值達 4.67 兆日圓，而其資產負債表上總資產值，不過是 2.36 兆日圓，占其股票總市值的 50% 而已。而其他溢出來的 50% 總價值，就是反應在該公司的無形資產上面，包括品牌、專利權、特許權、著作權，以及公司各種無形的組織資源。

根據英國 Interbrand 的調查報告，顯示美國企業的無形資產價值在 1950 年時，占其公司總市值的比例已達 50%，到 1990 年代則升到 70%，而到 2010 年時，則更提升到 80%。

在無形資產中，品牌所占重要性高居 60%；亦即企業若不塑造品牌資產價值，則公司股票市場總市值反應度，即會明顯低於具有全球品牌價值的跨國公司。

二、策定「品牌價值」的戰略性架構模式

那麼企業應該如何著手研訂打造公司品牌價值的行動舉措呢？日本各大企業提供了一個戰略性架構模式可供參考，如右圖所示並概述如下：

提升品牌價值的第一步驟，即是須先策定公司未來長程的經營願景（vision）為何，然後依此願景，再進行第二步驟策定達成此願景的經營戰略重點為何。在這個過程中，企業界或許可藉助策略顧問公司的協助規劃，例如：美國麥肯錫顧問公司、波士頓顧問公司等。第三步驟則是策定品牌策略，這方面必須委託專業的廣告公司或是行銷顧問公司協助規劃才行，例如：英國 Interbrand 公司。第四步驟是對現有品牌價值展開鑑價工作，以作為與未來的比較基礎。第五步驟及第六步驟，則是配合各事業部門戰略執行與品牌戰略執行。最後，第七步驟則是每年應定期委外品牌資產鑑價公司，對本公司品牌價值進行評價，以了解品牌價值增長情況，並且評估品牌評價結果，是否和公司的經營願景與經營戰略相契合，或是有必要做些適當的調整改變。

策定「品牌價值」的戰略性架構模式

委託策略顧問公司協助規劃

例如：美國麥肯錫顧問公司、波士頓顧問公司、日本三井產業戰略研究所，以及國際級會計師事務所附屬的管理顧問公司等。

委託品牌行銷及廣告公司協助規劃

例如：英國Interbrand公司、美國奧美廣告公司、日本電通廣告公司等。

5. 事業部門戰略的策定與執行

1. 經營願景的策定（vision）→ 2. 經營戰略的策定（strategy）→ 3. 品牌戰略的策定（brand）→ 6. 品牌戰略的執行 → 7. 品牌戰略評價與回饋分析

委託鑑價公司協助規劃 → 4. 企業品牌價值的評價

企業價值核心：品牌價值

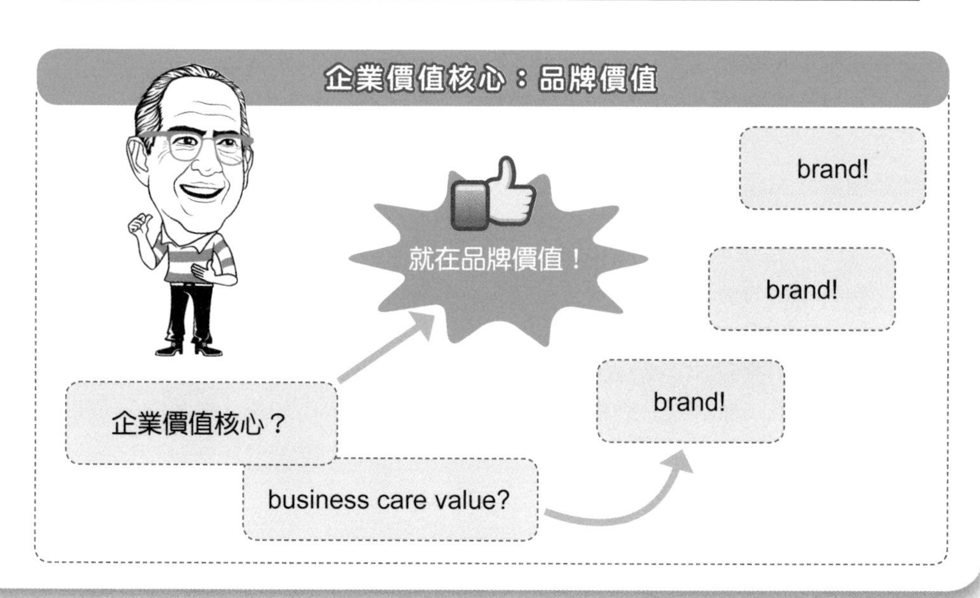

12-9 透視品牌資產價值的日本企業經營策略 II

三、英國 Interbrand 品牌鑑價的模式

全球最知名的品牌鑑價公司 Interbrand 公司，有一套品牌鑑價模式，主要有四個分析步驟架構，如右上圖所示。

這套分析架構，主要有四大分析要素，包括：

(一)市場區隔：首先要評價公司及產品的區隔為何？這些區隔市場是否有成長空間？是否有利基優勢？

(二)財務分析：再來要進行財務分析，包括這些品牌在這區隔市場，可望在未來有效營運年度中，帶來多少營收額及獲利額？

(三)市場分析：第三步驟則要做市場分析，包括市場的規模性、成長性、競爭性、變動性、科技性與可及性等諸多變化分析。

(四)品牌分析：第四步驟則為品牌分析，包括過去及現在的品牌現況分析、優勢點、弱勢點、風險性與可塑性等。

最後，透過評價品牌未來產生的利益與可能的風險程度兩大指標，評斷出此品牌的價值。

四、品牌組織案例：日立製作所成立「品牌戰略室」

日本大型機電公司日立製作所在 2002 年 4 月，成立一個由社長所領導的「品牌戰略室」，為日立集團發展品牌資產價值的一級單位，並直屬社長領導，如右下圖所示。

為加強日立集團 600 家大大小小關係企業員工及負責人，對品牌的重視程度，集團總部決定自 2003 年起，對冠有「日立」（HITACHI）字眼之關係企業，每年徵收該公司營收額 0.3% 的品牌價值使用權利金，合計每年可徵收到 80 億日圓。這筆金額將作為日立集團公司品牌戰略室的年度支用預算，由該室統籌規劃及推動日立品牌資產價值的塑造及累積。

日立製作所現任社長庄山悅彥即表示：「日立集團 32 萬名員工，每個人都應該具備維護與創造，品牌資產價值是大家共同責任的觀念。」他認為：「品牌價值創造與提升，不應只是品牌戰略室的責任而已，包括從開發、設計、製造、行銷宣傳、公共事務、社會回饋與顧客服務等，都必須要有品牌價值的意識才行。一個公司一旦無法塑造品牌資產價值，那麼就不可能會有長遠的企業生命可言。」

日立製作所亦已決定從 2003 年起，每半年表揚對該集團品牌價值提升有貢獻的任何新產品、新技術、新服務、新創意、新作法、新公益活動等之個別員工及單位。而且還設立與公司股價相連結的獎勵金制度，金額為股價的一百到五百倍不等，這真是一個創新制度。

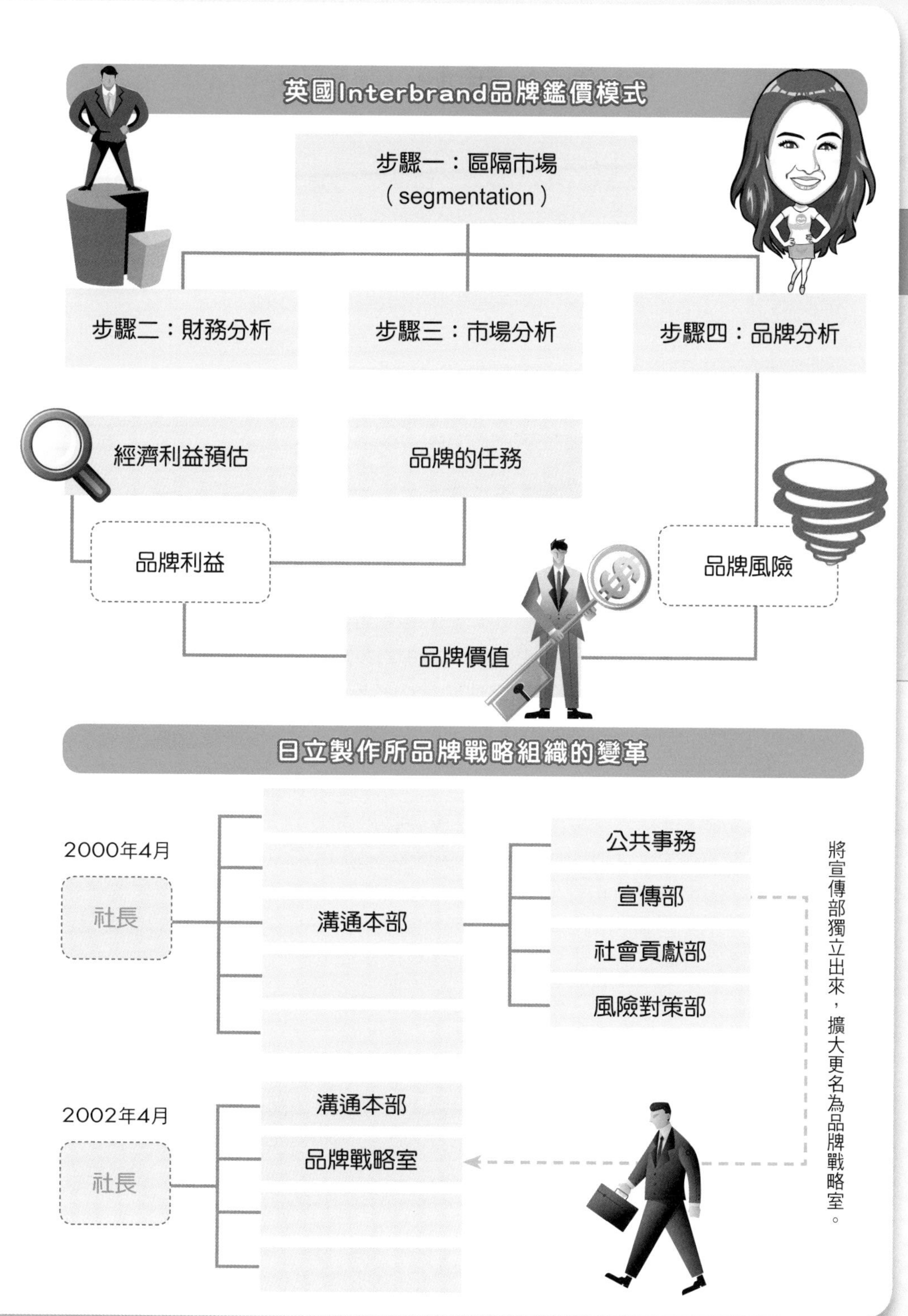

英國Interbrand品牌鑑價模式
步驟一：區隔市場
（segmentation）
步驟二：財務分析
步驟三：市場分析
步驟四：品牌分析
經濟利益預估
品牌的任務
品牌利益
品牌風險
品牌價值
日立製作所品牌戰略組織的變革
2000年4月
社長
溝通本部
公共事務
宣傳部
社會貢獻部
風險對策部
將宣傳部獨立出來，擴大更名為品牌戰略室。
2002年4月
社長
溝通本部
品牌戰略室

12-10 透視品牌資產價值的日本企業經營策略 III

五、日本山葉樂器公司——從四種層面打造品牌策略

全球最大的山葉（YAMAHA）樂器公司，從 2003 年度起，全面加強導入品牌資產價值的營造工作，主要從下列四個層面做起：

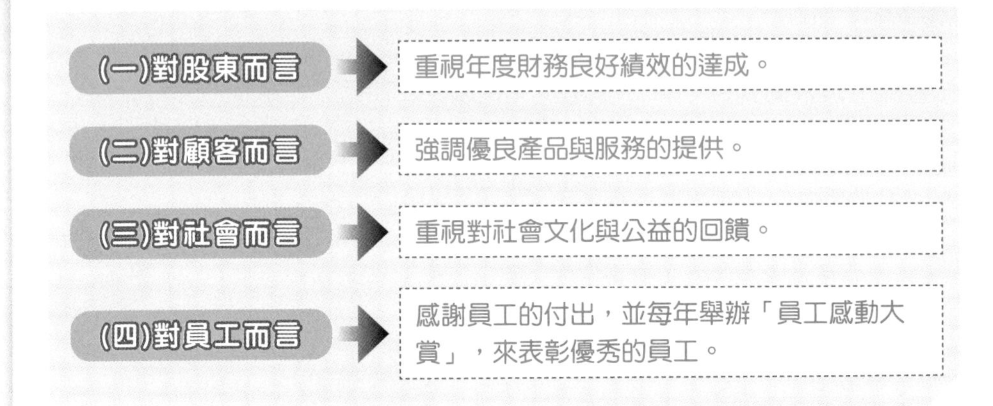

六、日本愛普生公司——從「三現主義」深耕品牌價值

日本愛普生（EPSON）公司是全球知名的電腦列表機與數位相片合成機的廠商代表。該公司強調所有員工必須從「三現主義」，去體現及深耕 EPSON 的品牌價值。

這「三現主義」就是要求全體員工力行：到現場去、看到現場東西，並且有現實的體認，然後才能有效解決問題，並好好服務顧客。

該公司常務董事丹羽憲夫一語道破品牌的內涵，就是「安心感」與「信賴感」六個簡單的字而已。但是，他認為顧客對 EPSON 產品的信賴，係包含著對 EPSON 先進的技術、嚴密的快速服務與創新產品等的多元化與多層次的信賴感，而這些都必須從貫徹三現主義的最高共識才可以達成。

七、結語：在人、事更迭中，惟企業品牌能歷久彌新

企業經營百年歲月中，像迪士尼、豐田、雀巢等，不知換過了多少任的執行長或社長，也不知調整了多少次的公司經營戰略，甚至公司長程願景（vision）也會隨著競爭環境的變化而有所更迭。但是，唯有企業的品牌能歷久彌新，一百年前的迪士尼（Disney），到一百年後的今天，仍然叫迪士尼。這叫全球品牌，也是品牌資產最值錢的地方。

山葉樂器公司的品牌戰略構面

財務成果達成

對社會文化公益回饋

優良產品與服務提供

股東

社會

顧客

員工

年度感動大賞表揚會

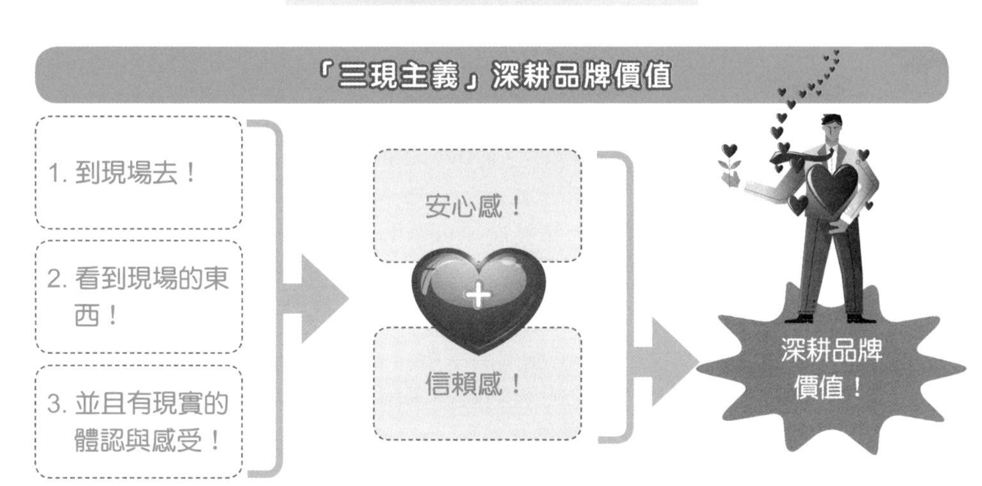

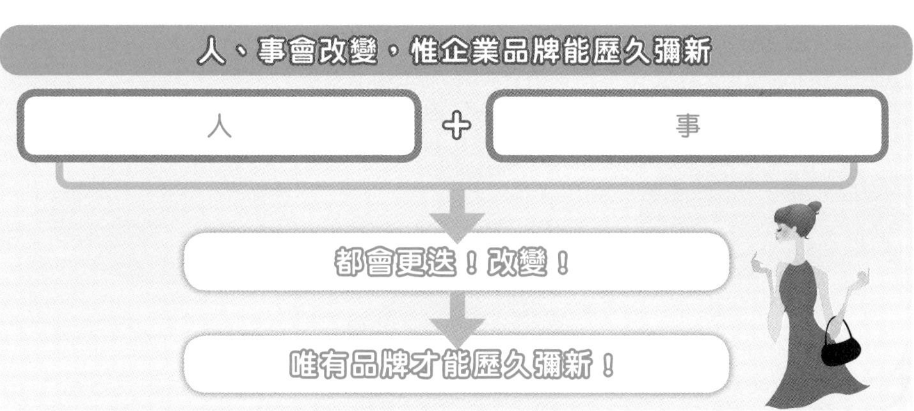

12-11 品牌如何鑑價？

Interbrand 的品牌鑑價方法說明如下，而如何評估品牌強度，可用過去三年平均利潤計算（計算品牌盈餘狀況），來評估品牌強度，如右圖七個指標因素。

一、品牌鑑價的四個程序

Interbrand 的品牌鑑價方法，結合量化的財務分析及品牌活動的質化分析。

(一)進行財務分析（financial analysis）：從過去的合併營收與對未來的財務預測，計算出品牌的無形營收（intangible earnings）。

(二)進行品牌角色指標分析（RBI）：從無形營收中計算該品牌的品牌營收（brand earnings）。

(三)進行品牌強度指標分析（BSS analysis）：從品牌營收中計算出品牌折價比率（discounted brand earnings）。

(四)品牌的淨現值（net present value）：進行加總，得出品牌價值（brand value）。

二、品牌角色指標（RBI）的意義

品牌角色指標（role of branding index, RBI）用來權衡影響顧客需求的關鍵因素，以及無形營收當中，品牌所扮演的角色。愈是趨近消費者產品性格的商品，RBI 通常比趨近周邊商品或零組件產品性格的商品高，就行動電話與網路轉接頭兩種商品相比，前者的 RBI 通常較後者高。

三、品牌強度指標（BSS）的意義

品牌與品牌之間相互比較，可運用品牌強度指標（brand strength score, BSS）分析，BSS 決定品牌在可見的未來能帶來預期收益的能力，BSS 高的品牌比 BSS 低的品牌，具備更多的可靠性。

四、BSS 由七項子指標所組成

品牌強度指標（BSS）的意義是由七項子指標所組成，包括 1. 市場：衡量該產業所在市場的整體發展方向，例如：個人電腦市場或行動電話市場；2. 穩定性：衡量該品牌存續時間，歷史較悠久的老品牌，穩定性比剛創立的年輕品牌高；3. 領導地位：衡量該品牌在所在產業的全球性或區域性地位，是否屬於前三名領導品牌；4. 趨勢：從該品牌近來的表現、決策與作為中，衡量該品牌在未來可能的發展方向，業績可望更高、保持停滯，甚至緩慢下降；5. 支援：衡量品牌所進行支援活動之品質與效應，包括各種廣告文宣、贊助、公關、網站與相關包裝；6. 地理範圍：衡量品牌營銷活動的地理廣度，到底只是在少數國家，或者遍布全球五大洲，以及 7. 保護：衡量該公司為品牌商標在全球各地所進行的法律註冊程度。

品牌強度屬性及衡量項目

(一) 領導（leadership）25%
- 市場占有率
- 知名度
- 定位
- 競爭態勢

(二) 穩定性（stability）15%
- 歷史悠久
- 持續性
- 一致性
- 品牌識別
- 風險

(三) 市場（market）10%
- 市場構成成分
- 變動程度
- 市場大小
- 市場動態
- 進入障礙

(四) 國際化25%
- 地理涵蓋範圍（geography）
- 國際定位
- 相對市場占有率
- 尊貴
- 企圖心

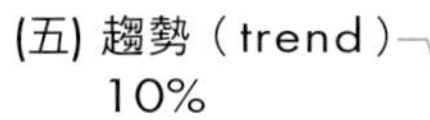

(五) 趨勢（trend）10%
- 長期市場占有率績效
- 預期的品牌績效
- 品牌計畫與市場趨勢的結合
- 競爭性行動

(六) 支持（support）10%
- 傳播訊息的一致性
- 行銷投資的一致性
- 廣告和非廣告的搭配
- 品牌專屬性

(七) 保護（protection）5%
- 註冊商標
- 法律保護

品牌鑑價分數占比

	項目	占比
①	市場領導地位	25%
②	經營穩定性	15%
③	市場未來性	10%
④	國際化程度	25%
⑤	未來成長性	10%
⑥	行銷投入支持性	10%
⑦	商標、法律保護	5%
	合計	100%

12-12 臺灣前十大國際品牌鑑價四階段

國內企業要生存，應該建立「臺灣品牌」，才能著眼於廣大的全球市場，進而創造獲利，提高營收。

一、「臺灣品牌」的定義

總公司設立在臺灣至少十年以上的企業所擁有的品牌，且該品牌向經濟部智慧財產局完成註冊商標權至少三年。

品牌為臺灣人（自然人或法人）所創立且為臺灣企業所擁有，且該品牌於經濟部智慧財產局完成註冊商標權至少三年。

二、品牌鑑價（brand valuation）調查步驟

由外貿協會、《數位時代》與 Interbrand 合作蒐集近三年各家公司的財務資料，經過下列步驟，選出前 20 家入圍的臺灣國際品牌。

第一階段：篩選出對品牌經營有承諾之企業

1. 自公開上市的公司財務資料中（來源包括臺灣上市上櫃與興櫃、香港上市上櫃、日本上市、新加坡上市、中國上市以及美國上市公司），選擇符合「臺灣品牌」定義之企業。
2. 於上述企業中，選擇年營收額新臺幣 50 億元以上之企業。
3. 選擇具備實質品牌活動之品牌化企業（branding company）。

第二階段：篩選品牌經營成績優秀之企業

4. 於上述企業中，選擇最近三年中企業經營至少一年獲利之企業。
5. 選擇年度品牌營收高於年營收額 20% 之企業。
6. 選擇品牌營收中至少有 1/3 是來自海外或國外客戶者。

第三階段：根據財務資料，初步計算品牌獲利狀況

7. 根據 Interbrand 所提供的財務分析公式，綜合總營收排名、獲利率排名、品牌營收排名、無形營收排名等指標進行排名，選出前 20 名之企業，精算其品牌價值。

此相關資料來自：(1) 六大外資銀行中至少 3 家的相關投資報告（美林證券、德意志銀行、瑞銀華寶、花旗美邦、摩根史坦利、荷銀證券）；(2) 市場調查機構相關資料（如 IDC、Display Search、AC Nielsen 等），以及 (3) 企業提供會計師簽核之財報、年報與其他市場相關資料（但需與前兩者資料比對查證）。

第四階段：進行最後鑑價，選出前十大

更詳細資料請上臺灣品牌網參考，網址如下：

http://www.brandingtaiwan.com.tw。

臺灣前十大國際品牌鑑價四階段

①
篩選出對品牌經營有承諾之企業

②
篩選品牌經營成績優秀之企業

③
根據各公司財務資料，初步計算品牌獲利狀況！

④
進行最後鑑價，選出前十大！

臺灣前十大國際品牌排名（2014年）

排名	品牌	排名	品牌
1	華碩電腦	6	巨大機械
2	趨勢科技	7	正新輪胎
3	旺旺控股	8	美利達工業
4	宏達國際	9	聯強國際
5	宏碁公司	10	研華公司

資料來源：經濟部工業局

Date ______/______/______

第 13 章
外銷廠商如何做自有品牌行銷海外

13-1　外銷廠商如何做自有品牌行銷海外的十三步驟

13-1 外銷廠商如何做自有品牌行銷海外的十三步驟

第①步　先評估可行性、影響性與風險性

過去接單 ⇨ 未來業務 ⇨ 評估

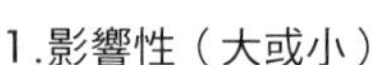

•OEM（委託製造代工）
•ODM（委託設計代工）

•OBM
（自創品牌）
（自創業務）

1.影響性（大或小）
2.風險性（高或低）
3.可行性（大或小）

一、外銷廠商自有品牌可行性評估

外銷廠商對自有品牌如何評估其是否可行呢？有下列七項評估要點可資參考，即：

可行性評估

1. 原來 OEM 國外訂單斷單的可能性及影響性？
2. 斷單後，對我們的影響有多大？我們是否可承受？風險最大為何？
3. 自有品牌成功的機率有多大？
4. 自有品牌操作的人才、資金是否準備好了？
5. 國內外同業的發展經驗與借鏡如何？
6. 自有品牌是否為未來必走之路？不走就沒有未來？
7. 走自有品牌之路的 SWOT 分析為何？

二、OEM 代工優缺點

OEM 代工有其優缺點

優點

1. 短期性的穩定訂單來源
2. 不必自己花心力打開國際市場
3. 專心做好製造

缺點

1. 沒有長期性
2. 利潤微薄
3. 生命操控在外國人手上
4. OEM 訂單有可能會中斷，而必須裁員或放無薪假

三、自有品牌優缺點

1. 利潤較高
2. 生命操控在自己手上
3. 有長遠性、永續經營
4. 短空長多
5. 培養國際行銷能力

1. 冒一些風險性
2. 需備好人才與資金
3. 需更花心思與辛苦
4. 外國人會斷單，短時間無訂單收入

四、抉擇

抉擇：走自有品牌之路

第 2 步　OK後，經營策略的選擇與決定

第一步驟 OK 後，走自有品牌之路的經營策略有以下幾點：

1. 決定逐步走或一步到位，即 OEM 訂單全部不再接了，或逐步放掉。
2. 決定全部產品線或部分產品線做自有品牌。
3. 決定哪些國家地區的市場可先做自有品牌或一起做。
4. 決定未來的一個時間點 (deadline)，然後全面啟動自有品牌。

第3步　上報董事會，呈請核准

1. 經營團隊撰寫分析報告與決定方向，其中經營團隊包括董事長、總經理，以及各部門高階副總經理。

2. 上報最高決策機構董事會，呈請董事會深入討論及做出核准。

第4步　準備好人才、資金與技術

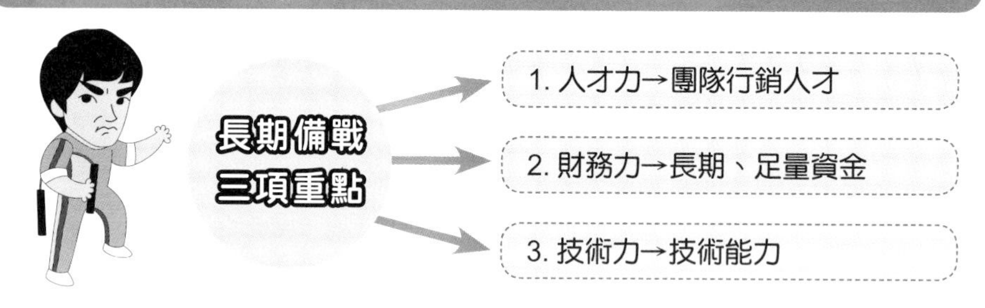

一、備好國際行銷人才團隊

過去的行銷團隊只需具備單純 OEM 業務接單人才與能力，但未來的行銷團隊則需具備複雜的國際行銷人才與國際行銷能力。

二、備好長期打仗的資金力

而關於財務力方面，過去穩定 OEM 接單的微薄利潤，但資金狀況足夠，不需煩惱。

但未來可能斷單，中斷營收來源；同時，打國際行銷，需要 3~5 年才能有一些成果，5~10 年才能開花結果。因此，需要備妥至少 5 年準備海外國際行銷操作的資金準備，至少好幾億元。

第5步　舉行大會，昭告全體員工

- 董事長
- 總經理

1. 召開各級幹部全體會議，告知決心走向自有品牌道路。
2. 發出內部 e-mail 訊息給全體員工知道及做心理準備。

第⑥步　設立「專責委員會」組織推動

• 設立各部門一級主管及外部學者、專家、顧問、組織推動委員會

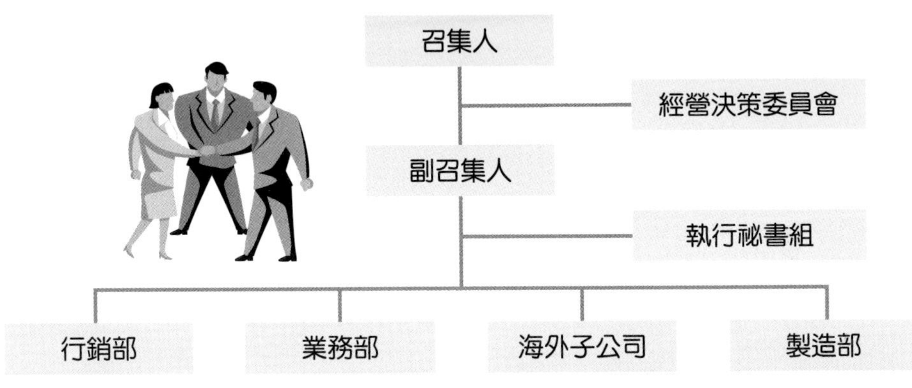

一、組織改變

原來

• 外銷部
• 外銷業務部

未來

改為
• 國際行銷事業部
• 全球行銷部
• 自有品牌事業部
• 徵聘具「國際行銷」能力專業人才團隊

第⑦步　展開全員教育訓練，轉換腦筋

1. 認識走自有品牌的意義與功能、效益
2. 別人自有品牌成功案例分析
3. 走自有品牌應準備的工作事項與行動準則
4. 走自有品牌之路的願景（遠景）

第⑧步　改變企業文化（組織文化）與作業流程及制度

改變企業文化

1. 改變過去習慣 OEM 接單的企業文化
2. 建立走自有品牌的新企業文化
3. 修改走自有品牌的作業流程及制度

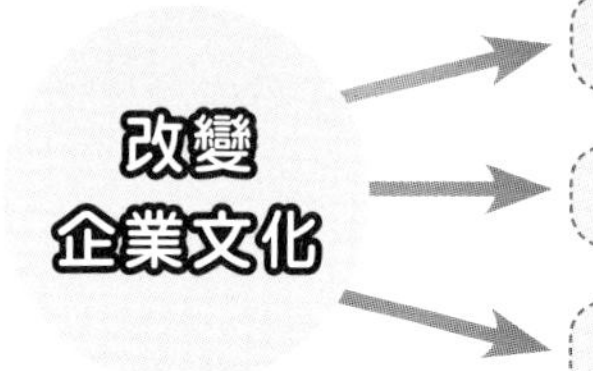

NO	OEM 接單企業文化 ✗
YES	自有品牌行銷企業文化 ✓

第⑨步　決定海外市場主攻地區、國家及派遣CEO（執行長）人選

自有品牌展開行動

1. 決定國家、地區，並設立海外當地國子公司（subsidiary company），例如：美國洛杉磯、紐約、德國柏林、英國倫敦、日本東京、大陸上海等。
2. 決定海外各子公司的負責人選，即 CEO 或總經理。

Priority：優先順序

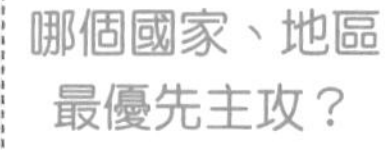

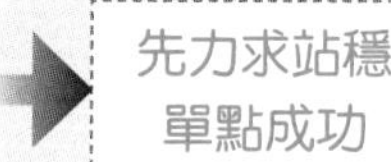

哪個國家、地區最優先主攻？ → 先力求站穩單點成功 → 然後，點→線→面 → 全球行銷

第⑩步　自有品牌經營致勝的四個本質點

海外自有品牌致勝

1. 品質→堅持高品質（high quality）。
2. 價格→合宜，不能太高，但也不能太低。
3. 服務→有良好售後服務體系。
4. 信賴→建立品牌的信賴感。

第11步 做好國際行銷4P/1S組合策略操作規劃

自有品牌國際行銷具體當地行動展開

1.Product → 產品力規劃

2.Price → 訂價力規劃

3.Place → 通路力規劃

4.Promotion → 推廣力規劃

5.Service → 服務力規劃

一、國際行銷通路規劃三種方式

行銷通路規劃方式有下列三種：

（一）全部自己做：設立海外子公司、設立直營門市店、設立業務部門、徵聘業務人員。

（二）委託代理商做：不設立海外子公司，而尋找當地國代理商負責行銷經營。

（三）以上二種方式並進：依不同地區狀況而彈性應變處理。

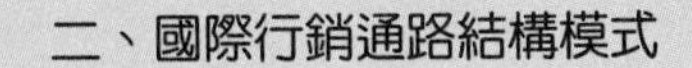

二、國際行銷通路結構模式

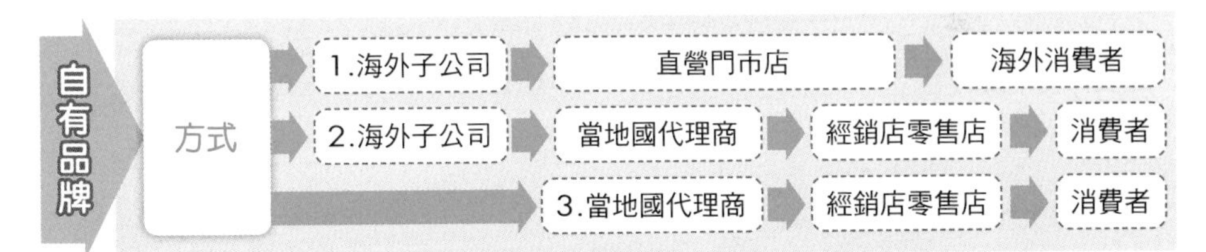

三、國際行銷人才與 4P/1S 的舉例：在地化行銷

國際行銷人才 4P/1S 的執行

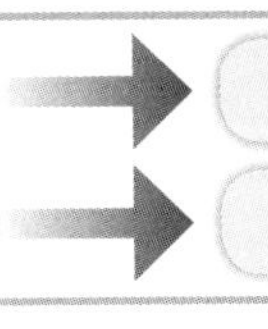

在地化是主軸

外國化是少數

（一）「在地化」行銷

1. 產品	2. 訂價	3. 通路	4. 推廣	5. 服務

力求「在地化」，迎合當地國市場實際需求。

（二）以外商到臺灣做國際行銷為例

1. **歐洲名牌精品**：採全球化一致性國際行銷。

2. **絕大部分外商消費品**：均採「在地化」行銷，例如：飛柔、潘婷、iPhone、iPad、雀巢咖啡、克寧奶粉、善存、TOYOTA 汽車、麥當勞、可口可樂、賓士汽車、BMW 汽車等，均拍攝在地化電視廣告片、找在地化藝人做代言人、以當地國民所得訂價、以當地通路結構行銷。

（三）海外推廣：人才在地化協助

臺灣外派；人才有限

- 落實人才在地化
- 運用當地人才幹部
- 運用當地代理商、經銷商

（四）海外自有品牌推廣：要花錢打廣告

在海外推廣自有品牌時，需要花錢打廣告，花錢部分可視媒體型態來區分大錢及小錢：

1. 花大錢

當地國電視廣告（TVCF）、報紙廣告。

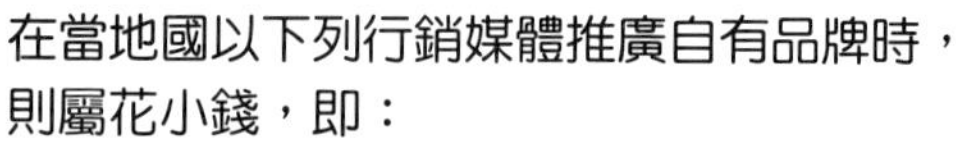

2. 花小錢

在當地國以下列行銷媒體推廣自有品牌時，則屬花小錢，即：
1. 大城市公車廣告
2. 公關記者會、發表會
3. 公關新聞報導露出
4. 戶外看板廣告
5. 參加當地展覽會
6. 參加競賽獲獎
7. 口碑行銷
8. 網路行銷

第⑫步　評估海外設立生產據點

行銷成功後

評估海外當地國市場規模夠大，就值得設立海外工廠，使產、銷一致。

第⑬步　定期檢討自有品牌績效

自有品牌海外推動績效

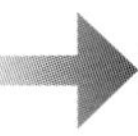

1. 應定期（每月）檢討執行狀況與績效如何？

2. 不斷發掘問題點，並採取改善對策，以力求自有品牌行銷成功。

一、海外自有品牌經營績效指標

1. 在當地國的品牌知名度多少？排名第幾？
2. 在當地國的銷售市占率多少？排名第幾？
3. 在當地國的顧客滿意度、品牌口碑、品牌好感度多少？
4. 在當地國的業績是否逐年有所成長？
5. 在當地國是否已獲利賺錢？

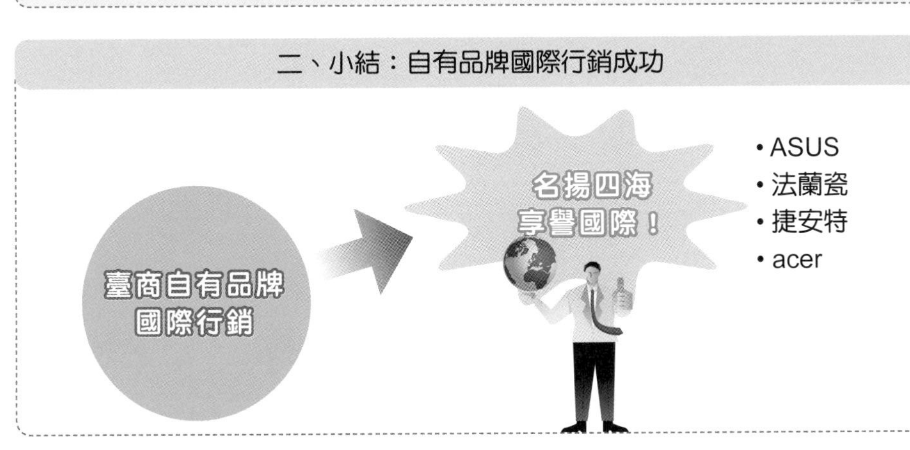

Date ______/______/______

第 14 章 品牌經營成功案例

14-1 統一超商 City Café 品牌案例
14-2 蘇菲生理用品品牌案例
14-3 臺灣萊雅品牌案例
14-4 日本精工手錶品牌案例
14-5 宏佳騰機車品牌案例
14-6 玉山金控品牌案例
14-7 信義房屋品牌案例
14-8 大金冷氣品牌案例
14-9 旁氏品牌年輕化案例
14-10 蘭蔻品牌案例
14-11 臺灣花王品牌案例
14-12 我的美麗日記面膜品牌案例
14-13 潘朵拉品牌案例
14-14 優衣庫 Uniqlo 品牌案例
14-15 凌志 Lexus 汽車品牌案例
14-16 三星手機品牌案例
14-17 屈臣氏品牌案例
14-18 裕隆納智捷品牌案例
14-19 點睛品品牌案例
14-20 MAZDA（馬自達）汽車品牌案例
14-21 結語與結論（72 個重點）

14-1 統一超商 City Café 品牌案例

一、2007 年起：重新整裝宣傳及推出

(一) 宣傳 slogan：整個城市，就是我的咖啡館（榮獲廣告金句獎）。

(二) 品牌代言人：桂綸鎂。

(三) City Café：賣的不只是一杯咖啡，更是一種都會情懷，都會生活態度及一份貼心的感動！

二、桂綸鎂：連續十年擔任代言人，是最成功的代言人

- 金馬獎影后、演技佳
- 高知名度
- 形象良好、清新
- 氣質佳
- 受廣泛女性上班族歡迎
- 與都會咖啡產品形象契合
- 成功帶動 City Café 業績上升！

三、品牌形象包裝：透過異業結盟的藝文活動

(一) 城市生活藝文講座：結合誠品書店，規劃電影、音樂、旅行、文學、美食六大主題，將近百場主題講座，提升品牌好感度。

(二) 城市星光電影院：與高雄夢時代聯合主辦，活動期間每晚七點十一分播放以城市為主題的精選好片，開放免費入場。

(三) 行動藝廊夏卡爾：推出四款獨家 City Café 邂逅夏卡爾的咖啡杯套書籤，憑任三款 City Café「夏卡爾杯套書籤」，即可享有「全票兩人同行、一人免費」優惠。

四、搭配促銷活動

(一) 民國 100 年的第一杯咖啡：元旦當天凌晨五點，在臺北統一阪急（時代）百貨 City Café 咖啡半價優惠，限量 100 萬杯，強化咖啡喚醒一天的主張。

(二) 紅利積點送柏靈頓熊

五、行銷 4P 的同步成功解析

(一) Product 產品力

- 高品質產品
- 各種口味兼具

(二) Price 訂價力

- 40 元 ~50 元之間
- 平價、合理
- 高 CP 值

(三) Place 通路力

- 全臺 4,500 店，超過統一星巴克的 350 店

(四) Promotion 推廣力

- 促銷成功：第二杯五折
- 代言人成功：桂綸鎂
- 與藝文活動結合

掌握品牌勝出的關鍵成功因素

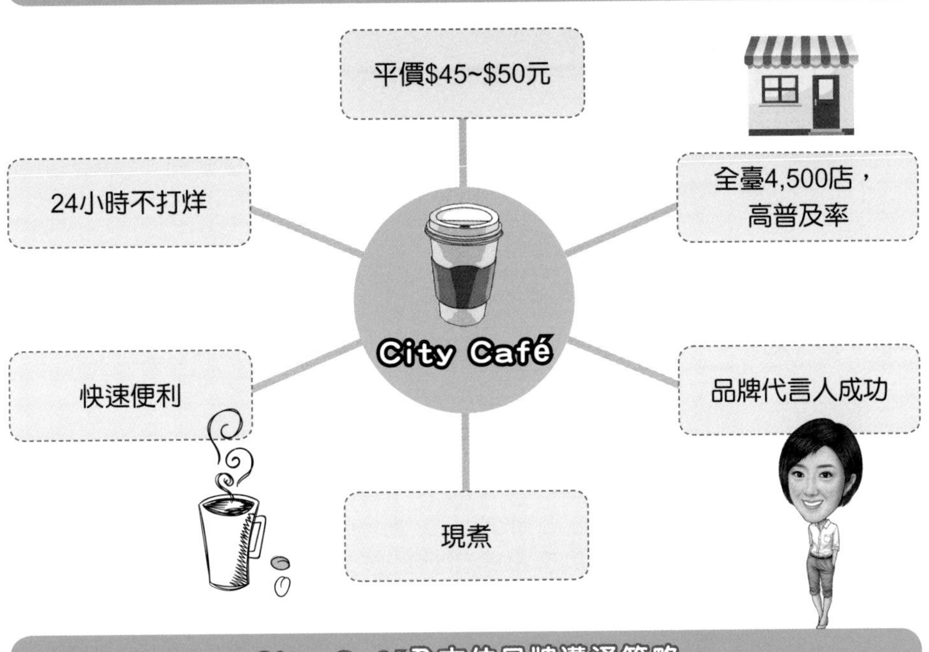

City Café全方位品牌溝通策略

(一) 內部策略

強化城市角落氛圍，以藝文提升品牌形象。

(二) 外部變遷

競品抄襲行銷模式，消費者對商品品質要求。

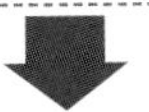

用形象廣告扣緊品牌主張造成差異，結合行銷活動，提升消費者滿意，強化城市角落氛圍。

1. 形象廣告

品牌主張－兩季重點投入、提高媒體投資、聚焦品牌主張。

2. 行銷活動

波段操作－折扣促銷、換季提醒、集點活動、顧客忠誠。

3. 藝文合作

提升形象－雙方互惠原則、杯套傳播效益、網路長期溝通。

4. 公開操作

城市藝文－門市空間運用、大型活動結合、藝文合作紀錄。

14-2 蘇菲生理用品品牌案例

一、蘇菲：強力商品，滿足消費者需求

（一）優質的產品，能夠吸引顧客不斷回購，成為品牌的忠實用戶，並形成正向的口碑，與好姐妹分享。

（二）蘇菲的產品，都是由日本總公司研發中心做的。

（三）致勝的關鍵在於對消費者需求的掌握。

二、蘇菲 HUT：Home Use Test 居家市調

產品在導入臺灣之前，嬌聯公司還會進行消費者留置家中測試（稱為 HUT），然後進行回訪；檢視消費者對產品的評價，包括優缺點何在？哪裡需要改進？藉此精準掌握臺灣在地消費者正確需求，提供能帶給他們有價值的產品！

三、決勝店頭，業務力帶動品牌力

（一）光有好產品仍不夠，要是顧客在賣場連商品都買不到，自然不會買。

（二）蘇菲在店頭賣場的協商提案能力與活動執行力非常強。

（三）嬌聯公司有一套 RTG（retailer technology group）品類貨架提案，會從賣場角度出發，規劃雙贏的店頭貨架陳列。

四、一致性溝通，打造整體品牌形象

（一）高度運用代言人行銷策略。

（二）歷年代言人：朱茵、張柏芝、林心如、林依晨。

五、廣告片訴求點

- 「超安心」
- 「貼身」
- 「超熟睡」
- 深深打動女性的心

六、與市調公司合作，深入研究消費者

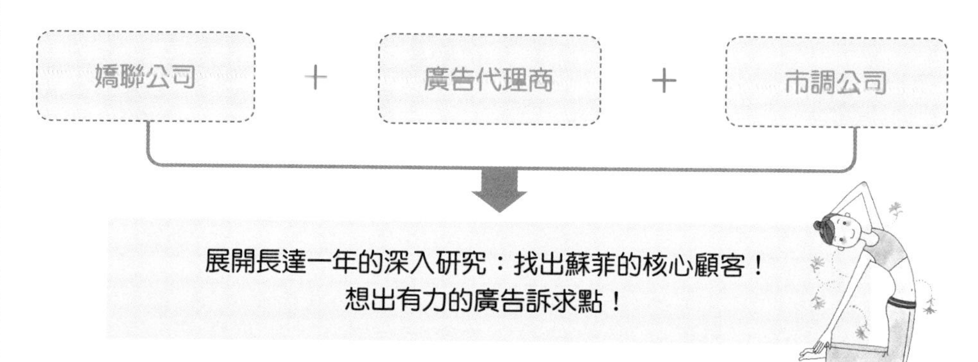

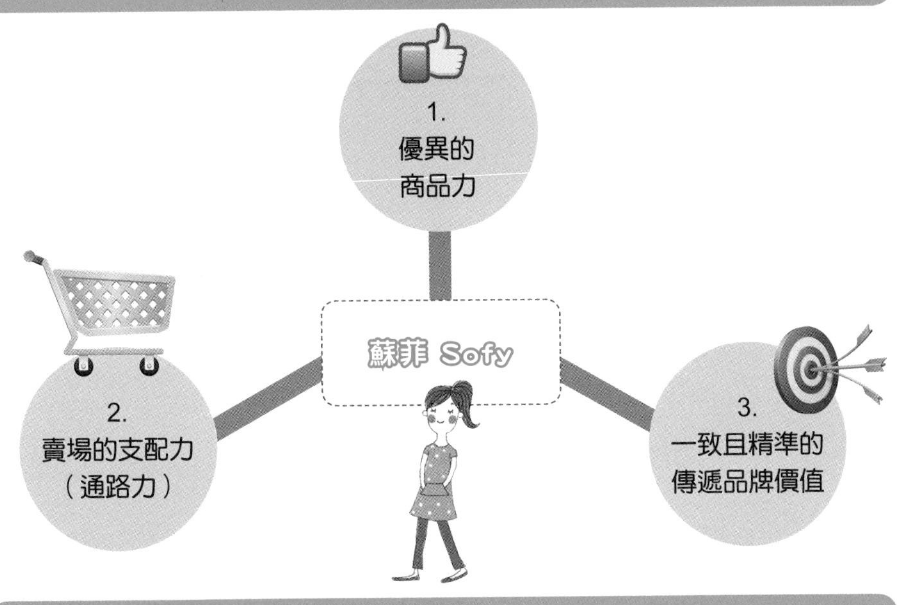

蘇菲的slogan

- 表達出蘇菲女孩能夠盡情享受生活，讓生活中的每一刻精彩都不錯過！即使「好朋友」來的那幾天。

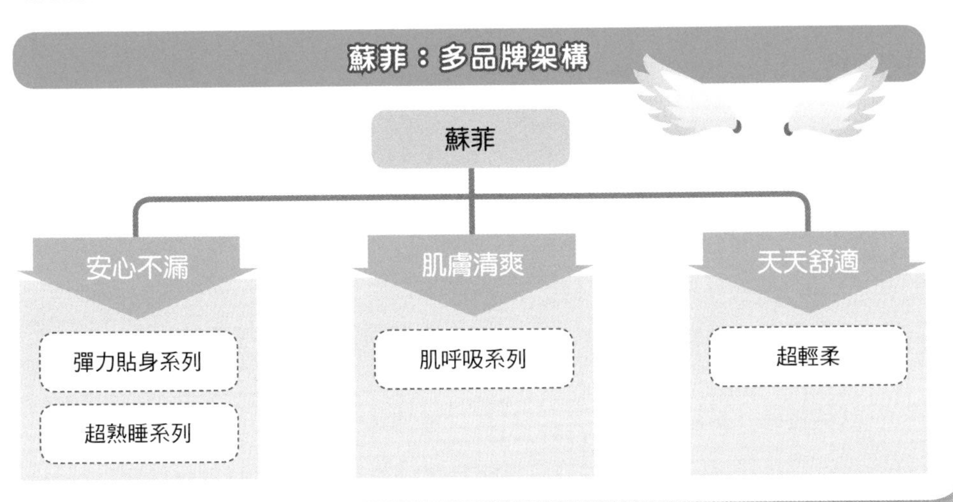

14-3 臺灣萊雅品牌案例

一、臺灣萊雅品牌經營最高指導原則——創新與產品力

臺灣萊雅總經理陳敏慧表示，她歸納品牌經營四大點如下：

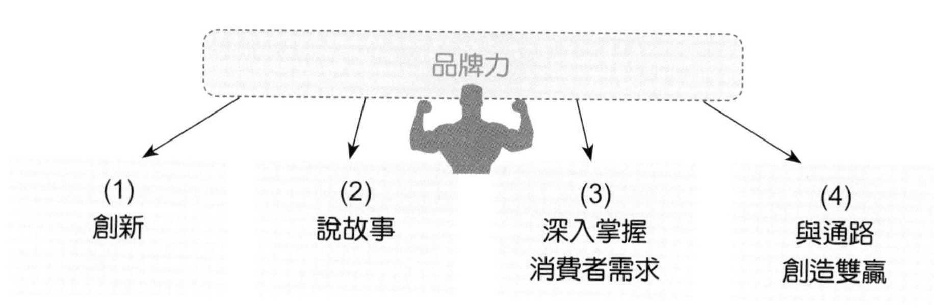

二、創新：先問三個問題！

對萊雅而言，品牌創新及產品力是最高指導原則。當旗下任何一個品牌上市新品時，都必須問三個問題，通過後，才能上市行銷。

有沒有更好？　有沒有不同？　有沒有新意？

例如：160 年前由紐約藥師創辦的 Kiehls，從不做廣告，只靠口耳相傳，就吸引一群萃取且對人體無害的物質，來生產最高品質美容品的消費者！

三、深入掌握消費者需求，要做調研！

萊雅深信，品牌最重要的就是消費者。因此，每年至少花費 1,000 萬元以上研究消費者的心理層面，或是直接到消費者家中拜訪，了解她們每天例行的保養化妝步驟。

四、多品牌要有不同的品牌定位（定調）

巴黎總部設有「全球品牌管理團隊」，管理全球 27 個品牌，最重要的任務，就是為每一個品牌定調。

五、萊雅：品牌經營，有時順風，有時逆風

（一）順風時（業績大好時）

站在浪頭上，勇往直前！

（二）逆風時（業績不好時）

學會借勢！

操作多品牌要注意區隔及維護品牌的獨特感

多品牌

→ 易使消費者混淆，只會自相殘殺

→ 重點在如何區隔清楚

→ 讓每個品牌都有獨特感

品牌溝通的行銷工具

(一) 傳統品牌溝通操作

1. 電視廣告
2. 平面廣告

3. 公關

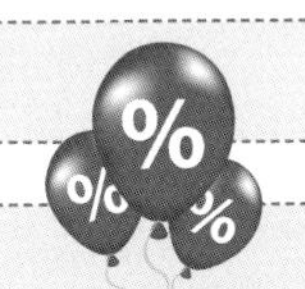

4. 辦活動

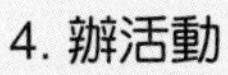

(二) 數位時代品牌溝通操作

1. 關鍵字搜尋
2. 官網活動

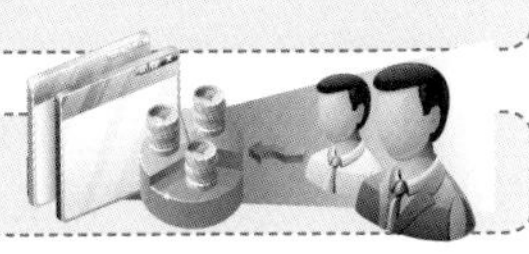

3. 社群網路
4. 部落客口碑
5. 手機 APP 行銷

14-4 日本精工手錶品牌案例

一、SEIKO 代言人策略

(一) 亞洲區代言人：王力宏，連續三年代言。

1. 王力宏與 SEIKO 整體的品牌精神相一致，不謀而合。

2. 以創作歌手出道，遊走於流行古典音樂與影視之間，很能代表 SEIKO 想主推的上班族白領菁英形象！

3. 不只外表，從追求專業卓越，不畏跨領域嘗試，王力宏都高度符合 SEIKO 的品牌特性！

(二) 臺灣區代言人：李毓芬。

二、SEIKO 旗艦店通路策略

(一) 全臺 130 個經銷點（高級鐘錶店）。

(二) 目前 3 家大型旗艦店，未來目標 20 家店。

三、產品策略

(一) 近期推出全球第一支 GPS 衛星定位的太陽能腕錶 Astron 品牌

・GPS 導航模式　　・高感度天線　　・IC 供電系統

・錶殼 4.7 公分　　・極度輕量化　　・計時精準

・集高科技與高貴於一身

(二) 每支售價高於 6 萬 ~11 萬元，仍非常暢銷，是支撐 SEIKO 業績成長最大功臣！

四、位居中價位腕錶品牌第一名的三大原因

(一) 切中市場時機。

(二) 持續創新產品。

(三) 滿足了各階層的消費者需求。

五、未來品牌經營四大重點

(一) 策略一：持續強化消費者的購買理由，讓價值與品牌形象相輔相成！

1. 臺灣消費者非常精明，一定要品牌與價值相等，才會買單！

2. 旗艦店有助於宣傳及體驗機會，將持續開到 20 家！

3. 每一家店的展示陳列、人員服務禮儀與專業知識都要同步提升！

(二) 策略二：產品要持續升級，up grade ！

1. 推動 SEIKO 最高級、最高價 Grand SEIKO 產品系列上市！

2. 從中價位邁向高價位的 SEIKO。

(三) 策略三：持續加強售後服務！

1. 持續在全球建立維修服務系統。

2. 保證零組件的供應及技師培養不缺乏。

(四) 策略四：持續推出令市場驚喜的新產品。

SEIKO位居中價位腕表品牌第一名的三大原因

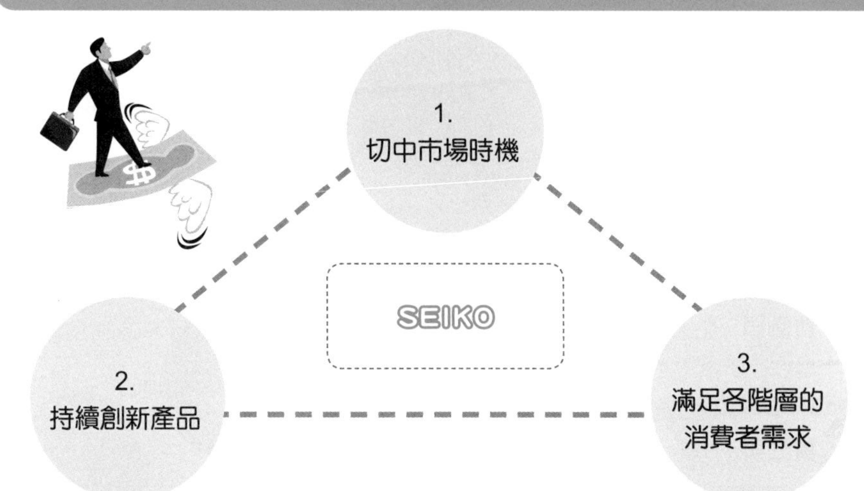

SEIKO的品牌經營心法

SEIKO 臺灣分公司總經理剛野浩幸表示：

① 恪守「革新」與「洗鍊」兩大概念 ＋ ② 不斷推出新產品 ＋ ③ 創造話題與需求

創新 × 專注細節，才能領先時代

137年SEIKO品牌形象從不老化

創立 137 年的 SEIKO，從不讓人感到老態龍鍾

原因在於時時推陳出新

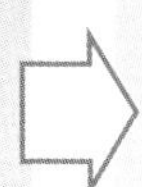

讓消費市場驚豔於 SEIKO 的活力

14-5 宏佳騰機車品牌案例

一、從外銷做到內銷

（一）宏佳騰機車原為外銷歐美市場的機車與沙灘車工廠。

（二）2011 年決定反攻臺灣，2013 年全臺賣了 1.5 萬臺，在重機車中有好口碑。

（三）使前三大機車品牌感到壓力！

二、後進新興品牌如何以小搏大之兩大策略

（一）**策略一**：重量級代言人策略。觀察同業都找演藝圈內「一姐」（例如：蔡依林）代言。決定找流行文化界的「一哥」周杰倫代言，找出新生品牌的氣勢，讓消費者留下深刻印象！

（二）**策略二**：委託型男 CEO 蔣友柏設計產品，不斷塑造話題性與新聞點！

三、獨樹一格的產品力特色

（一）引進歐美頂尖機車零配件及先進技術

1. 來自全球最大噴射引擎公司 Delphi，與 Bluw 及哈雷等高級重機同一水準。

2. 還有其他高檔配備。

3. Elite 菁英 250cc 重機車，在同級車中，居銷售冠軍！

四、品牌策略：「超值」感受

（一）**買車網友說**：「宏佳騰機車外型令人驚歎，價格也讓人覺得賺到，在 150cc 市場很超值，不到 8 萬價格，比同級車便宜 2 萬元！」

（二）**重機車成員說**：「宏佳騰的吸引力在於與眾不同，最起碼不會與主流品牌雷同，而且有很多高級配件！」

五、宏佳騰機車要把機車打造成——不只是交通工具，而是移動美學

（一）引進更多產品創意。

（二）要把機車打造成不只是交通工具，而是移動美學。

六、通路策略

（一）全臺合作機車銷售店已突破 1,000 家。

（二）成立總經銷公司，並開放入股，讓機車行老闆既可分紅，又能享有利潤。

（三）消費者的維修、保固、零件汰換等後續服務，仍須仰賴各地機車行。

（四）維持品牌價值，還是要靠服務。

宏佳騰掌握未來趨勢與新商機

（一）機車已從代步工具，轉為休閒嗜好，彰顯個性與品味的潮流產品。

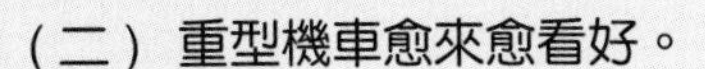

（二）重型機車愈來愈看好。

（三）機車客層過去集中在 18~30 歲，但現在高收入中年族也增加了！

125cc~150cc 重機車，
甚至 600cc 重機車未來新商機

宏佳騰的品牌價值，就是移動美學

① 自創品牌不是容易事，一定要對產品的靈魂有想法。

② 後發產品，必須用產品力來塑造品牌形象；必須在同級距車中，成為「車王」才行；用最好的高級零配件，提升性價比，提高產品價值。

③ 堅持不賣沒有設計美感的「交通工具」，而宏佳騰的品牌價值，就是「移動美學」。

14-6 玉山金控品牌案例

一、小而美的卓越銀行

(一)年度獲利 70 億

獲利成長王

(二)20 項評估銀行績效指標

• 拿到 7 項第一、2 項第二、4 項第三
• 13 項均位居前三名內

二、要贏得消費者信任，就必須靠服務與品牌

服務 ＋ 品牌 ＝ 消費者信任

玉山品牌的核心便是服務，而服務便是建構在團隊合作中

三、具特色服務的四個層次

(一)層次一

1. 首先，要能讓客戶對玉山銀行留下深刻美好的印象。

2. 不管是面對面、接電話、網路接觸，都要能留下深刻美好的印象。

(二)層次二

1. 其次，則是服務過程的精進！

2. 不管是申請信用卡、房貸、財管服務等與消費者接觸的每一個關鍵時刻過程，都要一步步精進服務品質！

(三)層次三

1. 都要能超越客戶的預期！

2. 要能跑得比客戶預期更快、更好！

(四)層次四

1. 希望一次服務後，終身成為朋友。

2. 玉山期待員工能與客戶建立長期信賴的朋友關係。

四、高心占率才能帶來高市占率

(一)**親友推薦度**：心占率 (mind-share)。

(二)**市場與業績**：市占率 (market-share)。

(三)心占率如何搶攻

1. 重視團隊的服務力量：一個人服務好，客戶只會記得這個行員，但整個銀行服務好，客人就會記得玉山整個品牌。

2. 記住時時創新：團隊在商品、服務、客戶體驗及組織架構上，都要時時有創新！

玉山銀行品牌經營心法

① 強調以團隊合作的力量提供超乎預期的服務，讓客戶留下深刻愉悅的經驗，由此建立長期與值得信任的關係！

② 最後，客戶自己就會成為玉山最佳廣宣代言人。

③ 客戶口碑才是最重要的品牌行銷。

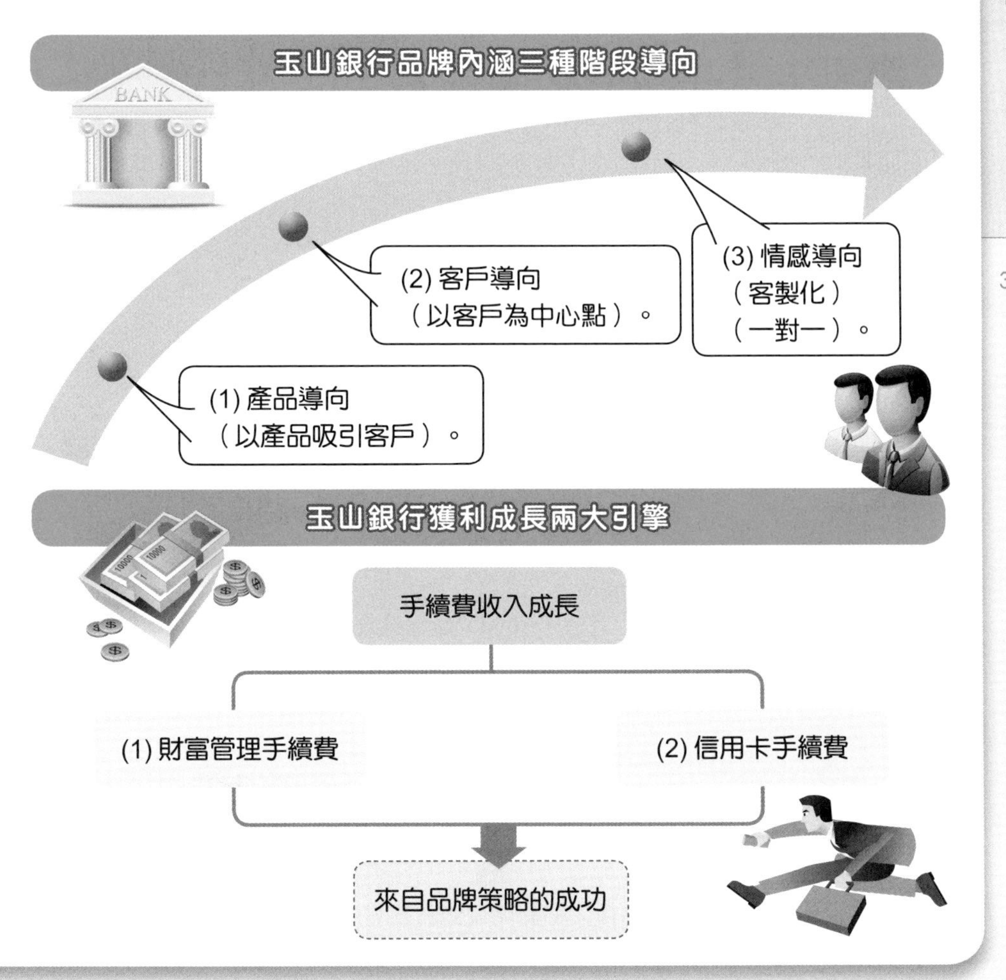

14-7 信義房屋品牌案例

一、信義房屋的經營理念

董事長周俊吉於 1987 年成立 → 儒家思想：「信義立業，止於至善」 → 奠定良好且明確的品牌基礎

二、「信任」是房仲業的根基

(一) 在房仲業，「品牌」的重要性與優勢大於其他行業！

(二) 品牌形象就是房仲公司「生命」！

(三) 信任是房仲業的根基。

三、廣告策略成功

(一) 1997 年

・率先投入第一支電視廣告。

・強調：信義是用做的，而不是説的！很快脱穎而出。

(二) 2002 年

・更新企業識別標誌「以人為本」。

(三) 2007 年

・推出全新企業標語：「信任，帶來新幸福」。

・廣告訴求年輕化，吸引買屋的年輕人！

(四) 2012 年

・以真人真事主打「感動服務」！

四、信義房屋年營收從 15 億，快速成長到 100 億

・2002 年：年營收 15 億

・2012 年：年營收突破 100 億

五、業界最高月薪，吸引優秀年輕人加入

(一) 祭出前六個月，月薪五萬元的聚英計畫，找到最優秀人才！

＋

(二) 沒有房仲經驗，全由信義房屋從頭到尾培訓！

↓

信義房屋最大的品牌優勢其實是「人」。

信義房屋品牌的經營心法

① 信義房屋的品牌經營術，簡言之，就是重誠信！

＋

② 先從人才培育、服務制度、企業社會責任三大方面打好根基，建立消費者信任感！

＋

③ 強調「信任，帶來新幸福」，加強消費者與信義房屋的深層品牌連結！

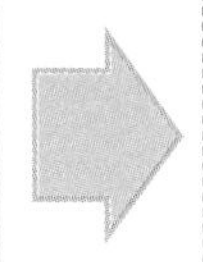

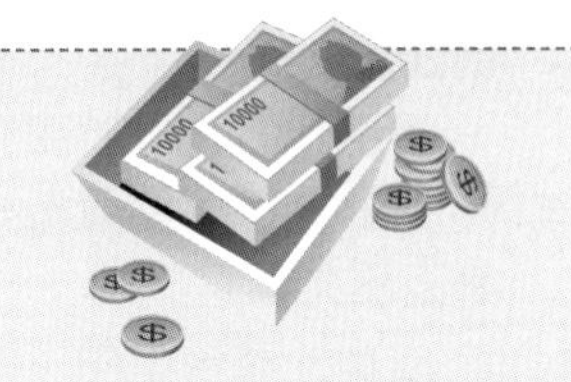

信義房屋推動企業社會責任，累積品牌資本

扎根企業社會責任

(1) 捐助社區活動，達 1 億元。

(2) 2012 年：組織內部首創「倫理長」。

(3) 捐助政大商學院成立第一家「信義學院」。

從品牌來看，企業著重誠信，無論規模大小，都能贏！

14-8 大金冷氣品牌案例

一、大金市場定位～日本一番

第一步：市場定位成功——日本一番

・大金在日本是第一品牌，故推出日文話的「日本一番」，成為流行語。

・消費者能認知到日本家電是高品質的象徵連結，故得先天優勢。

二、大金率先推出省電的變頻冷氣

第二步：人無我有，領先潮流，推出省電，變頻冷氣。

・大金是第一家推出省電為訴求的變頻冷氣品牌。

・強調省電高手，成功吸引消費者目光。

三、大金布下天羅地網的通路力

第三步：通路包圍

・大金布下四大通路：

1. 經銷通路：冷氣行、家電行。
2. 專業通路：裝潢公司、建築公司。
3. 量販通路：量販店。
4. 特攻通路：學校、機關、公司行號。

第四步：服務加值

・提供全方位即時服務。

・建立全省服務據點。

第五步：廣宣成功

・成功的廣告金句：

1. 日本一番。
2. 用大金，省大金。

四、大金歷年電視廣告訴求點的成功

每年度投入行銷預算：2 億元

1. 2001 ～ 2002 年：他們在爭什麼？爭第二！因為第一名已經確定了！
2. 2004 年：開創省電變頻冷氣新時代！
3. 2005 年：省電高手，上界省！
4. 2009-2012 年：用大金！省大金！

大金空調品牌勝出五要因

大金空調 No. 1

(1) 第一步：市場地位成功－日本一番。

(2) 第二步：人無我有，領先潮流，推出省電變頻冷氣。

(3) 第三步：服務加值。

(4) 第四步：通路包圍。

(5) 第五步：廣宣成功。

大金空調的四大通路

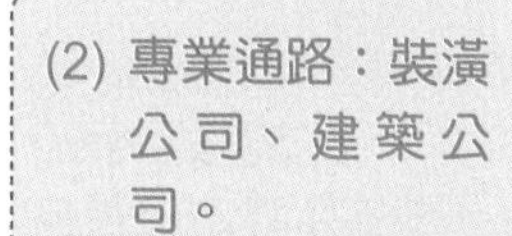

(1) 經銷通路：冷氣行、家電行。

(2) 專業通路：裝潢公司、建築公司。

(3) 量販店通路。

(4) 特攻通路：學校、機關、公司行號。

大金

14-9 旁氏品牌年輕化案例

一、全方位整合行銷傳播

整合行銷活動分三階段進行，為期六週。

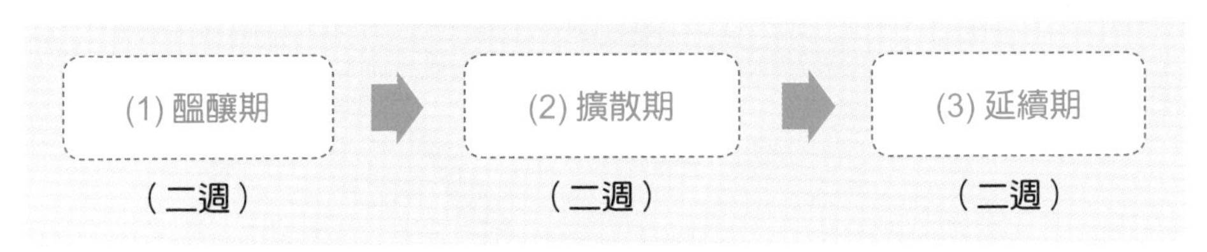

二、旁氏品牌年輕化二步驟

(一) **第一步**：選擇「旁氏淨澈卸妝泡泡」為主打商品和年輕女性溝通，因為：

1. 和競品區隔大，市面上還比較少見慕斯卸妝產品。
2. 是旁氏卸妝系列中的最新產品。
3. 考慮到戲劇效果，泡泡狀態容易製造使用者和產品間的互動，視覺效果也比油或凝露好。

(二) **第二步**：加強系列產品區分的溝通，進一步介紹卸妝系列的其他三種產品。

三、旁氏品牌年輕化成效

(一) 成功引發年輕女性共鳴。

(二) 銷售業績明顯成長 20%。

四、品牌年輕化需要長時間努力

(一) 不斷推出有力的新品上市，吸引消費者。

(二) 投入適當行銷預算的廣宣。

(三) 持續與目標消費群做有效的傳播溝通。

(四) 長時間的投入溝通與努力。

五、旁氏品牌成功年輕化的五大要因

(一) 清楚了解品牌定位與課題。

(二) 界定目標族群 (TA)，精準分析消費者洞察。

(三)「愛情兩張臉」能結合產品與品牌。

(四) 推展 360 度全方位整合行銷傳播溝通。

(五) 互信溝通的內、外部二派團隊。

品牌年輕化四要素

要素1

重新定位！

要素2

界定 TA 及消費者洞察！

要素3

推出新產品、新品牌！

要素4

展開 360 度全方位傳播溝通！

旁氏「完美雙面女」的全方位溝通

(一) 網路暖身活動
- 臉書APP
- 臉書活動粉絲頁經營

(二) 網路主要活動
- YouTube品牌微電影
- 活動官方網頁

(三) 公開活動
- Lara造勢代言
- 邀請媒體報導

(四) 電視
- 電視廣告
- 節目合作

(五) 平面
- 廣告稿
- 雜誌廣編稿

(六) 通路
- 店頭促銷
- 正常架位外加第二陳列架位

14-10 蘭蔻品牌案例

一、出現警訊

(一) 1997 年是百貨公司通路第三大品牌。

(二) 之後逐年下滑到第六名品牌。

(三) 主顧客逐漸老化，新客人不再上門。

(四) 品牌老化——是媽媽使用保養品危機！

二、2001 年啟動蘭蔻品牌年輕化計畫

(一) **第一步**：決定先從產品下手，推出彩妝品及適合年輕人的保養品。

(二) 推出美白、保濕、防曬等符合年輕人需求的保養品。

(三) 各種商品更新速度愈來愈快！

三、蘭蔻不斷推陳新產品原因？

(一) 法國總公司每年撥出全球營收額 3.5% 做研發費用。

(二) 2009 年推出基因賦活露，立刻風靡全球，女性七天內改善膚質功效！

(三) 這是巴黎萊雅公司對基因學及蛋白質體學的研究成果！

四、蘭蔻品牌年輕化

(一) **第二步**：改變產品配方或包裝，提高效能，並給客人新鮮感。EX: 瓶蓋的自動用量控制。

(二) **第三步**：改用年輕知名代言人，提升蘭蔻年輕形象！

- 義大利演員：伊莎貝拉 ・ 羅賽里尼
- 奧斯卡影后：凱特 ・ 溫斯蕾
- 鳳凰女：茱莉亞 ・ 羅勃茲
- 哈利波特女主角：愛瑪 ・ 華森

年輕人喜歡，也與蘭蔻品牌個性完美結合。

(三) **第四步**：

1. 到處找年輕人在哪裡？
2. 至少 30% 的媒體預算都投入在數位、網路及行動媒體上！
3. 臉書、LINE、部落客、YouTube、拍攝實驗影片等應用。

(四) **第五步**：

1. 平均每三年就要改裝百貨公司櫃位裝潢與設計，使更具時尚感、現代感！
2. 改裝一個櫃檯的花費比室內裝潢一間公寓還貴！
3. 教育專櫃「美容顧問」更要主動、親切，讓客人試在臉上，不要有強迫感。

蘭蔻品牌年輕化五步驟

1. 推出適合年輕人的新保養品！

2. 改變產品配方或包裝！

3. 改用國際知名年輕女藝人為代言人！

4. 著重社群媒體！

5. 百貨公司專櫃配合改裝更具時尚感！

蘭蔻品牌年輕化成果

・2013 年後，品牌銷售業績地位，重回百貨通路第三名！

・守住品牌奢華又優雅的質感

新客人成長 50%

14-11 臺灣花王品牌案例

一、沿革

(一) 在日本：131 年歷史。

(二) 在臺灣：54 年歷史。

(三) 青春永駐，活力年輕。

二、經營祕訣

(一) 傾聽在地的顧客聲音

(二) 持續推出適合的產品

三、如何傾聽顧客聲音

(一) 家中市調

(二) 焦點座談會市調

(三) 通路現場市調

四、花王產品線非常廣

五、Biore 卸妝乳不斷觀察女性顧客需求，不斷推出各種新產品

六、高度研發與製造力

推出符合在地需求，讓顧客感動的產品。

七、研究開發是商品力的支撐

(一) 科學

(二) 技術

(三) 開發滿足消費者及顧客需求與價值的產品

八、重視市調

「一匙靈抗菌 EX」是研發人員超過 70 次以上的家庭拜訪下推出的新產品。

九、通路策略

(一) 超市：全聯、頂好。

(二) 大賣場：量販店、家樂福、大潤發、愛買。

(三) 便利商店。

(四) 美妝店／藥妝店：屈臣氏、康是美。

(五) 購物網站：雅虎、momo、PChome。

十、公益行銷

(一) 花王 50 週年笑一個！臺灣更美好

(二) 上傳微笑照片到活動網站

(三) 花王捐 10 元給臺灣世界展望會

臺灣花王經營品牌成功：五大重點

（一）
傾聽臺灣民眾最真實使用心聲

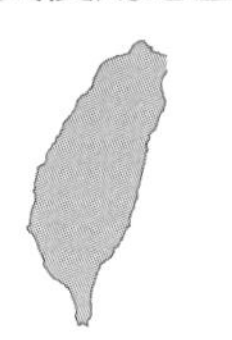

＋

（二）
結合日本創新研發技術

＋

（三）
開發出好產品

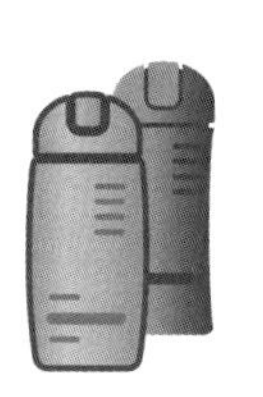

（四）
加上精準的廣告溝通

＋

（五）
互相搭配的店頭陳列

花王願景

努力成為：
在每個市場裡最理解消費者的全球性集團公司

→

贏得所有各方面人員的支持與信任

14-12 我的美麗日記面膜品牌案例

一、統一藥品公司

2003 年推出「我的美麗日記面膜」。

二、一開始上市，就受到好評

產品上架據點：

(一) 7-Eleven 便利店。

(二) 康是美藥妝店。

(三) 屈臣氏藥妝店。

三、十年來獲致良好經營績效

(一) **臺灣、香港、新加坡**：面膜類第一大品牌。

(二) **中國大陸**：面膜類第三大品牌。

四、張聰本總經理 — 經營品牌四大重點

(一) 聚焦在品牌這件事情上：

所有事情要以做好品牌為聚焦，而不是以促銷或各種方式做。我們做的是價值行銷，而不是價格行銷！

(二) 好品質、高品質：

做品牌，基本上是你的品質、質量要夠好，這是基礎工程！

(三) 系統化經營品牌：

做品牌要有標準，要有系統的推廣我們的品牌，經營管理好我們品牌，所以要建立自己的「品牌白皮書」規範！所有不利於品牌的都不能做！

(四) 要不斷創新！

五、面膜產品多元化：品項 40 多種

1. 納豆面膜。
2. 蘋果多酚面膜。
3. 白玫瑰面膜。
4. 紅酒多酚面膜。
5. 白金珍珠拉提美型面膜。
6. 黃金膠原拉提面膜。
7. 杏桃面膜。
8. 白松露面膜。

回到經營品牌核心點

(一)

這是消費者要的嗎？

(二)

這對消費者有利益點嗎？

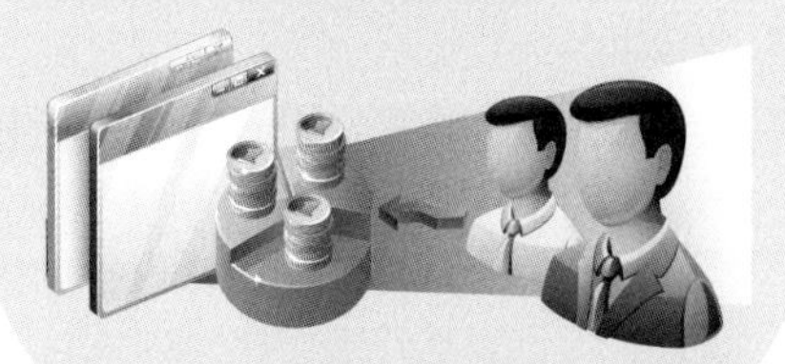

品牌的成功＝整個團隊成功

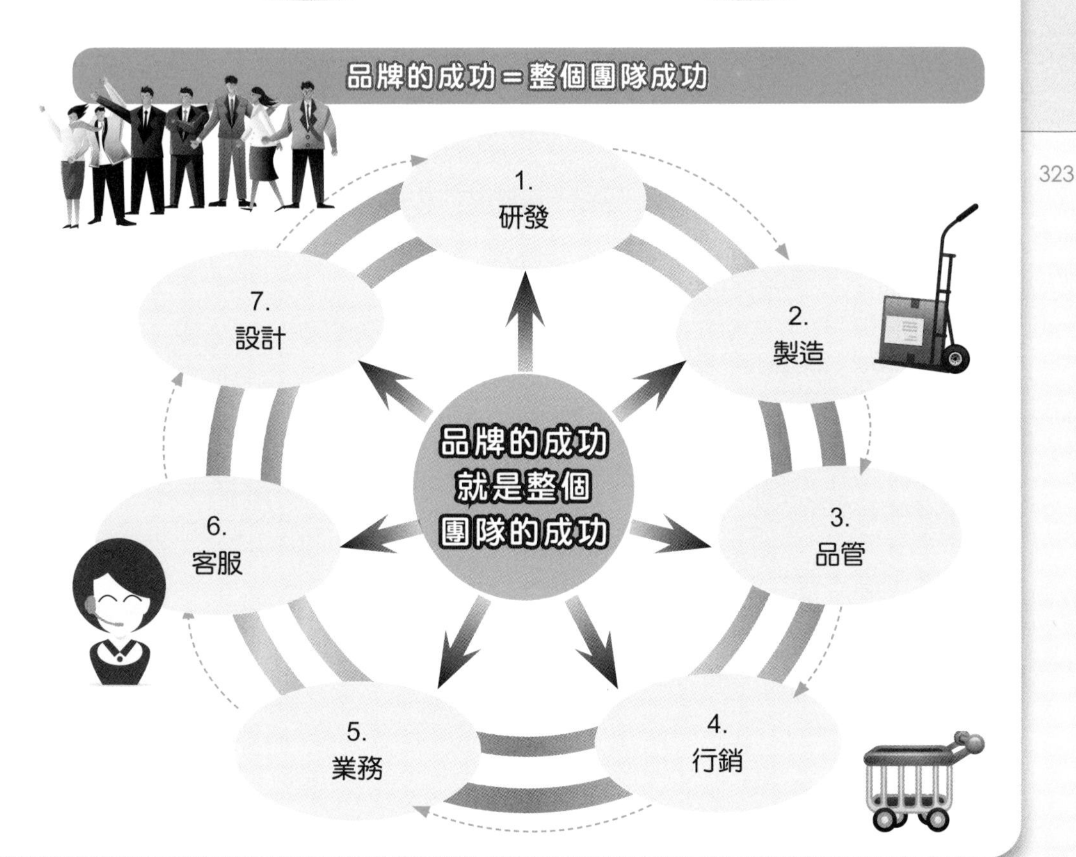

14-13 潘朵拉品牌案例

一、短短十年間，一躍成為全球第三大珠寶品牌

(一) 僅次於卡地亞 Cartier 及蒂芬妮 Tiffany，全球銷售額超過 600 億臺幣。

(二) 第一年，臺灣區代理商就損益平衡。

(三) 重複回購率達八成。

(四) 平均每十個老客戶還會帶來四個新客戶。

二、通路

(一) 在各大百貨公司設立專櫃，目前已有 16 個櫃點。

(二) 專櫃銷售人員已達 100 多位。

(三) 好的專櫃，一年的銷售額就突破 1 億元收入。

三、潘朵拉通路策略

(一) 直營專門店。

(二) 百貨公司專櫃。

(三) 大飯店內專櫃。

四、代言人

藝人許瑋甯擔任品牌代言人。

五、銷售推廣

(一) 訓練 100 多位專櫃小姐，人人都能引導顧客說自己的故事打造自己喜歡的珠寶。

(二) 每個銷售人員就是最佳的品牌大使。

六、潘朵拉 TA

以 18 ～ 35 歲的年輕客層為主力，占 50%。

七、訂價策略

平價～中等價位的飾品（幾千元起跳）。

八、潘朵拉產品系列

1. 手鍊。
2. 耳環。
3. 項鍊。
4. 墜飾。
5. 戒指。
6. 串珠。

潘朵拉品牌心法

潘朵拉不斷推陳出新

(一)

率先引進快速時尚(fast fashion)概念，每週推出兩款新設計品，連珠寶界也要加快產品週期！

(二)

因應不同的節日，推出不同的飾品：情人節、母親節、耶誕節等更是熱門銷售檔期！

14-14 優衣庫 Uniqlo 品牌案例

一、Uniqlo 定位：平價國民服飾

二、TA（目標客層）：主力客層：15 歲 ~35 歲之間（學生族群＋年輕上班族群）

三、產品策略

(一) 設計更多款式滿足大眾需求

T 恤、保暖內搭衣、襯衫、背心、毛衣、外套、羽絨衣、牛仔褲、皮帶、內搭褲、圍巾、襪子。

(二) 強調機能性

1. Heat Tech：發熱保暖系列。
2. Sara Fine 系列：排汗速乾女性內搭背心。
3. Bra Top 系列：內衣功能背心 T 恤。

(三) 穩定性高的品質

1. 剪裁實在。
2. 品質穩定性。
3. 多次洗滌也不會變形、退色或破損。

(四) 基本風格的基本款商品

1. 內衣、T 恤、休閒服。
2. 不太受流行風潮限制。

(五) 其他

1. 單一產品大量生產。
2. 集中採購降低製造成本。
3. 不斷開發新產品。

四、中國大陸代工生產與品管嚴格

(一) 大陸工廠代工生產。

(二) 匠計畫（派出日本資深品管監督）。

五、通路策略

(　) 採直營大型門市策略。

(二) 全臺已突破 60 家店。

六、訂價策略（price）

(一) 非常大眾化價格。

(二) 300 元 ~1,000 元之間！最高不會超過 4,000 元。

七、人員銷售策略

尊重顧客，不強力推銷，以自助銷售，如同學生逛書店、唱片行一樣，營造沒有壓力的購物環境。

Uniqlo成功之道

把好的衣服賣給各式各樣的人

商品力

品質

價格

Uniqlo門市店經營三大要素

人（服務人員）

賣場

商品

整合行銷推廣策略

整合行銷推廣策略

公關報導

代言人

電視廣告

促銷活動

蘋果日報廣告

記者會

門市店廣告

銷售網站

捷運廣告

公車廣告

14-15 凌志 Lexus 汽車品牌案例

一、Lexus 品牌定位

(一) 專注完美、近乎苛求。

(二) 高品質汽車。

二、TA（目標客層）

(一) 雙 B 轎車：大老闆，很有錢人；500 萬以上一部車。

(二) Lexus 轎車：年齡較輕、公司高層幹部、非老闆；200 萬 ~400 萬元。

三、訂價策略，比雙 B 車略低

等級	車型	定價範圍
入門款	CT	139~198萬
	IS	180~210萬
中階級	GS	223~349萬
	RX	193~325萬
豪華級	LS	369~679萬
	LX	456~467萬

四、通路策略

全臺 50 個自營高級門市店！每個據點花費 2,000 萬元，合計耗資 10 億元。

五、推廣策略

(一) 七大新聞臺電視廣告為主。

(二) 占 70% 總行銷預算支出。

六、服務策略

(一) 新車保固四年，十二萬公里。

(二) 尊榮禮遇 (VIP)。

(三) 免費的道路救援服務、維修代步車、車主專屬刊物、專屬高爾夫球賽、藝文活動招待、精品兌換、高級業務員銷售接待及專屬顧客服務中心、以及 Lexus 精品折扣優待。

七、凌志高級車第一品牌打造成功因素 (Lexus: K.S.F.)

(一) 高品質產品力為核心支撐。

(二) 品牌定位精準成功。

(三) 精緻與貼心顧客服務，有口皆碑。

(四) 專屬高級行銷通路布置完善。

(五) 持續且充足行銷預算投入支援。

(六) 360 度整合行銷傳播操作成功。

八、Lexus 研究發現

(一) 高品質產品力確實為打造第一品牌之最核心本質支撐所在。

(二) 品牌定位精準成功，確實為行銷傳播成功的第一個重要步驟。

(三) 精緻與貼心的顧客服務力，確實會讓顧客有高的滿意度與好口碑。

Lexus完整成功行銷模式架構

1. 堅定品牌化經營信念

2-1 品牌定位
- 廣告標語：專注完美、近乎苛求
- 日系高品質豪華車

2-2 品牌目標客層
- 34~45歲壯年族、富有、男性消費族群

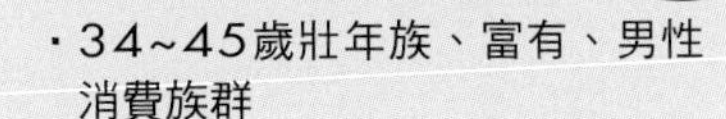

3. 行銷傳播溝通核心主軸與策略
- 來自日系打造的高品質高級車款
- 設計、品質、質感、精緻服務
- 性價比較雙B品牌高，使有物超所值感

4. 行銷 4P/1S 策略

1P 產品策略	2P 訂價策略	3P 通路策略	4P 推廣策略	1S 服務策略
高品質、產品系列完整性、更能不斷升級。	區分為入門款、中階級、豪華級三種訂價，150萬至590萬之間。	建立自主、專業、高檔門市銷售店遍布全省。	採行360度全方位整合行銷傳播操作方式打響品牌，年度行銷預算1.7億。	保固四年期，門市店及維修中心均有尊榮禮遇。

5. 行銷績效

年營收：170億；年獲利：17億。

6. 未來挑戰

Lexus推廣策略

Lexus高級車第一品牌之360度整合行銷傳播操作項目

1. 電視廣告 TVCF
2. 報紙廣告
3. 專業雜誌廣告
4. 記者會
5. 臺北車展
6. 藝文、音樂活動
7. 網路行銷
8. 試乘會與體驗行銷
9. 免息 24 期分期付款
10. 新聞公關報導
11. 公益活動
12. 促銷抽贈獎活動
13. 體育活動
14. 手機 APP 行銷

14-16 三星手機品牌案例

一、三星成功之要素

臺灣三星公司總經理杜偉星推出：「三星的成功，是靠長期拚戰，做出好產品與好服務，才贏得人心！」

二、三星手機：率先強打 5 吋以上大螢幕優勢，引領風騷

Galaxy S3：4.8 吋大螢幕
Galaxy S4：5.5 吋大螢幕
Galaxy Note：也是大螢幕

→ 女性是主力顧客群，深受歡迎

三、WHY 為什麼大螢幕

- 在手機上看影音
- 收發 mail，對工作很方便
- 上網查詢
- 玩 game
- 看書
- 照相、圖片也大些
- 可以記筆記

→ 消費者有大螢幕的需求

改變了小螢幕的習慣

四、三星手機：找本土化藝人做代言人——Jolin 蔡依林

五、三星手機：訂價策略多元化

1. 旗艦機種：S 系列、Note 系列→堅守中高價位，不降價。
2. 平價機種：其他系統→迎合學生族群及低收入族群。

六、三星手機：產品策略，不斷創新

三星手機軟體功能：不斷創、推陳出新！讓消費者驚喜與期待下一次的新機種。

七、三星手機：服務策略的深化

1. 在各通路店面成立三星學園，在店面設置免費教室教學顧客。
2. 不定期舉辦活動回饋消費者。
3. 舉辦手機老客戶回娘家健檢。

八、三星手機：公益形象策略

1. 認養臺東兩個少棒重點學校，提供原住民少棒學生家庭最好的三星家電。
2. 每年舉辦三星健康路跑盃活動。
3. 贊助電音三太子到倫敦參與世界奧運會所須手機、平板電腦。

九、三星手機：品牌經營手法

持續推出好產品與做好優質服務，才是維繫與消費者關係的王道。

三星手機成功二要素

(一)

做出好產品！

(二)

做出好服務！

三星手機：服務策略深化

1.
成立三星學園，
免費教學！

2.
經常舉辦回饋
消費者活動！

3.
舉辦手機老客戶
回娘家健檢！

14-17 屈臣氏品牌案例

一、屈臣氏——展開「品牌煥新」行動（brand-refresh）

1. 企業識別標誌 CIS 全面更新：logo、字型、招牌、制服、海報設計、店面硬體、視覺。

2. 全球投入 2,000 萬美元經費。

3. 臺灣 550 家店。

二、屈臣氏：品牌煥新的目的與象徵

1. 品牌煥新的目的：更時尚、更與時俱進。

2. 新 logo：強調更圓融、更溫暖、更喜氣、更體貼、更親和感。

三、屈臣氏：重新定義品牌 DNA

1. 過去：保證最低價

屈臣氏給你更多的價格訴求。

2. 現在：屈臣氏全新品牌 DNA

友善（friendly）、專業（professional）、關懷（caring）。

四、屈臣氏：新的 slogan

1. Feel good、Feel great

2. 強化與消費者的連結度

五、屈臣氏：獨樹一格的商品創新策略，是最大競爭力

四種特殊商品：

1. 獨賣商品：例如：bio-essence、彩妝 1028 等國際品牌，為了屈臣氏而推出通路獨有的商品。

2. 獨家合作品牌：屈臣氏獨家代理與銷售的品牌，例如：韓國知名開架美妝品牌 MISSA。

3. 與臺灣廠商共同開發的自有品牌：例如：蒂芬妮雅，強調完全臺灣製造。

4. 自有品牌：例如：有機護膚開架品牌 Natural by Watsons。

六、屈臣氏：不景氣來臨，必須創造產品差異化，並有新品上架，創造驚喜！

1. 市場、經濟不景氣。

2. 獨賣產品與自有品牌創造出差異化。

3. 屈臣氏每一到二週就有新品上架，提供消費者有趣且驚喜產品。

七、屈臣氏：公司有一組商品團隊組織，全球搜尋好商品，引進市場。

1. 臺灣屈臣氏。

2. 30 人商品團隊力量。

3. 全球各地到處尋找有趣、全新的好產品。

4. 引進臺灣市場上架銷售。

八、屈臣氏：展店策略

1. 展店策略核心：提供消費者「便利」。
2. 過去：大店策略。
3. 現在：小店策略（消費者住家附近）。

九、屈臣氏：抗漲專區受好評

1. 屈臣氏抗漲專區。
2. 大受好評，業績提升 5.4%。

十、屈臣氏：總經理每週一天親自巡點，深入了解三大事項

臺灣總經理安濤，每週五赴全臺各地點巡視：1. 了解各地員工需求；2. 與店裡消費者聊天，了解需求；3. 觀察競爭對手。

十一、屈臣氏：二項最大競爭優勢

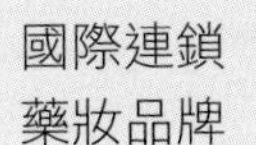

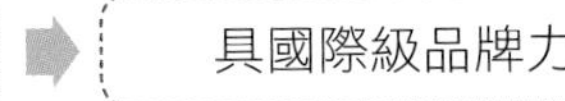

具國際級價格力

回饋給
消費者

十二、結語：只有消費者好，我們才有競爭力

將屈臣氏的國際競爭力
回饋給消費者！

只有消費者好，
我們才算有競爭力！

1. 具國際級品牌力

2. 具國際級價格力

回饋給消費者

屈臣氏：獨樹一格的商品策略

1. 獨賣商品

2. 獨家合作商品！

3. 自有品牌！

4. 共同開發自有品牌！

14-18 裕隆納智捷品牌案例

一、納智捷：產品力結合臺灣科技

1. Luxgen：Luxury ＋ Genius
   Luxury：代表奢華，還要做到「預先設想」，讓消費者感到尊寵感受。
   Genius：代表「智慧」，象徵高科技汽車，還要超越期待。
2. 裕隆＋宏達電＋華晶科技。

二、Luxgen 的 slogan：品牌精神

「預先設想，超越期待」。

三、納智捷：企業家名人代言策略

Luxgen 第一波廣告策略

1. 找施振榮、周永明、王俠軍一系列企業家代言。
2. 嚴凱泰董事長自己也擔任代言人。

四、納智捷：整合行銷操作

1. 電視廣告：找名人代言
2. 報紙報導
3. 雜誌廣告
4. 公關創造熱門話題
5. 網路行銷
6. 戶外廣告
7. 門市店通路

五、納智捷：公關操作，花小錢創造大獲利

1. 臺北聽障奧運會認定用車
2. 臺北市花卉博覽會指定用車
3. 北縣低碳博覽會指定用車
4. 金鐘獎指定用車
5. 金馬獎指定用車
6. 參加中東杜拜車展

六、Luxgen：通路策略

1. 建立直屬直營門市專銷店。
2. 店內裝潢高級，營造科技感，並有現場人員高檔服務。

七、汽車自創品牌會遭遇三大困難

1. 沒有品牌知名度。
2. 消費者對產品缺乏信賴感。
3. 消費者對售後服務沒信心。

八、結語：自創品牌要走長遠的路

1. 自創品牌沒有短期成功的速成班。
2. 要長期投資，從產品力、通路力、廣宣力、公關力、服務力同步打造。

納智捷：品牌要長期投資

1. 自創品牌沒有短期成功的速成班！

2. 品牌要長期投資！

3. 要從產品、通路、公關、服務同步打造！

納智捷：五力並發

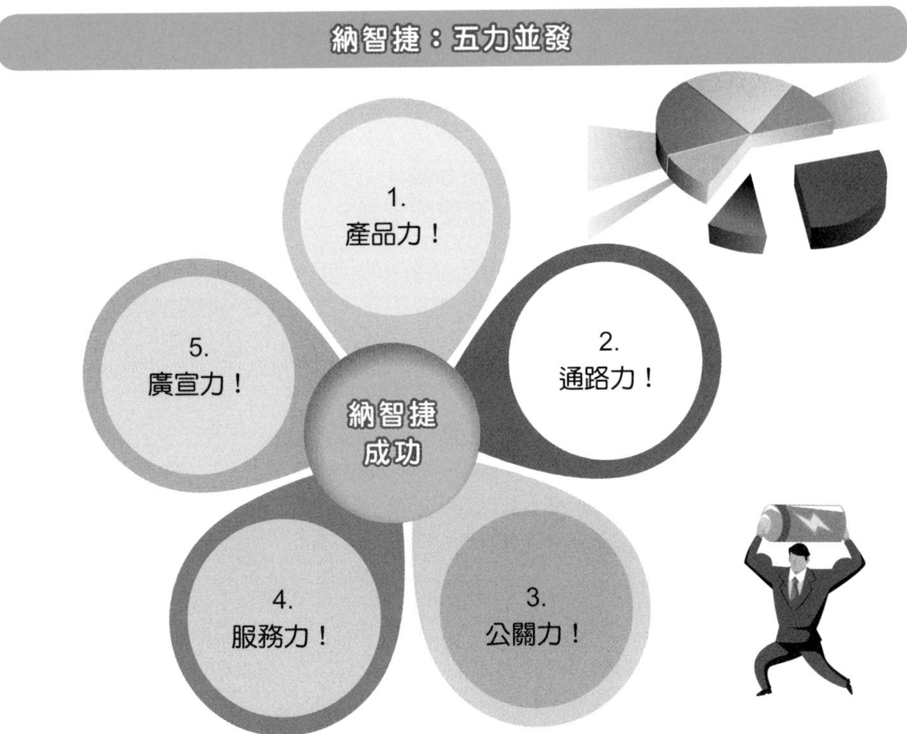

14-19 點睛品品牌案例

一、點睛品：珠寶品牌三要素

1. 知名度。
2. 美學度。
3. 誠信度。

二、點睛品的品牌精神——留下愉悅的時刻

讓顧客擁有愉悅且難忘精緻體驗。

三、點睛品：在不景氣中，更要努力提升品質

例如：全愛鑽

1. 無論篩選原石與工序時間都比一般鑽石更嚴謹細緻。
2. 稀有性：全球僅 1% 的鑽石能符合「極完美車工」的標準切割。
3. 每切割 1 克拉「全愛金鑽」的專業工序，超過 40 小時，每一切面、腰圍、冠角皆符合完美比例。

四、點睛品：訂價策略

1. 30 分鑽戒 → 售價 4～5 萬元
2. 8 心 8 箭 → 售價 3～4 萬元

→ 高貴不貴
負擔得起的奢華
價格平易近人

3. 年輕人訂婚、結婚買鑽石。

五、點睛品：數位行銷

1. 臉書：經營粉絲團（粉絲人數達 6 萬人）。
2. 臉書：製播愛情微電影《這是我要的幸福》。

六、點睛品：為員工加薪

不景氣→為員工及第一線櫃姐加薪→增加員工幸福感→就會把這種愉悅傳達給客戶。

七、點睛品：通路策略

點睛品專櫃：全客層——建立一個有活力品牌。

1. 天母 SOGO 專櫃，國際人士較多，陳列較多國際品牌珠寶鑽石。
2. 西門町商圈，年輕人較多，訂價在 3 萬元以下。

八、結語：點睛品品牌經營心法

1. 好的品牌，加上好的品質，以及好的服務，是不景氣的致勝之道。
2. 積極提升商品力，不斷推出「負擔得起的奢華」，以高品質產品加上合理價格，來吸引消費者購買。

點睛品：品牌經營三要素

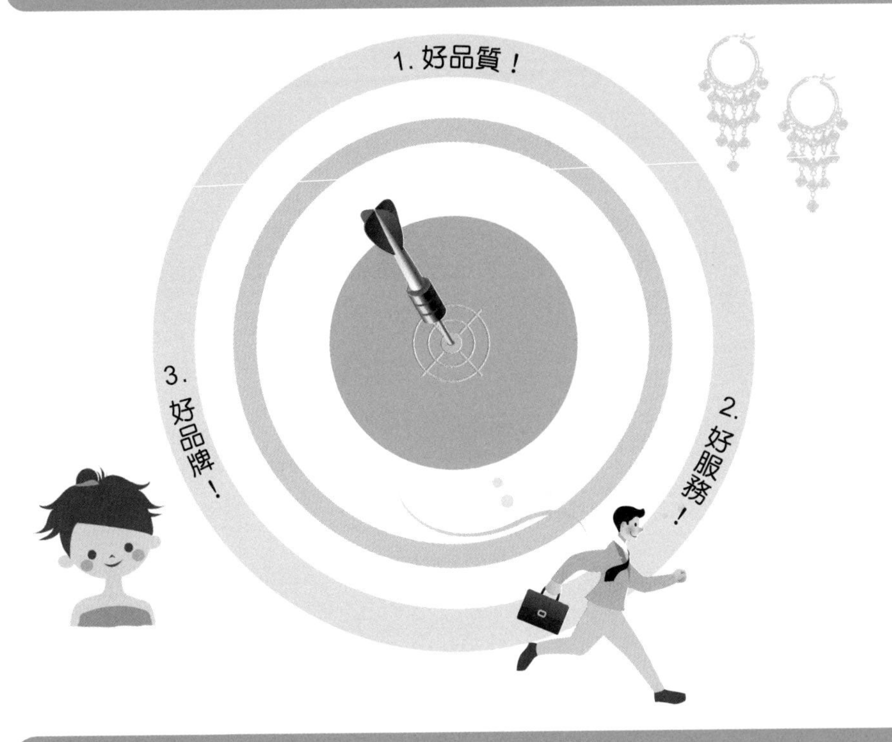

珠寶品牌行銷三要素

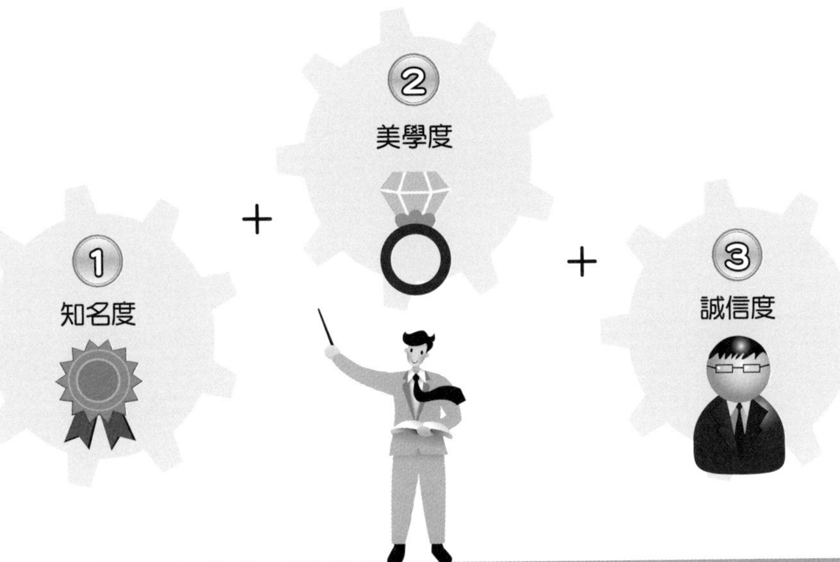

14-20 MAZDA（馬自達）汽車品牌案例

一、中小型汽車廠，拼質不拼量，業績翻倍成長

二、如何轉虧為盈

臺灣馬自達公司行銷部長賴信宏表示：「品牌價值的再造，是最主要的關鍵。」

三、殺出市場唯一方式

「做別人沒做過的事，確認自己的位置，走出自己的路。One and Only，唯一，無二。」終於營收及獲利雙成長。

四、馬自達

1. 定位

不只是交通工具，還要有駕馭樂趣。

2. 特色

十分重視車子的輕量化，希望打造出車身輕、馬力強、操控靈敏的汽車。

3. 行銷策略

改變策略，不求讓所有的人都知道這個品牌，而是要找到喜歡的粉絲（鐵粉），做深度溝通。

4. TA 輪廓

應是打從心裡喜歡車子，特立獨行勇於嘗試的人，就是喜歡享受駕駛樂趣的「都會型男」。

5. 再購前服務

- 以實在為原則的訂價。
- 零件價格合理化。
- 44 家展示間全面翻新升級。

五、小結

賴信宏部長說：「消費者的體驗就是最佳的媒介。回歸到『實在』，才是品牌長久經營之道！」

六、成功三要素

1. 不跟從大廠腳步，專注符合 MAZDA 造車哲學的科技研發。

2. 從售後服務改為「再購前服務」：透過實在訂價、加強服務等，增加消費者回購率。

3. 不求廣泛知名度行銷，而是專注與特定消費者及鐵粉深度溝通。

品牌長久經營之道：實在

(一)

消費者的體驗，
就是最佳的媒介！

(二)

回歸到「實在」，
才是品牌長久經營之道！

MAZDA汽車：成功三要素

① 專注符合 MAZDA 造車哲學的科技研發！

② 透過實在訂價，加強服務，增加回購率！

③ 專注與特定消費者及鐵粉深度溝通！

14-21 結語與結論（72 個重點）

1. 品牌經營，要時時刻刻為顧客著想。
2. 當問題產生的時候，要以顧客需求為出發點，來尋求對應的解答。
3. 堅守品牌的信念，要成為公司文化的一部分。
4. 以顧客為中心，早一步看見他們的需求。
5. 品牌打造要長期耕耘，更要全方位顧及。
6. 每一個細節，都必須能夠鞏固品牌力。
7. 國內外各項得獎，都會累積對這個品牌的形象信賴。
8. 品牌經營要不斷精進各項產品與服務。
9. 社群及網路口碑行銷操作，也是品牌經營年輕客群的必要作法。
10. 品牌競爭哲學：永遠領先對手一步。
11. 品牌經營要重視售後服務。
12. 面對有門市店、旗艦店經營的品牌，店內人員專業教育訓練更是不可忽視。
13. 品牌經營要有高品質的保證，並且保持技術不斷的創新與領先。
14. 代言人策略，是品牌行銷成功與業績提升的有效策略之一。
15. 當品牌老化時，就是趕快展用品牌年輕化的行銷操作。
16. 品牌預算的支用，要開始轉移一部分預算用在網路、社群及行動（手機）行銷操作上。
17. 任何品牌都要注意自己的顧客群是否都逐漸老化了。
18. 品牌廣告的訴求，要在不同的階段，有不同的訴求改變，以期與時代同進步。
19. 品牌經營要保持第一名，必須永遠戰戰兢兢。
20. 採用多品牌策略，是常見的品牌策略。
21. 品牌的產品、服務、行銷都要不停止的與時俱進及變化求新。
22. 研發能力是品牌經營最重要的後盾。
23. 服務業為確保品牌的一致性，要制定 S.O.P.（標準作業流程）。
24. 經營品牌先從口碑開始。
25. 以口碑做出發點，才能讓一個品牌永續存活下來。
26. 品質，就是最好的口碑。
27. 任何品牌都應設定它的品牌願景、品牌承諾及品牌精神。
28. 高技術力是品牌產品力的支撐點。
29. 每一個年度，品牌都應制定它的年度行銷策略是什麼？
30. 三星首推大尺寸智慧型手機，就是成功的產品策略。
31. 體驗行銷是品牌門市想要傳達的目的之一。
32. 任何品牌都要努力透過各種活動，以增加消費者對品牌的認同度及黏著度。
33. 品牌定位可以隨著環境及時間的改變，而再做新的定位及進化。
34. 服務行銷是品牌經營重要的組成之一。
35. 品牌經營要有適切與合理的媒體行銷預算來支援。

36. 品牌經營必須明確自己的核心價值是什麼？
37. 展店擴張是品牌策略的競爭力之一。
38. 平價、時尚、永遠的主流。
39. 行銷廣告投放，必須講求投資報酬率。
40. 品牌經營應持續深化經營粉絲團。
41. 推出 CRM 會員分級經營。
42. 每一個品牌必須有其鮮明的品牌。
43. 品牌力組成：商品力、店頭力、廣宣力。
44. 後發品牌應建立品牌差異化特色。
45. 高品質服務時代已來臨。
46. 用心傾聽顧客聲音，洞悉顧客需求。
47. 不斷、持續的推出創新、叫好又叫座的新產品或改良產品。
48. 最終要建立消費者對企業及對品牌的信賴感。
49. 要定期做好各種市調，從市調中發現問題、解決問題，以及制定行銷策略。
50. 堅定高品質的原則，永不改變。品牌即是代表對品質的堅持及承諾。
51. 產品力是品牌建立的最根本基礎。
52. 研發能力是產品力領先的核心力量來源，也是商品力的支撐。
53. 好品牌就是要讓消費者在虛實通路都能很方便，很快速的買到，這就是產品通路力。
54. 善盡公益行銷有助企業形象與品牌形象的良好建立。
55. 適當的廣告行銷預算是打造品牌不可少的。
56. 品牌宣傳要從 360 度整合行銷傳播的高度及宏觀面向切入規劃與執行。
57. 最後一哩的店頭行銷及店頭促銷，也是黏著品牌力不可少的。
58. 貼心、感動、精緻、完美、即時的頂級服務，對品牌打造具加分效果。
59. 品牌的訂價策略一定要做到讓消費者有物超所值感，高性價比！高 CP 值。
60. 好品牌是建立在價值行銷，而非一味低價、殺價競爭。
61. 經營品牌一定要系統化，全面性的思考如何做好品牌這件事。
62. 品牌經營歸結到：這是消費者要的嗎？這對消費者有利益點 (benefit) 嗎？
63. 品牌經營成功是公司整個團隊的共同努力所致。
64. 在數位新世代，網路行銷、口碑行銷、社群行銷、行動行銷已日益重要。
65. 找到對的代言人，對快速打造品牌力是有效果的。
66. 用心經營粉絲，對黏著品牌力是有助益的。
67. 品牌經營要做到：每一個細節沒有一刻可以鬆懈的。
68. 沒有差異化特色就很難凸顯品牌力。
69. 品牌最高的極致，就是要做到顧客高回購率，並穩固每年業績。
70. 品牌經營就是一場忠誠顧客的爭奪戰。
71. 品牌的定位、TA 及特色都要很清楚，以及一致性，不可模糊。
72. 現在是「平價時尚」品牌時代的來臨。

Date ______/______/_____

第 15 章
品牌／行銷致勝整體架構圖示

一、品牌行銷致勝的整體架構觀（之一）

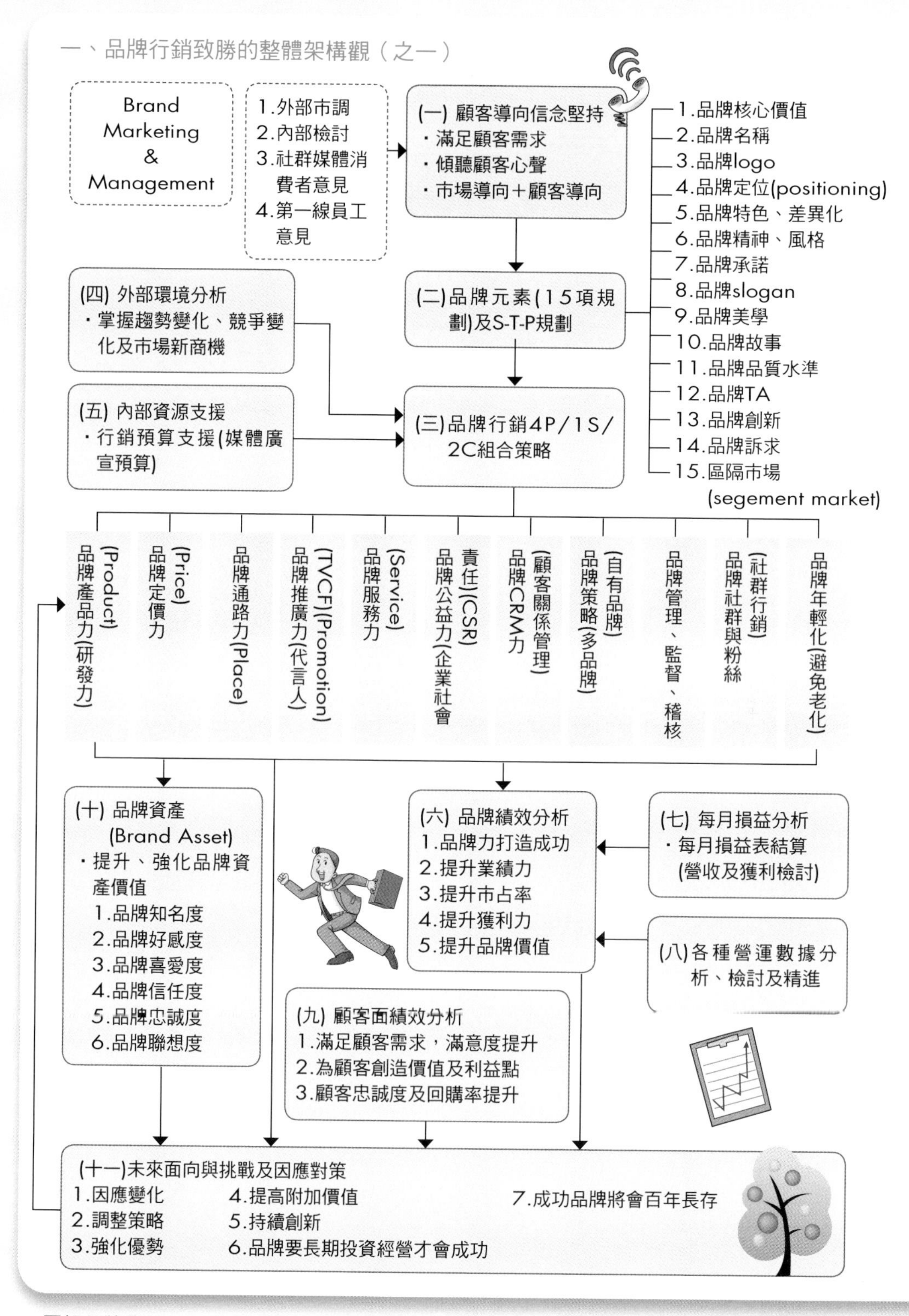

二、品牌行銷致勝的整體架構觀（之二）

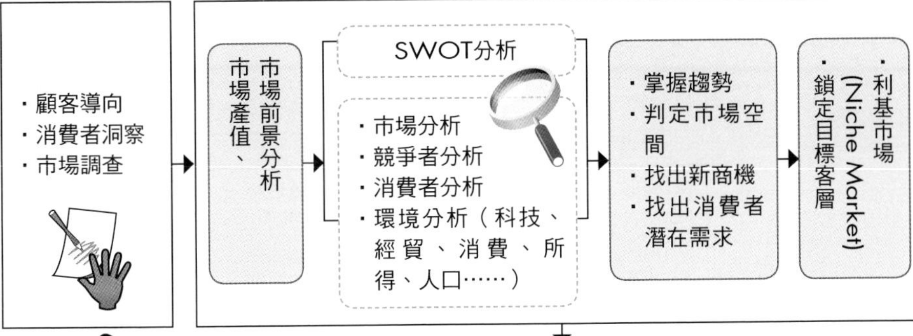

品牌核心價值、品牌定位、品牌精神、品牌個性、品牌承諾、品牌故事

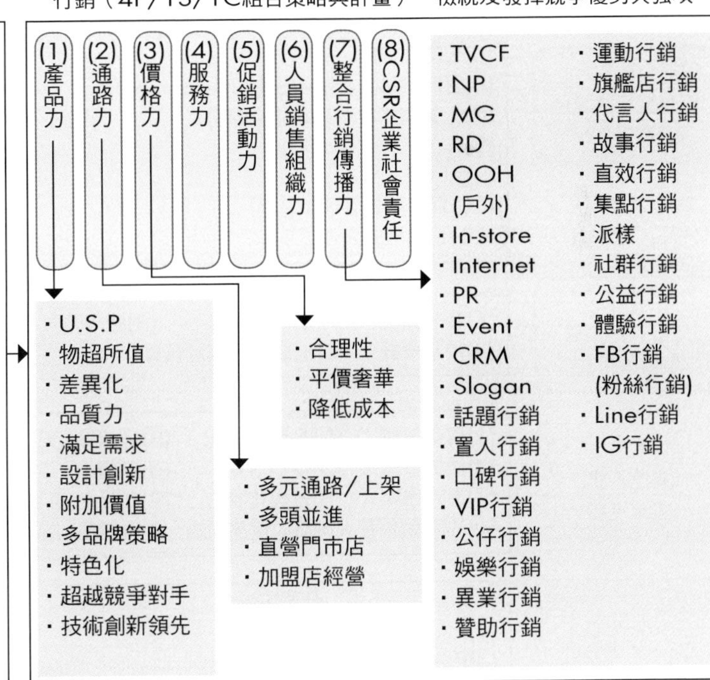

行銷執行力＋精準行銷

↓

行銷成果與行銷效益的不斷檢討

↓

行銷策略與行銷計畫的不斷調整、應變、精進與創新（因應變化）

三、品牌行銷致勝的整體架構觀（之三）

階段	內容	搭配支援
(九) 顧客忠誠度	(1)顧客忠誠度、再購度的維持與提升	
(八) 顧客滿意度(C.S)	(1)顧客滿意度(Customer Satisfaction) 的維持與提升	
(七) 行銷效益檢討	(1)營收 (2)獲利 (3)預算達成狀況 (4)市占率 (5)心占率 (6)各項排行 (7)新品上市成功率 (8)品牌知名度 (9)每天、每週、每月檢討行銷績效及數據分析	委外合作單位的搭配支援
(六) 媒體企劃與媒體購買	(1)媒體組合的規劃 (2)媒體預算的統購(媒體代理商)	業務銷售部門的搭配支援
(五) 服務業行銷組合 8P/1S/2C	(1)產品力(Product) (2)價格力(Price) (3)通路力(Place) (4)推廣力(Promotion) (5)公關力(PR) (6)實體環境力(Physical environment) (7)人員銷售(Personal sales) (8)作業流程(Process) (9)服務(Service) (10)顧客關係管理(CRM) (11)企業社會責任(CSR)	R&D研發或商品開發及創新的搭配支援
(四) 年度行銷預算制訂與檢討	(1)營收預算 (2)成本預算 (3)費用預算 (4)損益預算 (5)廣宣與媒體預算	
(三) 年度行銷策略主軸	(1)展店策略 (2)品牌年輕化 (3)通路多元化 (4)廣告宣傳 (5)促銷活動 (6)低價 (7)專注市場 (8)差異化特色 (9)新品上市 (10)其他(代言人策略、提高店質、提升價值)	資訊數據與資料庫的搭配支援
(二) S-T-P架構分析	(1)S：區隔市場、分眾市場 (2)T：鎖定目標客層 (3)P：產品定位、品牌定位	市場調查與行銷研究
(一) 行銷環境的分析與判斷	(1)SWOT分析 (2)3C分析(Consumer、Competitor、Company) (3)商機與威脅 (4)外部環境分析 (5)Consumer Insight(消費者洞察)	

國家圖書館出版品預行編目資料

圖解品牌學／戴國良著. ——三版. ——臺北市：書泉, 2019.12
面； 公分
ISBN 978-986-451-173-0（平裝）
1.品牌 2.品牌行銷
496.14 108017933

3M72

圖解品牌學

作　　者－戴國良
發 行 人－楊榮川
總 經 理－楊士清
總 編 輯－楊秀麗
主　　編－侯家嵐
責任編輯－侯家嵐
文字編輯－陳俐君、許宸瑞
內文排版－張淑貞
發 行 者－書泉出版社
地　　址：106 台北市大安區和平東路二段 339 號 4 樓
電　　話：(02)2705-5066
傳　　真：(02)2706-6100
網　　址：http://www.wunan.com.tw
電子郵件：shuchuan@ shuchuan.com.tw
劃撥帳號：01303853
戶　　名：書泉出版社

總 經 銷：貿騰發賣股份有限公司
地　　址：23586 新北市中和區中正路 880 號 14 樓
電　　話：(02)8227-5988
傳　　真：(02)8227-5989
網　　址：http://www.namode.com

法律顧問　林勝安律師事務所　林勝安律師

出版日期　2015 年 8 月初版一刷
　　　　　2016 年 8 月初版二刷
　　　　　2017 年 10 月二版一刷
　　　　　2019 年 12 月三版一刷
定　　價　新臺幣 400 元

經典永恆・名著常在

五十週年的獻禮——經典名著文庫

五南，五十年了，半個世紀，人生旅程的一大半，走過來了。
思索著，邁向百年的未來歷程，能為知識界、文化學術界作些什麼？
在速食文化的生態下，有什麼值得讓人雋永品味的？

歷代經典・當今名著，經過時間的洗禮，千錘百鍊，流傳至今，光芒耀人；
不僅使我們能領悟前人的智慧，同時也增深加廣我們思考的深度與視野。
我們決心投入巨資，有計畫的系統梳選，成立「經典名著文庫」，
希望收入古今中外思想性的、充滿睿智與獨見的經典、名著。
這是一項理想性的、永續性的巨大出版工程。
不在意讀者的眾寡，只考慮它的學術價值，力求完整展現先哲思想的軌跡；
為知識界開啟一片智慧之窗，營造一座百花綻放的世界文明公園，
任君遨遊、取菁吸蜜、嘉惠學子！